세계 문학 속 지구 환경 이야기

MEISAKU NO NAKA NO CHIKYU KANKYOSHI
by Hiroyuki Ishi

© 2011 by Hiroyuki Ishi
First published in 2011 by Iwanami Shoten, Publishers, Tokyo.
All rights reserved.

Korean Translation Copyright © 2013 by ScienceBooks

This Korean edition is published by arrangement with
Hiroyuki Ishi c/o Iwanami Shoten, Publishers, Tokyo through
Imprima Korea Agency.

이 책의 한국어 판 저작권은 임프리마 코리아 에이전시를 통해
Iwanami Shoten, Publishers와 독점 계약한 ㈜사이언스북스에 있습니다.
저작권법에 의해 한국 내에서 보호를 받는 저작물이므로 무단 전재와 무단 복제를 금합니다.

세계 문학 속
지구 환경 이야기

문학으로 지구를 읽고, 환경으로 문학을 읽는다

이시 히로유키

안은별 옮김

名作の中の地球環境史

2

사이언스
SCIENCE
BOOKS 북스

차례

2권

13장 | 포경선의 끝없는 항해 | **허먼 멜빌,『모비 딕』** ······ 7

14장 | 파리의 하수도 | **빅토르 위고,『레 미제라블』** ······ 31

15장 | 여름이 오지 않은 해 | **제인 오스틴,『에마』** ······ 55

16장 | 나무를 지켜라 | **구마자와 반잔,『대학혹문』** ······ 79

17장 | 인구 폭발의 증인 모아이 석상 |
토르 헤위에르달,『아쿠아쿠: 고도 이스터 섬의 비밀』 ······ 107

18장 | 콜럼버스가 발견한 것 | **크리스토발 콜론,『콜럼버스 항해록』** ······ 129

19장 | 로빈 후드의 싸움 | **하워드 파일,『로빈 후드의 모험』** ······ 151

20장 | 아테네의 철학자, 자연 파괴에 탄식하다 |
플라톤,『크리티아스: 아틀란티스 이야기』 ······ 173

21장 | 제철이 망쳐 버린 숲 |
시바 료타로,『가도를 간다 7: 고카와 이가의 길, 사철의 길 외』 ······ 195

22장 | 그들은 왜 이집트를 탈출했을까 | **모세,『출애굽기』** ······ 217

23장 | 사라진 레바논 삼나무 | **길가메시,『길가메시 서사시』** ······ 243

후기 ······ 263
참고 문헌 ······ 269
이시 히로유키 인터뷰 ······ 283
도판 저작권 ······ 298
찾아보기 ······ 299

1권 차례

책머리에

1장 | 마오쩌둥의 전쟁 | 장융, 『대륙의 딸』

2장 | 하얀 용암과 지구 온난화 | 미야자와 겐지, 『구스코 부도리의 전기』

3장 | 모래 먼지와 함께 사라지다 | 존 스타인벡, 『분노의 포도』

4장 | 황사 속을 달리는 인력거 | 라오서, 『낙타 샹즈』

5장 | 창백한 기수가 나의 연인을 데려가네 | 캐서린 앤 포터, 『창백한 말, 창백한 기수』

6장 | 일본에 상륙한 스페인 독감 | 기시다 구니오, 『감기 한 다발』

7장 | 아마존의 동쪽 | 하세우 지 케이루스, 『가뭄』

8장 | 아프리카 코끼리의 비극 | 조지프 콘래드, 『암흑의 핵심』

9장 | 아이누의 초록색 나라 | 이사벨라 버드, 『이사벨라 버드의 일본 기행』 | 에드워드 모스, 『일본의 나날들』

10장 | 모자 장수는 왜 수은 중독에 걸렸을까 | 루이스 캐럴, 『이상한 나라의 앨리스』

11장 | 이상한 숲 속의 헨젤과 그레텔 | 그림 형제, 『그림 동화집』

12장 | 매연과 안개의 시대 | 헨리크 입센, 『브란트』

포경선의 끝없는 항해

허먼 멜빌, 『모비 딕』[1]

고래에게 발을 잃은 포경선의 에이허브 선장은 복수를 맹세하고 그 고래를 찾아 세계의 바다를 탐험한다. 하지만 결국은 복수를 하려던 자신이 오히려 고래에게 공격당하는 상황에 빠진다. 인간들에게 일방적으로 살육당하던 고래의 마지막 저항이었을지도 모른다. 그 후 지구에서 가장 큰 이 동물은 절멸 직전까지 내몰린다.

『모비 딕』 줄거리

1841년 이스마엘이라는 청년이 선원이 되기 위해 미국 동해안의 포경 기지인 뉴베드퍼드 항에 나타난다. "내 이름을 이스마엘이라고 해 두자."라는 서두의 유명한 대사로 이야기는 시작된다. 그가 이 소설의 화자다.

 포경선 피쿼드호에 올라탄 뒤 처음으로 모습을 드러낸 선장은 한쪽 다리가 없고 고래의 뼈로 만들어진 의족을 달고 있다. 그는 거대한 흰 고래 '모비 딕'에게 왼쪽 발을 뜯어 먹힌 뒤 복수의 화신으로 거듭나 줄곧 그 흰 고래를 쫓고 있었다. 모비 딕은 거대한 향유고래로, "이마에 주름이 잡혀 있고 아가리가 우그러졌으며 대가리가 희고 오른쪽 꼬리에 구멍이 세 개 뚫린" 괴물이다.

미국 동해안에서 대서양을 남쪽으로 내려가 아프리카 희망봉을 돌아서 인도양에 들어간 뒤 동남아시아에서 태평양까지 찾아 헤맨다. "일본 연해의 화산 만(홋카이도의 분카 만)에 나타난 적이 있다고 해서 다음 해 같은 계절에 반드시 그곳에서 모비 딕을 만난다는 보장은 없다."라고 한탄하는 장면도 있다. 희망봉에서는 폭풍우에 농락당하기도 하고 바람이 멎어 잔잔해진 바다 때문에 움직일 수 없게 되면서도 흰 고래를 집요하게 쫓아다닌다.

그러다 막 하루 전에 흰 고래와 싸웠다는 미국의 포경선 레이첼호와 만나, 행방불명이 된 보트를 탐색해 달라는 의뢰를 받는다. 그러나 에이허브 선장은 이를 거절하고 갑판에 달라붙어 흰 고래를 찾아 헤맨다.

그러던 어느 날 돛대 망꾼의 목소리가 높아진다. "물줄기다! 고래가 물을 뿜고 있다! 눈 덮인 산처럼 하얀 혹이다! 모비 딕이다!" 3일에 걸친 사투가 시작된다. 첫 번째 날 모비 딕은 선장이 탄 보트의 뱃머리를 통째로 물어뜯어 버렸고 두 번째 날에는 물속에서 치솟아 올라 보트를 하늘 높이 날려 산산조각내 버린다.

마지막 날에는 본선의 선체를 그대로 내던져 배를 형태도 없이 만들어 버린다. 항해사가 만류하는 소리도 듣지 못한 채 단 한 척 남은 보트에 오른 선장은 홀로 흰 고래를 향해 나아간다. 몸통에 작살을 찔러 넣지만 작살의 밧줄이 자신의 몸에 휘감겨 고래와 함께 바닷속으로 침몰한다. 살아남은 것은 오로지 이스마엘뿐이었다.

향유고래만큼 거대한 소설

미국 작가 허먼 멜빌(Herman Melville, 1819~1891년)은 뉴욕의 유복한 가정에서 태어났으나 아버지의 파산과 사망으로 인생이 크게 변한다. 학교를 중퇴하고 여러 직업을 전전하다 1840년에는 포경선 애커시넷(Acushnet)호의 승조원이 된다.

그러나 선장의 폭력에 염증을 느껴 배가 남태평양 마르키즈 제도에 기항 중일 때 친구와 함께 탈출한다. 미국의 포경선에 겨우 발견되어 1842년 하와이에 당도한다. 거기에서 미국 해군의 수병으로 채용되고 첫 출항으로부터 4년이 지나서야 고향에 돌아온다.

멜빌은 이 당시 겪은 파란의 체험을 바탕으로 작가로서 이름을 세우기로 결심하고, 당시 유행하던 해양 소설을 쓰기 시작한다. 1845년에는 마르키즈 제도에서의 체험을 토대로 한 첫 작품인 『타이피(Typee)』를, 1851년에는 걸작이라 칭송되는 『모비 딕(Moby Dick)』을 발표한다. 원제는 "Moby-Dick; or, the Whale"이다.

이 소설에는 배경이 된 실화[2]가 있다. 1819년 낸터킷을 출항한 포경선 에섹스호가 태평양 한가운데에서 거대한 향유고래에 부딪쳐 난파했다. 승조원 20명은 세 척의 보트에 나누어 타고 표류했다. 굶주림과 갈증, 폭풍우에 농락당한 끝에 절친한 사이였던 사람의 고기를 먹으며 목숨을 부지했다. 3개월여가 흘러 영국의 범선에 구출되었을 때 남아 있는 건 겨우 8명뿐이었다. 멜빌은 이 사건의 생존자 중 하나인 일등 항해사의 수기를 읽고 소설을 구상했다고 한다.

그러나 『모비 딕』은 난해한 작풍 탓에 제대로 평가받지 못했고 혹평에 묻혀 버렸다. 문고본으로 3권, 1000쪽에 달하는 이 소설 속에서 서사가 그려지는 부분은 매우 적다.

나머지 부분에서는 본 줄거리와는 거의 관계가 없는, 고래에 관한 방대한 지식이 펼쳐진다. 포경 산업에 머무르지 않고 고래의 분류, 포경의 기술, 해부학, 문학 작품, 성서, 그리스 신화 등, 고래에 얽힌 역사적, 과학적, 신화적, 언어학적인 정보를 망라하고 있다. 최고의 작품이라는 평가가 있는 한편, 읽기 어려운 소설로 여겨진 이유이기도 하다.

일등 항해사 스타벅

멜빌은 그 후 생계 곤란 속에서도 소설이나 시를 계속 발표했다. 출판 기회도 거의 주어지지 않았다. 가정적으로도 아들의 자살, 자택의 소실 등 불행이 줄을 이었고 비참한 삶 속에서 외로이 세상을 떠났다. 그러나 사후 30년이 지난 1921년이 되어 재평가를 받았고 『멜빌 저작집』이 간행되었다. 현재에는 미국 문학사상 최고의 작가 중 한 사람으로 인정받고 있다.

이 작품은 다양하게 독해되었고 각국에서 수많은 연구서가 출판되어 왔다. 흰 고래를 신성한 것으로 파악해 '침범해서는 안 되는 영역에 도전하는 인간'의 이야기라는 해석이 일반적이지만 읽는 사람에 따라 다르게 받아들여진다는 점도 이 책의 매력 중 하나일 것이다.

소설가 서머싯 몸은 저서 『세계의 10대 소설(Ten Novel And Their Authors)』(한국어판 『불멸의 작가, 위대한 상상력』(권정관 옮김, 개마고원, 2008년) — 옮긴이)에서 『모비 딕』을 그중 하나로 꼽았으며, 독서가로 알려진 미국의 버락 오바마(Barack Obama, 1961년~) 대통령도 애독서 중 하나로 『모비 딕』을 들고 있다.

피쿼드호는 인류의 도가니다. 3명의 항해사는 미국에서 태어났지만 승조원은 남태평양의 원주민, 미국의 원주민, 아프리카 인들이기에 인종도 종교도 제각각이고 각각 초인적인 체력이나 자기만의 특별한 능력을 가진 스페셜리스트이다. 그것을 하나로 모으는 것이 에이허브 선장의 집념이다. 이런 점이 대통령의 마음을 끌었을지도 모른다.

이 소설이 미국인에게 사랑받는다는 증거로 세계적 커피 체인점인 스타벅스의 이름이 『모비 딕』에 등장하는 일등 항해사인 스타벅에서 왔다는 것을 들 수 있다.[3] 퀘이커 교도인 그는 경험이 풍부한 항해사로 선장의 폭거에 충고할 줄 알고 개성이 강한 승조원들을 통솔하는 인격자로 묘사된다. 마지막에는 선장이나 다른 승조원들과 운명을 함께 한다.

이 소설은 이제까지 영화로 3번 만들어졌는데 가장 최근 작품인 1956년 존 휴스턴 감독, 그레고리 펙 주연의 영화는 흥행 면에서 실패했다.

인류와 함께한 포경의 역사

유럽에는 기나긴 포경의 역사[4]가 있다. 동굴에 남겨진 벽화로 보면 기원전 3000년경부터 고래류를 잡았던 것으로 보인다. 고대 로마 제국의 멸망 전에 지중해의 고래는 절멸 위기에 처해 있었다. 본격적인 포경은 스페인과 프랑스 국경의 피레네 산맥 서부에 살던 바스크 인들이 11세기경부터 시작했다. 비스케이 만에는 거대한 참고래 어장이 있었다.

포경 어구나 기술이 발달하면서 포획량도 증가했고 12세기에는 바스크 지방의 최대 산업이 되었다. 고래 고기, 고래기름, 수염 따위가 유럽 각지의 시장으로 보내졌다. 그러나 남획이 화근이 되어 포경은 쇠퇴의 길을 걷는다. 15세기 바스크 인들은 대형 범선을 타고 포르투갈이나 영국 앞바다 부근으로 진출해 거기서도 고래가 고갈되었고 16세기 중반에는 북아메리카의 대서양안인 뉴펀들랜드나 래브라도 앞바다까지 어장을 확장했다. 당시 북대서양에는 50척가량의 포경 선단에서 수천 명이 조업 중이었다고 전해진다.

그림 13-1. (위) 스피츠베르겐 제도에 나타난 고래를 쫓는 네덜란드 포경선(1690년)
그림 13-2. (아래) 18세기 네덜란드 포경선이 북극고래를 사냥하는 모습

16세기말이 되자 노르웨이 북부의 스피츠베르겐 제도 주변에서 대형 북극고래 떼가 발견되었다. (그림 13-1) 곧 거대한 자본력을 지닌 네덜란드와 영국이 포경의 주역을 맡았다. (그림 13-2) 17세기 중반에는 300척이나 되는 포경 선단이 북극해로 나가 연간 1500~2000마리의 북극고래를 포획했고 결국 이 일대의 고래는 사실상 전멸하고 말았다.

포경 선단은 어장을 북대서양 일대로 확장시켜 갔다. 포경선은 차츰 크기가 커졌고 잡은 고래는 선상에서 해체되어 고래기름이 생산되었다. 당시에는 네덜란드가 이 산업에서 우위를 점하고 유럽의 고래기름 시장을 독점해 커다란 이익을 거두고 있었다. 북아메리카 대륙의 동해안에서는 17세기 중반부터 연안 포경이 시작되었다. 표적은 고급 양초의 원료가 되는 향유고래였다. 미국제 양초는 중요 수출품이 되었다.

18~19세기에는 대형 범선을 모선으로 한 미국식 포경이 성행했다. 모선은 배수량 300톤이 넘는 대형선이었다. 노를 저어 움직이는 작은 보트로 고래를 궁지에 몰아넣은 뒤 작살이나 창, 총으로 죽이고 모선 위에서 지방이나 가죽을 삶아 기름을 추출했다. 고래기름은 둥근 나무통에 담아 가져갔다.

뉴베드퍼드와 존 만지로

포경선의 모항이었던 뉴베드퍼드나 낸터컷은 포경으로 유례없는 번영을 누린다. (그림 13-3) 『모비 딕』은 이 시기를 무대로 이야기를 펼쳐 나간다.

뉴베드퍼드는 존 만지로 (1827~1898년)[5]의 연고지였다. 그의 본명은 나카하마 만지로 (中濱万次郎)다. 도사 국 나카하마무라(현재의 고치 현 도사기요미즈 시 나카하마)에서 가난한 어부의 차남으로 태어나 15세에 고기잡이에 나섰다가 조난

그림 13-3. 포경 기지 뉴베드퍼드. 늘어서 있는 것은 고래기름을 담는 통이다.

당한다. 무인도인 도리 섬(鳥島)에 표류해 동료들과 143일간 생활했고 거기서 미국의 포경선 존 하울랜드호에 구조되었다. 선장인 화이트필드의 눈에 들어 그의 양자가 되었고 뉴베드퍼드에 살며 그 지방의 학교에 다녔다.

  1851년 23세 때 그는 마침내 귀국한다. 『모비 딕』이 출판된 해이다. 사쓰마 번주인 시마즈 나리아키라가 그의 영어 실력에 주목해 사쓰마 번의 신식 학교(가이세이죠(開成所))에 영어 강사로 채용한다. 당시는 매슈 캘브레이스 페리(Matthew Calbraith Perry, 1794~1858년)의 내항으로 떠들썩한 상황이었기에 그는 미국에 대한 지식을 필요로 하던 바쿠후(幕府)에 초빙되어 지키산(直参, 에도 시대에 쇼군 휘하에 직접 속했던 녹봉 1만 석 이하의 무사 ― 옮긴이)인 하타모토(旗本)라는 지위에 오른다.

  영어 회화서를 집필했고 항해술 등을 다룬 전문서를 번역했으며, 배 만드는 일의 지도에서도 활약했다.

  1860년에는 미일 수호 통상 조약 비준서를 교환하기 위한 사절단

의 한 사람으로 간린마루(咸臨丸)호를 타고 미국으로 건너간다. 이때 은인인 화이트필드와도 재회한다. 그가 전한 유럽과 미국의 정세, 사상, 기술 등의 최신 지식은 사카모토 료마(坂本龍馬), 가쓰 가이슈(勝海舟), 이와사키 야타로(岩崎彌太郞) 등 바쿠후 말기의 지사나 지식인에게 커다란 영향을 끼쳤다. 메이지 유신 이후 도쿄 대학교의 전신인 가이세이 학교의 교수로 임명되었다. 그의 출신지인 고치 현 도사기요미즈 시와 뉴베드퍼드 시는 현재 자매 도시로 맺어져 있다.

포경의 중심이 된 태평양

영국과 네덜란드의 포경선 탓에 대서양의 고래는 빠른 속도로 모습을 감추어 갔다. 그 다음 표적은 태평양의 고래들이었다. 피쿼드 호가 말라카 해협을 빠져나와 태평양에 들어설 때 커다란 향유고래 떼와 조우하는 장면이 있다. 멜빌은 고래 떼가 바닷물을 내뿜는 모습을 "언덕 위에서 건물이 빽빽이 들어선 대도시의 수많은 굴뚝을 바라보는 느낌"에 비유한다. 태평양에는 그만큼 많은 고래가 남아 있었던 것이다.

멜빌 자신이 포경선을 탔던 당시에 "과거부터 포경이 이루어졌던 브라질 앞바다에서 과거 6년간 봤던 것보다 시드니 만에서 하루 동안 목격한 향유고래의 숫자가 더 많았다."라면서 다음과 같이 묘사한다.

> 정오부터 일몰까지의 시간, 돛대 앞에서 전방을 내다볼 수 있는 동안에 항행할 때는 늘 고래 무리가 펼쳐져 있었다.

포경선은 북쪽으로는 베링 해협을 빠져나가 북극해에서 북극고래를 잡았고 남쪽으로는 오스트레일리아 대륙 주변까지 진출해 고래를 뒤쫓았다. 19세기 중반 최전성기에 태평양에서 조업하는 포경선 숫자는 500~700척에 달했고 미국과 영국 단 두 나라의 포경선만으로 연간 1만 마리의 향유고래를 포획했다.

미국의 작가 마크 트웨인은 『살짝 흥미로운 하와이 통신(*Mark Twain's Letters from Hawaii*)』[6]에서 태평양의 포경 기지가 된 하와이의 갑작스러운 포경 열풍을 전한다.

> 작년(1865년) 그들(포경선 승조원)이 여기서 남기고 간 돈은 1만 5000달러다. …… 승조원에 지급하는 급료를 포함시키거나 그 외의 경비를 대략적으로 짐작해 보아도 평균적으로 한 척당 약 6000달러라는 계산이 나온다. 포경 사업이 전성기를 구가하던 시대, 북해(북태평양)에서는 동시에 400척 이상의 포경선이 출항하는 경우도 있었다.

전성기였던 1853년에 "포경 선단이 …… 이 호놀룰루의 항구에 가져온 것은 고래기름 400만 갤런(약 1만 5000톤), 수염 202만 264파운드(약 900톤)이었다." 종류에 따라 다르기는 해도 한 마리당 기름을 얻는 양이 평균 5톤이라고 한다면 3000마리에 해당하는 양이다.

이러한 남획으로 고래는 빠르게 줄어들었고, 펜실베이니아 주에서 유전이 발견되어 석유가 고래기름을 대신하고 나서야 비로소 포경은 쇠퇴해 갔다. 거기다 1848년부터 캘리포니아 주에서 골드러시가 시작되어 포경선 승조원 다수가 금광맥을 노리고 그쪽으로 떠난 것이 결정적인 원인이 되었다.

마지막 남은 고래들에게 최후의 일격을 가한 것은 노르웨이식 포경의 보급이었다. 향유고래가 격감한 후에도 헤엄 속도가 빠르고 죽이면 물에 가라앉아 버리는 긴수염고래과의 고래들은 아직 손대지 못한 채로 남겨져 있었다. 노 젓는 보트로는 감당할 수 없었기 때문이다.

때문에 로프가 달린 작살을 사용하는 고래잡이용 포와 동력 장치가 붙어 있는 포경선이 1864년 노르웨이에서 개발되었다. 노르웨이 연안에서 성공을 거둔 이 방식은 이윽고 전 세계로 확대되기 시작했다. 20세기 초두에 고래기름을 단단하게 굳히는 기술이 개발되자 비누나 마가린의 원료로 고래기름의 수요가 확대되었고 포경도 다시 성행하고 말았다.

포경선은 남극으로 향하고

20세기에 들어서자 세계를 아무리 돌아봐도 고래가 풍부하게 살아남아 있는 곳은 남극해밖에 없게 되었다. 각국의 포경 선단은 남극해로 눈을 돌렸다. 노르웨이나 영국이 사우스조지아 제도나 사우스셰틀랜드 제도에 기지를 세우고 조업을 개시했다. 이들 섬에서는 당시 고래기름을 얻기 위해 사용했던 커다란 솥의 잔해를 목격할 수 있다. (그림 13-4)

노르웨이는 바다 위에서 고래를 해체할 수 있는 신형 포경 모선을 1925년에 투입해 포경의 효율을 한 단계 높였다. 이 모선 방식은 영국에서도 채용되었고 1930년에는 양국 합쳐 40척 가까이 되는 모선과 200척 이상의 포획 보트가 남극해에 집중되었다. 일본과 독일의 포경 선단이 그 뒤를 쫓았다.

남극해는 다른 어장에 비해 자원이 풍부했음에도 불구하고 남획 때문에 자원이 격감하기 시작했다. 우선 맨 처음 포획 대상이 된 혹등고래가 크게 줄었고 다음으로 가장 큰 종류인 흰긴수염고래가 표적이 되어 절정기였던 1930년에는 3만 마리 가까이가 포획되었다. 흰긴수염고래 자원이 괴멸된 다음에는 긴수염고래가 표적이 되었다.

각국이 이토록 포경에 광분했던 것은 고래기름이나 수염이 생활 필수품이었기 때문이었다.[7] 오늘날 상황에 비추어 본다면, 고래기름은 석유, 수염은 플라스틱에 해당한다. 다음으로 중요한 자원은 향유고래기름이었다. 처음에는 초의 원료였고 다음에는 조명이나 가스등, 등대의 광원으로 쓰였다. 1740년대에는 런던에서만 5000개의 가로등이 고래기름으로 불을 밝혔다.

18세기 산업 혁명 이후에는 기계를 돌리는 데 없어서는 안 될 윤활유로 대단히 많은 수요를 창출했다. 특히 향유고래의 머리 부분에 있는 경랍(鯨蠟)이라 불리는 뇌유는 영하 40도에서도 안정된 물질이어서 우주 기기를 비롯한 정밀 기계용 윤활유의 원료로 최근까지도 사용되었다.

또한 수염고래의 위턱에 자라는 기다란 수염은 튼실하고 가벼우며 탄력성이 있어서 가

그림 13-4. 남극에 남아 있는 고래기름 탱크. 1911년에 건설되어 약 20년간 사용되었다. (사우스셰틀랜드 제도의 디셉션 섬에서)

공하기 쉽다. 우산의 뼈대, 여성들의 코르셋이나 파니에(스커트 밑에 입는 새장 모양의 틀)의 골격 따위를 만드는 데 빠질 수 없는 소재였다. 이 외에도 의자나 매트리스, 모자, 여행 가방, 낚싯대, 지팡이, 코일, 용수철 등의 용도로, 금속선이나 플라스틱이 보급되는 20세기 후반까지 널리 사용되었다.

현대의 석유 산업과 마찬가지로 사람들이 매달리는 것은 오로지 소비 확대와 생산 증대뿐이었고 고래의 미래를 생각하는 사람은 없었다.

일본의 포경

일본의 포경은 『만엽집』에 등장할 정도로 오랜 역사가 있다. 당시에는 고래를 만의 안쪽으로 몰아넣는 연안 포경 방식이었다. 에도 시대가 되자 작살이나 괘망(掛網)으로 붙잡는 어법이 고안되어 고래의 포획 마릿수도 늘어갔다. 에도 중기에는 밤늦은 시간까지 생활시간이 연장되면서 등유의 수요도 높아졌다. 한편 논에 고래기름으로 기름막을 깔고 그 안에 멸구나 메뚜기 등의 해충을 털어 넣고 제거하는 주유 구제법도 보급되었다.[8]

19세기 전반에는 포경의 최전성기를 맞았다. 1826년에 필리프 프란츠 폰 지볼트가 의사이자 자신의 제자였던 다카노 조에이(高野長英)에게 제출케 한 리포트 「고래와 포경에 관하여」에는 "이 수역(사가 현 가라쓰 시 부근에서 나가사키 현 고토(伍島) 열도 부근까지의 바다)에서는 연간 평균 약 300마리를 잡아들이며, 커다란 고래 한 마리의 가치는 4000냥에 달한다."라고 적혀 있다. 고래 한 마리가 주는 이익은 막대해 "한 마리 잡으면 나나우라(七浦, 해변 7곳의 마을) 살 수 있다네."라는 속담대로였다.

메이지 정부는 일본 근해에서 조업하는 미국, 영국, 러시아 등의 외국 포경선에 대항하기 위해 1897년에 원양 어업 장려법을 공포했으며 노르웨이식 포경 기법을 도입하는 등 근대화를 지원했다.

제2차 세계 대전 중에는 포경선이나 모선의 대다수가 해군에 징발되어 거의 다 미군에 침몰당했다. 그러나 종전 다음해인 1946년에 산업 재건을 개시했고 포경은 식육 공급원 또는 고래기름을 수출해 버는 외자 획득원으로서 중요한 산업이 되었다.

고래 남획에 열광했던 일본

제2차 세계 대전이라는 공백기가 끝나 가자 우선 노르웨이가 1943년에 조업을 재개했다. 전쟁 후에는 여기에 영국과 일본, 네덜란드, 러시아(당시 소련), 남아프리카가 가세했다. 이후 1960년경까지 전 세계의 모선은 약 20척이었고 연간 약 40톤의 고래기름이 생산되는 성황이 이어졌다.

전쟁이 끝난 지 얼마 안 된 시기에는 통칭 올림픽 방식이라 불리는 포경 법칙이 있었다. 가장 큰 흰긴수염고래의 중량으로 환산해 총포획 마릿수가 약 1만 6000마리에 달할 때까지 선착순으로 잡아들이는 것이었다.

일본의 포경 선단은 빠른 속도로 확충되어 7개 선단으로 급증했다. 포경 올림픽에서 타국에 이기는 것은 패전으로 풀이 죽어 있던 일본인들에게는 자신감의 상승으로 이어졌다. 포경 선단이 남극해로 진출하면 뉴스에 대대적으로 보도되었고 일본의 포획량이 1위에 오르면 국민들은 흥분했다. 일본의 포경이 재개된 1946년부터 15년 동안 일본은 세계 최대의 포경국이었다.[9] 일본에 바통을 넘겨주듯 노르웨이와 영국, 구소련은 포경업에서 철수해 갔다. (그림 13-5)

당시 신문에는 "절정을 맞은 포경 전쟁: 연승의 일장기", "남극에 울려 퍼지는 포경 일본의 승전가" 따위의 우렁찬 표제들이 넘쳤다. 전후의 식량난 속에서 고래 고기는 학교 급식이나 배급으로 영양 개선에 공헌했다. 특히 일본을 통치했던 미국 주도의 연합군 최고 사령부(GHQ)는 일본에 원조하는 식량 부담을 줄이기 위해 고래 고기의 소비를 장려하기도 했다.[10]

올림픽 방식으로는 소형 고래를 잡는 것보다 대형인 흰긴수염고래나 긴수염고래를 잡는 쪽이 효율이 좋았기 때문에 각국이 앞을 다투어 대형 고래류를 쫓았다. 이것이 남극의 대형 고래류를 절멸 직전까지 몰고 가는 결과를 낳았다.

와카야마 현 다이지 정 출신으로 포경선의 포수였던 야마시타 쇼토(山下涉登)는 저서[11]에서 이렇게 회고한다. "올림픽 포경은 너무 과했다고 생각한다. 잡고 나서 모선이 처리를 못하고 버린 적도 있다. …… 쇼와 30년대(1955~1964년 ― 옮긴이) 전반까지는 남빙양(남극해의 옛 이름 ― 옮긴이)의 어디를 가도 무리 지은 고래를 볼 수 있었지만, 후반이 되자 그 수가 눈에 띄게 줄어 버렸다. 포경선을 타고 며칠 동안 달려도 고래와 마주치지 못했다."

눈 뜨고 볼 수 없는 마구잡이 행태 탓에 포경을 규제하자는 국제 여론이 높아졌다. 1958년에 올림픽 방식이 폐지되었고 남극해의 흰

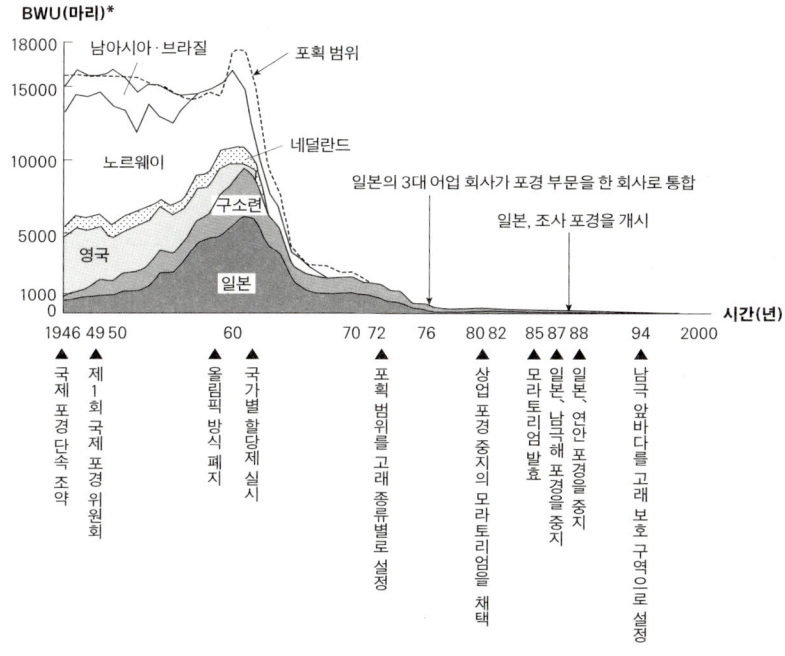

그림 13-5. 나라별 고래 포획 비율의 변천(국제 포경 위원회의 「포경 통계」) * BWU: 포획된 고래를 긴수염고래로 환산한 마릿수

 긴수염고래는 1963년에 금어(禁漁) 조치에 처해졌으며 1982년에는 모든 상업 포경이 모라토리엄(동결) 대상이 되었다. 실제 남극해에서의 상업 포경은 동결이 발효된 1986년까지 이어졌지만, 이 사이에 차례차례 고래 종류별로 포획이 금지되었다.
 이때에도 일본은 연안에서 끝까지 상업 포경을 이어갔고 1988년을 마지막으로 그만둘 때까지 국제적인 비판을 한 몸에 받았다. 국제 여론에 불이 붙으면서 1987년에는 일본도 남극해 포경을 중지하지 않을 수 없었다.

포경선이 쇄도했던 일본 근해

1820년 전후에 일본 근해가 고래가 풍부한 어장이라는 사실이 알려지자 대서양의 고래를 다 잡아 버린 유럽과 미국의 포경선들이 진출해 왔다. 일대는 재팬 그라운드라 불리는 포경 어장이 되었다. 포경선은 식량 보급·급수·수리를 위해 보닌 아일랜즈(오가사와라(小笠原) 제도)를 이용하거나 어획기의 종료와 동시에 하와이에 기항하는 것이 보통이었다.

어업 사가인 구와타 도이치(桑田透一)[12]에 따르면 1843년에 108척, 1846년에 292척, 그 이후로도 100척 전후의 미국 포경선이 일본 근해에 출몰하고 있었다. 1840년대 후반에는 일본 열도를 따라 북상한 포경선이 베링 해에서 새로운 어장을 발견해 태평양은 세계 최대의 고래 어장이 되었다.

19세기가 되자 미국은 세계 최대의 포경 국가로 떠올랐다. 이미 대서양에는 자원이 고갈되어 많은 포경선이 재팬 그라운드를 목표로 삼았다. 에이허브 선장이 해도를 꺼내 "니혼, 마쓰마이, 시코케"(혼슈, 홋카이도, 시코쿠를 말함)의 모양을 조사하는 장면도 나온다. 에이허브 선장이 한쪽 발을 잃은 것도 사실은 일본 근해에서였다. "저 사람 발이 저렇게 된 게 일본 앞바다에서였거든. 망가진 배를 이끌고 항구로 돌아가던 중에 돛대를 매달아서 고친 거라구." 한 승조원이 부연한다.

미국 동해안에서 일본 근해로 나아가려면 남아메리카 남단의 케이프 곶을 돌아가거나 대서양을 가로질러 아프리카 남단을 돌아 인도양을 거쳐 가야 한다. 기지에서 너무 멀리 떨어져 있기에 연료, 신선한 먹을거리, 물 따위의 보급이 최대 난제였다.

미국의 포경 선단이 일본 근해에 집중되자 조난이나 분란도 잦아졌다. 1824년에는 영국과 미국의 포경선이 일본 근해에 출몰해 이곳저곳의 항구에서 장작과 물, 식량을 요구했고 사쓰마 번 다카라지마에서는 영국의 포경 선원이 상륙해 폭력을 휘두르는 사건이 일어났다. 그 이듬해 에도 바쿠후는 이국선 타불령(打拂令)을 내려 쇄국 정책을 강화했다.

홋카이도에서는 미국의 포경선 로런스호(1844년), 라고다호(1848년), 트라이던트호(1849년) 등이 조난해 선원들이 상륙하기도 했다. 에조지 해안에 표착한 라고다호의 경우 승조원 15명(1명 병사, 1명 자살)이 붙잡혀 나가사키로 보내졌지만 도중에 탈주자가 나와 전원 수감되었다. 미국에는 일본이 난파된 포경 선원들을 학대했다고 전해졌고 이로 인해 일본에 항의하는 여론이 들끓게 되었다.

일본 개국과 고래

미국 내에서는 일본 근해에서 조난당한 포경 선원의 보호나 대우에 대한 관심이 높아졌다. 페리 제독은 1851년 1월 27일부로 이 사태의 개선을 위해 해군력을 동원한 일본 개국을 진지하게 모색하기 시작했다. 당시의 영국, 프랑스, 네덜란드 등은 제독을 포경 선단장에 앉힌다거나 포경업자들에게 지원금을 주는 등, 오늘날로 말하면 해외 유전 확보와 같은 중요한 국책 사업으로 포경을 장려했다.

멜빌은 일본의 개국을 예상하고 있었다. 페리의 함대가 우라가(浦賀) 앞바다에 모습을 드러내기 2년 전에 쓰인 이 책에는 다음과 같은 대목이 있다.

몇 겹으로 빗장을 걸어 잠근 일본이 손님을 환대하게 된다면 그 공로를 인정받을 수 있는 것은 포경선뿐이다. 포경선은 벌써 일본의 문지방을 넘으려 하고 있기 때문이다.

말하자면 포경선이야말로 일본의 개국에 압박을 가할 수 있다는 생각이었다. 구와타 도이치는 『개국과 페리(開国とペルリ)』[13]의 머리글에 "일본 개국의 은인은 페리가 아니다. 진정한 은인은 일본 근해의 고래다."라고 썼다.

마침내 흑선을 거느린 페리가 일본에 당도해 개국을 재촉했다. 그의 일본 방문에는 두 가지 목적이 있었다. 하나는 북태평양에서 조난당한 포경 선원의 구조나 선박 기항지·물자 보급지로서의 역할을 요청하는 것. 또 하나는 유망 시장이었던 중국으로의 수출을 위해 절호의 지리적 위치에 있는 일본을 중간 기지로 삼는 것이었다.

당시에는 항해 기록을 남기기 위해 작가나 학자를 배에 동승시키는 일이 많았다. 첫 번째 일본 원정에서 귀국하는 도중 페리는 영국의 리버풀에 기항하는데, 이곳에서 미국 영사를 맡고 있던 『주홍글자(The Scarlet Letter)』의 작가 너대니얼 호손(Nathaniel Hawthorne, 1804~1864년)을 찾아가 승선을 타진했다. 그러나 그는 공무로 바쁘다며 거절했고 개인적으로 친했던 멜빌을 추천했다. 그러나 페리는 그 제안을 마음에 들어 하지 않았다고 한다.

가장 오래된 자연 보호 조약

1853년 일본에 온 페리는 밀러드 필모어(Millard Filmore, 1800~1874년)

미국 대통령의 친서를 바쿠후에 전달하며 개국과 통상을 요구했다. 그러나 1년의 유예라는 바쿠후의 요청에 따라 곧 떠난다. 그러나 이듬해 다시 일본을 찾아 에도 만에 입항했다. 약 한 달에 걸친 협의의 결과로 사가미 국 가나가와 요코하마무라에서 전 12개 조로 이루어진 미일 화친 조약[14]을 체결한다.

그 가운데서 미국 선박들에 대한 물자 보급을 위해 시모다와 하코다테를 개항할 것, 표류민을 구조·인도할 것, 시모다에 미국인 거류지를 설치할 것 등이 정해졌다. 그 후 교섭 장소를 시모다의 료센지(了仙寺)로 옮겼고 같은 해 5월 25일에 화친 조약의 세칙을 결정한 시모다 조약 전 13개 조가 체결되었다.

이중 특필할 만한 것은 시모다에서 미국인의 이동 가능 범위나 휴게소 따위의 규정과 함께 "미국인이 조수(鳥獸)를 수렵하는 것을 금함"이라는 항이 들어간 것이다. 조수류의 보호가 국제적으로 논의되기 시작한 것은 1895년 파리 회의가 최초로 여겨지는데 이를 계기로 조수류 보호의 조약이나 조직이 생겨났다. 시모다 조약은 세계의 자연 보호 조약 가운데서도 가장 오래 된 것이라 할 수 있다.

무익한 살상은 하지 않는다는 윤리관 덕분에 에도 시대의 일본에는 사람을 두려워하지 않는 들새나 동물이 풍부했다. 흑선의 선원들은 이러한 들새를 흥미롭게 여기며 사냥했다고 한다. 일본인에게는 그것이 야만적인 행위로 비쳤다. 다만 원정의 기록이나 학술적인 자료 수집을 목적으로 동승했던 과학자나 화가들이 표본으로 남기기 위해 그 동물들을 채집했을 가능성도 있다.

남태평양의 비극

태평양을 난폭하게 돌아다니던 포경선은, 고래뿐 아니라 거기에 살던 사람들의 생활과 문화마저도 뿌리째 뽑아 버렸다. 행동이 거칠었던 선원들은 유럽으로부터 창부나 성병, 알코올, 그리고 치명적인 천연두나 결핵까지 기항지로 옮겨 왔다. 포경선 애커시넷호에 타고 있던 멜빌은 1840년 항해 도중 타히티에 들렀을 때 원주민들의 생활을 보고 충격을 받은 나머지 다음과 같은 기록을 남겼다.[15]

> 주민들은 가진 것 하나 없고 하는 일 하나 없이 오로지 술 마시는 일만 생각하고 있다……. 과거 이 섬은 신비로운 그림처럼 아름다운 것으로 가득 차 있었지만, 지금은 그러한 것이 전혀 남아 있지 않다. …… 섬 주민들은 유럽 인이 들인 병으로 쓰러져 날이 갈수록 수가 줄고 있다. …… 그리고 도처에 창부들이 넘쳐난다.

화가인 폴 고갱(Paul Gauguin, 1848~1903년)도 1890년대에 타히티에 상륙했을 당시에 비슷한 감상을 남겨 놓았다.[16]

인구가 극적으로 감소하고 문화가 붕괴할 때까지 시간은 그리 오래 걸리지 않았다. 1770년에 유럽 인이 최초로 이곳에 왔을 당시에 타히티의 인구는 대략 4만 명이었다. 그러나 타히티가 프랑스에 합병된 1840년대까지 9000명으로 줄었고, 최종적으로는 6000명에도 못 미치는 숫자로 줄어들었다. 18세기 후반에 30만 명이었던 하와이의 인구는 1875년에는 5만 5000명이 되었다. 쿡 제도에서 가장 큰 라로통가 섬은 1827년에 7000명이었던 인구가 1867년의 통계에서는 1850명까지 줄었다.

 포경선은 다음 번 들를 때 식량으로 삼기 위해 무인도에 염소 따위의 가축을 풀어 놓았다. 그것이 번식해 섬의 독특한 생태계가 파멸했다. 갈라파고스 제도에서는 기항한 포경선이 식량으로 땅거북을 대량 포획했다. 선상에서 장기간 살려 둘 수 있었기에 보존 식량으로 중요하게 취급되었던 것이다. 1835년 찰스 로버트 다윈(Charles Robert Darwin, 1809~1882년)이 방문했을 때 25만 마리는 서식했던 것으로 추정되었던 땅거북은 오늘날에는 3000~5000마리밖에 남아 있지 않다.

 멜빌은 『모비 딕』 속에서, 역사에 이름을 남긴 탐험가는 많아도 낸터컷에서 출발했던 수많은 무명의 선장들이 당도한 오스트레일리아 대륙의 개척, 폴리네시아 섬들의 발견 등은 모두 포경선이 이룬 것이었다며 자랑처럼 이야기한다. 그러나 현실에서 그들은 고래를 절멸 직전까지 몰아붙였고 병과 알코올을 들여놓으면서 평화로운 나라와 섬들을 짓밟아 뭉개고 있었다.

14장
파리의 하수도

빅토르 위고, 『레 미제라블』[1]

틈만 나면 콜레라가 유행했던 파리는 세계의 대도시들에 앞서 수도망을 정비했다. 작가 빅토르 위고는 폐수에 관심을 쏟았고 종횡무진으로 관련 지식을 쌓았으며 급기야는 폐기물 순환론까지 발표했다. 위고의 대표작인 이 소설의 주인공은 장 발장이 아니라 하수도라고 해도 좋을 정도다.

『레 미제라블』 줄거리

시대는 1815~1835년, 혁명 후 왕정 복고파와 그에 저항하는 시민들의 싸움으로 프랑스는 어수선했다. 주인공 장 발장은 1769년에 태어났다. 나폴레옹과 같은 해에 태어났다는 설정이다. 7명이나 되는 누이의 아이들이 배를 곯는 모습을 보고 빵을 하나 훔치고 만다.

장 발장은 붙잡혀 툴롱의 형무소에 투옥된다. 애초 형기는 5년이었으나 4번이나 탈옥을 기도했기 때문에 19년이나 복역하는 처지가 된다. 그는 1815년에 겨우 가석방된다. 나폴레옹이 워털루 전투에서 패하고 남대서양의 고도(孤島) 세인트헬레나 섬에 유배되었던 해다.

감옥 바깥으로 나오기는 했지만 가는 곳마다 냉대당한다. 배고픔과 추위로 얼어붙은 장 발장에게 구원의 손길을 내민 것은 디뉴의 미리엘 주교뿐이었다. 그러나 장 발장은 빵과 포도주를 준 주교를 배신하고 그가 소중히 여기던 은촛대 두 자루를 훔친다.

장 발장이 헌병에게 붙잡혀 끌려오자 주교는 "내가 준 것"이라며 그를 변호한다. 그는 다시 태어날 것을 맹세하고 바꾼 이름으로 모조 보석 공장을 경영해 성공을 거둔다. 이주해 간 몽트뢰유쉬르메르에서는 시민들의 신망을 얻어 시장으로 뽑힌다. 그를 추적한 자베르 경관에게 정체를 간파당해 붙잡히지만 감옥으로 향하는 도중 군함에서 빠져나와 다섯 번째 탈옥을 도모한다.

도망쳐 나온 도시에서 어린 소녀 코제트와 재회한다. 그의 공장에서 일했던 팡틴이라는 여공의 딸이다. 그녀는 어린 딸 코제트를 다른 부부에게 맡기고 공장에 나가고 있었으나 코제트는 그 집 부부에게 학대당하고 있었다. 보다 못한 장 발장은 병으로 쓰러진 모친 대신 코제트를 맡아 자기 딸처럼 어여삐 여긴다.

아름답게 성장한 코제트에게 가난한 귀족 마리우스 폰메르시는 한눈에 사랑에 빠진다. 마리우스는 반왕정파 비밀 결사 조직의 멤버다. 그는 자신을 키워 준 왕정 복고파인 할아버지와의 대립 끝에 집을 뛰쳐나왔다. 그러나 장 발장은 두 사람의 결혼을 반대하고 절망한 마리우스는 반왕정파가 일으킨 6월 봉기에 몸을 던진다.

이 봉기에서 마리우스는 정부군의 총을 맞아 중상을 입는다. 장 발장은 코제트를 위해 당국에 쫓기는 그를 짊어지고 하수도를 달린다. 이 하수도 장면에서 이야기는 최고조에 이른다. 젊은 연인은 결국 맺어져 1833년에 결혼식을 올린다. 안심한 장 발장은 두 사람의 품에 안겨 64년의 파란만장한 인생을 마친다.

세계에서 가장 짧은 왕복 시간

빅토르 마리 위고(Victor Marie Hugo, 1802~1885년)는 군인의 셋째 아들로 태어나 유럽 각지를 전전하며 성장했다. 23세의 젊은 나이에 레지옹 도뇌르 훈장을 받았고 남작 작위도 받았다. 낭만파 시인이자 작가로 부와 명성을 얻었고 방대한 작품을 남겼다. 44세 때 정계에 투신했으나 나폴레옹 3세(재위 1852~1870년)의 쿠데타를 과격하게 비판해 외국으로 추방당했다. 그 사이 5년을 들여 쓴 것이 바로 이 작품이다.

위고의 대표작이기도 한 『레 미제라블(Les Misérables)』은 5부 구성으로 합계 48편이나 되는 대하소설이다. 탈옥, 혁명, 배신, 복수, 연애 등 소설의 모든 소재를 갖춘 장대한 로망이다. 한편 보통은 눈에 띄는 일이 없는 하수도라는 세계를 논한 아주 드문 소설이기도 하다. 5부의 2편인 「괴물의 내장」(한국어판 「레비아탄(『구약 성서』와 「우가릿 문서」, 후대 유대 문학에 나오는 어떠한 무기로도 제압할 수 없는 상징적인 괴물 — 옮긴이)의 내장」)에서 그는 25쪽에 걸쳐 하수도의 역사와 관련 기술을 전문가라 착각할 정도로 세세히 논하고 있다.

『레 미제라블』이 출간된 1862년에 국외 여행 중이던 위고는 책의 매출이 걱정되어 단 한 문자, "?"라고만 쓴 편지를 출판사에 보냈다. 그러자 "!"이라는 답장이 돌아왔다. "매출은 어때?", "대성공입니다!"라는 대화를 단 두 문자로 끝내 버린, 세계에서 가장 짧은 왕복 서간으로 알려져 있다. 실제로 이 책은 발매 후 수일 만에 매진되었고 아직도 문학사상 최고 걸작 중 하나로 손꼽힌다.

일본에서도 100년 이상 지속적으로 사랑받아 왔다. 원제인 "Les Misérables"은 '비참한 사람들'이라는 뜻이지만, 번역가·작가·기자로 활동했던 구로이와 루이코(黑岩淚香)가 자신이 창설한 신문《요로즈 초호(萬朝報)》에『아, 무정(噫無情)』이란 제목으로 1902~1903년에 번역판을 연재한 이래 이 제목이 정착되었다. 중국어로는『비참세계(悲慘世界)』라고 번역되었다. 이 이야기는 지금도 뮤지컬, 영화, TV 드라마, 애니메이션이 되어 인기를 떨치고 있다.

이 시대는 마침 파리에서 하수도 개조가 이루어지던 시기에 해당한다. 극히 비위생적이었던 파리는 콜레라의 유행을 저지하기 위해 하수도망을 넓히는 데 여념이 없었다. 『레 미제라블』에서 우리는 도처에서 진행되던 하수도 공사 현장을 조망하며 하수의 역사를 생각하고 그 공과에 대해 열변을 토한 위고의 모습을 엿볼 수 있다.

악취가 떠도는 파리

당시의 파리는 지금은 상상도 할 수 없을 만큼 악취로 가득 찬 도시였다. 쌓아 둔 그대로 썩어 버린 음식물 쓰레기, 인간이나 동물의 배설물, 고기를 해체한 뒤 남은 부산물들이 악취의 원인이었다. 하수망도 없었거니와 쓰레기 수거도 없었다. 1782년에 파리에 처음으로 등장한 인도는 보행자를 마차로부터 지키는 것이 아니라 넘쳐 나는 오물로부터 구두나 옷을 지키는 것이 목적이었다.

세계적인 베스트셀러이자 영화로도 만들어진 소설인『향수: 어느 살인자의 이야기(*Das Parfum: Die Geschichte eines Moerders*)』[2]는 초인적인 후각 능력을 갖춘 조향사의 이야기다. 소설에는 당시 파리의 모습이 생생하게 묘사되어 있다.

강, 광장, 교회 등 어디라고 할 것 없이 악취에 싸여 있었다. …… 농부와 성직자, 견습공과 장인의 부인이 냄새에 있어서는 매한가지였다. 귀족들도 전부 악취에 젖어 있었다. 심지어 왕한테서도 맹수 냄새가 났고 왕비한테서는 늙은 염소 냄새를 맡을 수 있었다.

설사로 괴로워하던 루이 14세에게서 심한 냄새가 났기에, 알현하는 사람들이 향수가 배어든 손수건을 입에 대고 다녀야 했다는 일화도 남아 있다.

오늘날 같은 화장실이 있는 가정은 거의 없었고 구멍 위에 널빤지를 걸쳐 놓은 오물통이 있다면 그럭저럭 괜찮은 축에 속했다. 호화로운 궁전이나 성에서조차도 19세기까지 변소는 그저 의자 비슷한 곳에 뚫린 구멍일 뿐이었다. 용기에 담긴 배설물은 길가에 버려지거나 창밖으로 내던져졌다.

베르사유 궁전에 화장실이 없었다는 이야기를 들어 본 사람은 많을 것이다. 다자이 오사무(太宰治)의 『사양(斜陽)』[3]에는 주인공이 어머니가 정원에서 소변을 보던 일을 떠올리는 장면이 나온다.

루이 왕조 시대의 귀부인들은 궁전 뜰과 복도 구석에서 예사롭게 소변을 봤다고 하는 사실을 읽고는 그 순진함이 너무나 사랑스러웠고 우리 어머니도 그런 진짜 귀부인의 최후의 한 사람이 아닐까 하는 생각을 했다.

실제로는 왕이나 왕족들이 용변을 보는 전용 방이 있었고 거기에는 구멍이 뚫린 의자와 그 아래에 용기가 있었다. 내빈들은 가랑이 사이에 대는 휴대용 용기를 지참해 선 채로 소변을 보았다. 내용물은 그들을 모시는 하인들이 뜰에 버렸다. 여성들은 밑자락이 넓은 치마를 입고 다녔기에 약간만 웅크리면 소변을 볼 수 있었던 듯하다. 정원이나 분수에서는 언제나 악취가 떠다녔다고 한다.

대변의 경우, 구비된 요강에 하거나 정원의 초목이 많이 심어진 곳 등에서 해결했고 비가 와서 밖에 나가지 못할 때는 복도의 구석 같은 곳에서 싸는 일도 있었던 듯하다. 루이 14세의 어머니 안느 도트리슈(스페인 왕 펠리페 3세의 딸)는 생클루 궁전의 엄청난 악취를 참지 못해 파리에서 도망쳤다고 전해진다.

부르봉 왕조의 명예를 위해 덧붙이자면 1728년경 루이 15세 시대에는 왕과 왕족을 위한 수세식 변소가 있었다. 서민들은 변함없이 요강이었다. 루이 16세(재위 1774~1729년) 시대가 되자 노즐에서 물이 나오는 현대풍의 변기가 도입되었다.

'에티켓'의 어원, 공중변소에 있다?

에티켓(Etiquette)의 어원에 대해 이런 이야기도 있다. 베르사유 궁전으로 이사한 지 얼마 되지 않은 시점, 정원사가 아직 조성 중이었던 정원에 '출입 금지'라고 쓴 팻말을 나무 말뚝에 내걸었다. 그러나 내빈들이 그것을 무시하고 가차 없이 볼일을 보았기 때문에 화가 난 정원사가 루이 14세에게 사정을 호소한다. 왕은 내빈이나 궁전 관계자들에게 정원의 팻말에 주의를 기울이도록 명했다.

그래서 '나무 말뚝에 붙인 표지'를 의미하는 프랑스 어 에티켓이 예의범절이라는 의미로 사용되었다는 것이다. 정원에 배설하는 장소를 정해 거기에 팻말을 내건 것이 기원이라는 설도 있다.

한편 파리 시내에서는 튀일리 공원의 주목류(朱木類) 가로수가 공중변소로 바뀌고 있었다. 시 당국이 시민들을 내쫓아 버리자 이번에는 센 강변이 변소로 변했다. 1531년에는 법률로 각 가정에 화장실의 설치를 강제했으나 거의 지켜지지 않았다.

이것은 파리 이외의 다른 도시에서도 마찬가지였던 듯하다. 모차르트가 즉흥으로 만든 카논 중에 「프라타 공원으로 가자, 사냥터로 가자」(K.558)라는 곡이 있다. 친구와 자주 놀러 갔던 빈의 공원(원래는 합스부르크가의 사냥터)에서 친구를 놀리려고 곡을 만들었다고 한다. 그 1절에 "공원에는 모기가 붕붕, 똥이 한가득"이라는 부분이 있는데 빈에서도 공원이 공중변소로 변해 있었다는 사실을 엿볼 수 있다.

미국에서도 상황은 같았다. 1849년경의 기록을 보면 뉴욕 맨해튼 섬의 위생 상태는 열악했고 이곳저곳에 산재한 3만 개나 되는 하수통 탓에 지역 일대가 구역질 나는 악취로 가득 차 있었다고 한다.

파리의 인구는 1801년에 55만 명이었던 것이 2월 혁명으로 공화제가 부활한 1848년에는 105만 명이 되어 반세기가 안 되는 기간에 배증했다. 이 100만 도시는 전염병과 빈곤, 슬럼의 도시였다.

문자 그대로 레 미제라블(비참한 사람들)이 흘러넘치고 있었다. 많은 사람이 피부병이나 기생충의 위협을 받았고 산 같은 쓰레기 속에서 쥐가 크게 늘어 페스트가 반복해 일어났으며 20~25년마다 콜레라나 이질이 유행했다.

특히 1832년의 콜레라 대유행은 그 비참함이 극에 달해 파리에서는 2만 명, 프랑스 전역에서는 10만 명이 죽은 것으로 알려졌다. 이 때 파리에서는 민중의 편으로 인기가 높았던 상원 의원 라마르크 장군이 콜레라로 사망했다. 뮤지컬로 만들어진 「레 미제라블」 속에서 이런 노래가 나온다.

라마르크가 죽었어
그 죽음을 헛되이 해서는 안 돼 ……
장례식의 날, 그 이름 드높일 거야
함성 소리 하늘에 닿게 하자
그의 죽음으로 활활 타는 재 …….

사회에 대한 불만과 콜레라의 공포 때문에 장군의 장례에 참가한 파리 시민들과 노동자가 폭주해 시가전으로 발전했다. 마리우스가 중상을 입은 것도 이 봉기에서다. 프랑스 전체가 콜레라의 공포에 부들부들 떨었으며 여론이 격앙되어 정부는 하수도 건설을 진행할 수밖에 없게 되었다.

세계 최초의 하수망

제2제정의 황제로 즉위한 나폴레옹 3세는 치안이 극단적으로 악화된 파리에서 또다시 혁명 소동이 일어날까 봐 불안에 사로잡혀 있었다. 그 때문에 파리를 대폭 개조하는 작업에 착수했고 센(Seine) 도지사인 조르주외젠 오스만(Georges-Eugène Haussmann, 1809~1891년)을 책임자로 발탁했다.

오스만은 도시 계획에 입각해 복잡하게 얽힌 뒷골목의 슬럼을 철거했고, 나폴레옹 1세가 만든 개선문 주변을 정비해 샹젤리제 등 주요 도로의 폭을 넓히고 대로를 동서남북으로 냈다. 노트르담 대성당 등으로 인기 높은 센 강의 모래톱, 시테 섬은 이미 슬럼화되어 있었지만 이들이 밀려나고 다리가 놓이면서 새로 태어났다.

새롭게 세워진 건축물의 대다수에는 파리 지하에서 캔 석회암이 사용되었다. 이로써 흰색을 기조로, 1층에는 상점이 2층 이상에는 아파르트망이 들어서는 오늘날의 시가지가 완성되었다. 마구 채굴된 땅 밑의 석회암 채석장 터를 지하 묘지(카타콤)로 바꿨고 거기에 600만 구의 뼈와 유체를 이장했다. 부패한 사체가 지하수에 침투해 우물물을 오염시켜 전염병의 원인이 되었기 때문이다.

오스만 최대의 공적은 주요 도로의 지하를 따라 하수망을 정비한 일이다. 1861년에 완성된 간선 하수도는 높이 4미터, 폭 2.4미터로 사람이 선 채로 걸어갈 수 있었다. 『레 미제라블』에서 "뚜껑 벗긴 파리를 상상해 보시기 바란다. 하늘에서 내려다본 하수도들의 지하 망상체가, 센 강 양안에 걸쳐 그 강에 접목시키듯 붙여 놓은 일종의 거대한 나뭇가지를 그리고 있을 것이다."라고 묘사했을 정도로, 하수도는 파리 전역에 가지를 뻗치고 있었다.[4]

그 후 지선도 정비되어 갔다. 위고는 하수도 보급의 경과를 해박한 지식을 과시하듯 세세한 숫자를 들어 설명한다.

도시에 도로 하나가 뚫릴 때마다 하수도에도 가지 하나가 생긴다. …… 나폴레옹은 4804미터를 구축하였는데 기묘한 수치이다. …… 1848년의 공화국(제2공화국)은 2만 3381미터 그리고 현 정부(제2제정)는 7만 500미터 …… 현재에는 전부 합쳐 22만 6610미터 …… 파리의 거대한 내장이다.

하수망 정비 덕분에 경구 전염병이 극적으로 감소했다. 그렇다 해도 1889년에 하수 처리장이 생기기까지는 하수를 처리되지 않은 상태로 흘려보낼 수밖에 없었다. 때문에 파리 전역의 오수가 모여드는 센 강은 이전보다도 오염이 심해졌다.

하수도 속의 박물관

파리의 하수도를 세계적으로 알린 것은『레 미제라블』이었지만 가스통 르루(Gaston Leroux)의 소설『오페라의 유령(*Le Fantôme de l'Opéra*)』[5]에도 하수도가 수수께끼의 유령이 숨어 사는 곳으로 등장한다. 원작보다도 뮤지컬이나 영화 쪽이 유명해진 작품이기는 하지만 말이다.

파리의 하수도망은 프랑스의 문화유산으로까지 간주되고 있다. 시가지의 대개조가 거의 완성된 1867년에 두 번째 파리 만국 박람회가 개최되었다. 일본이 처음으로 정식 참가한 만국 박람회로, 대표는 쇼군인 도쿠가와 요시노부(德川慶喜, 메이지 유신의 기틀을 마련한 도쿠가와 바쿠후 시대의 마지막 쇼군 ― 옮긴이)의 남동생이자 나중에 미토(水戶) 번의 번주가 되는 당시 14세의 도쿠가와 아키다케(德川昭武)였고 수행원으로는 시부사와 에이이치(澁澤榮一, 1840~1931, 바쿠후 말기에서 다이쇼 초기에 걸쳐 활약했던 일본의 무사이자 관료·실업가로 제일 국립 은행, 도쿄 증권 거래소 등 다양한 기업을 설립했다. 일본 자본주의의 아

버지라 불린다. ― 옮긴이)도 있었다. 이때 그들은 시내의 하수도를 안내 받았다.

문화재라는 증거이기도 한 것이 '하수도 박물관'이다. 박물관은 에펠탑에서 도보 10분 정도 거리에 있는, 센 강에 놓인 알마 다리 옆에 위치한다. 입장료를 내고 좁은 계단을 내려가면 거대한 돔이 안에 버티고 있다. 천장까지는 빌딩 2층의 높이 정도 될까. 폭 5미터 정도의 중앙부를 진짜 하수가 소리를 내며 흘러가고 있다. 건설 당시의 모양

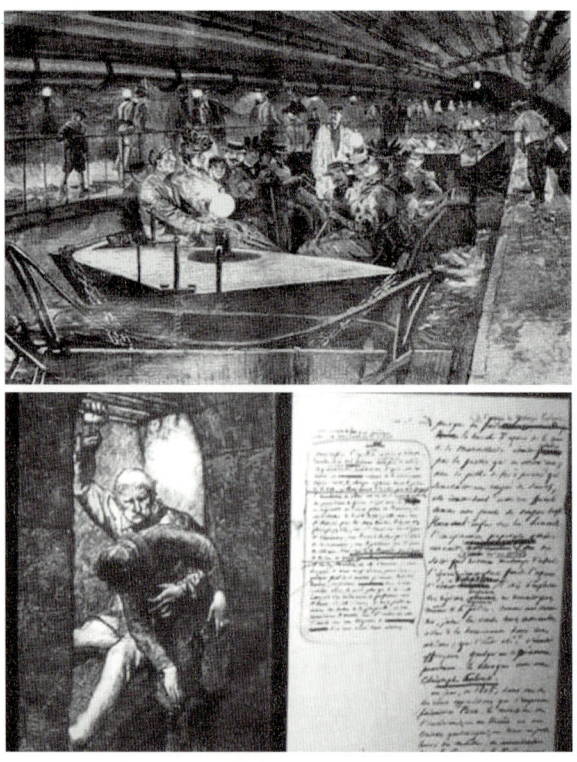

그림 14-1. (위) 파리의 하수도가 완성되었을 당시에는 유람선이 인기를 떨쳤다.
그림 14-2. (아래) 장 발장이 마리우스를 안고 도망치는 장면

그대로의 간선 하수도다.

하수도가 완성된 19세기 중반에는 여기에 배를 띄워 유람하는 것이 유행이었다고 한다. (그림 14-1) 그러나 진짜 오폐수인 만큼 냄새도 진짜다. 마침 초등학생 단체 관람객들이 사회 과목 견학을 와 있었는데, 코를 쥐면서 "빨리 밖에 나가요."라며 인솔 교사의 옷자락을 잡아당기고 있었다.

하수도의 양쪽 통로에는 그 역사에 대한 해설이나 지도, 쓰레기를 퍼 올리는 기계 등이 전시되어 있었다. 관광객의 목적은 역시 『레 미제라블』. 장 발장이 마리우스를 업고 도망치던 장면의 원고와 삽화 복사본(그림 14-2)이 벽에 전시되어 있었다.

일본의 하수도와 달리 이 정도로 거대하기에 두 사람의 어른이 탈출할 수 있었던 것도 선뜻 이해된다. 장 발장은 공화주의자들이 친 바리케이드 부근의 맨홀로 들어가 파리의 지하에 종횡으로 뻗친 하수도망 속으로 잠입했고, 칠흑 같은 하수도를 5킬로미터 남짓 이동한 끝에 센 강 우안에 있는 방류구에 다다랐다. 그 탈출 경로(그림 14-3)는 오카 나미키(岡並木)가 『포장과 하수도의 문화(鋪裝と下水道の文化)』[6]에서 상세하게 고증하고 있다.

오늘날 하수도의 전체 길이는 300킬로미터를 넘는다. 일부는 관광 루트가 되었는데, 보석상이나 우표 상점의 지하실로 연결되는 하수도의 측벽에는 과거 150년간 도둑이 침입을 위해 뚫어 놓은 구멍의 흔적이 남아 있기도 하다. 위고는 이 지하의 별세계를 가리켜 "무덤이기도 했고, 피난처이기도 했다. 범죄, 공모, 사회적 항거, 양심의 자유, 사상, 절도 등, 인간의 법이 박해하는 혹은 박해하던 모든 것들이 그 구

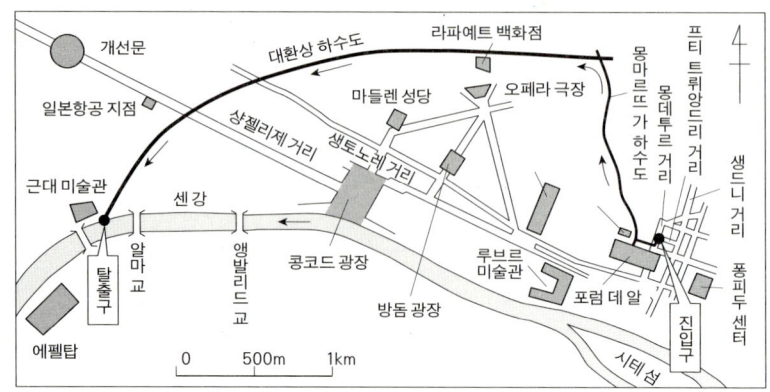

그림 14-3. 오카 나미키가 재현한 장 발장의 탈출 경로

멍에 숨었다."라고 말했다. 즉 사체를 던져 버리는 장소이자 악당과 혁명가, 이단자들의 은신처였던 셈이다.

괴물의 내장

그러나 많은 비용을 투자한 하수도 건설은 콜레라 방역에 효과가 있느냐, 없느냐 하는 논쟁과는 별개로, 하수 때문에 귀중한 자원을 잃고 있다는 비판에 직면했다. 『레 미제라블』에서 하수도론(論)이 전개된 5부의 「괴물의 내장」은 "파리는 황금을 헛되이 강에 버리고 있다."라는 도발적 서두로 시작한다.

> 파리는 매년 2500만 프랑을 물속에 던져 버린다. 이 말은 단순한 은유가 아니다. 어떻게, 어떤 방법으로 버리느냐고? 낮에도 밤에도. 어떤 목적으로? 아무 목적 없이. 무슨 생각으로? 아무 생각 없이. 무엇 하려고? 공연히. 어떤 기관을 통해? 그것의 내장을 통해. 그것의 내장이 무엇이냐고? 하

수도다.

　오랜 세월 더듬거리던 끝에 과학이 오늘날에 이르러 알게 된 것은 비료들 중 가장 생산성 높고 효과적인 것이 인간이 배출하는 비료라는 사실이다. 부끄럽지만 밝혀 두거니와 중국인들은 우리보다 훨씬 앞서 그러한 사실을 알고 있었다. …… 인간이 배출한 그 비료 덕분에 중국의 토양은 아직도 아브라함 시절의 토양만큼이나 젊다. …… 배설물을 만드는 대도시의 능력은 다른 무엇보다 뛰어나다. 들판을 비옥하게 만듦에 있어 대도시를 이용하면 성공이 보장될 것이다. 우리의 황금이 곧 비료라면, 역으로 말할 경우 우리가 배출하는 비료가 곧 황금이다.

　여기에는 오늘날 우리가 이야기하는 '순환 사회'의 논리가 전개되고 있다.

　당시 하수의 정비가 진행되던 유럽에서는 취합한 오수를 어떻게 처리할까를 두고 두 가지의 다른 흐름이 존재했다. 이것은 이른바 영국식과 프랑스식이었다. 영국식은 관개법이라 불렸는데 오수를 관개용수나 비료로 밭이나 방목지에 흘려보내는 것이었다. 공업 폐수가 거의 없던 시대라 오염 문제도 없었다.

　한편 프랑스식은 대소변을 그대로 강이나 바다에 흘려보내는 것이었다. 단 그것만으로는 하수의 흐름이 막혀 버리므로 변소에다 일종의 여과 장치를 설치해 고체는 제거하고 액체 부분만 하수도로 흘려보내는 방식을 취했다. 위고는 이 중에 영국식을 지지했다. 종국에는 프랑스도 영국식을 따라가게 되었다.[7]

런던 대악취 사건

런던도 사정이 파리와 다르지 않았다. 파리와 에도에 필적하는 대도시인 런던의 인구는 중심가인 시티만으로도 1850년에 이미 120만 명을 넘겼다. 그러나 체계적인 쓰레기 수거는 좀처럼 진행되지 못했고, 대부분의 쓰레기는 도로에 방치되었다. 회수되었더라도 그대로 템스 강에 내던져졌다. 당시 런던의 모습은 제프리 미들턴(Geoffrey Middleton)의 『전염병과 대화재의 시대(At the Time of the Plague and the Fire)』[8] 속에서 이렇게 묘사되어 있다.

> 길 위에서 쓰레기가 썩었고 악취가 풍겼다. 여름이 되면 구더기가 피었다. 밤에는 먹을 것을 찾는 쥐가 나타나 썩은 쓰레기 속에서 꿈실거렸다.

50명 정도의 시민들은 1849년 7월 5일자 《런던 타임스》에 연명으로 이렇게 투서했다.

> 아무쪼록 저희가 스스로를 보호하고 힘을 얻을 수 있도록 부탁드립니다. 저희들은 오물 속에서 살고 있습니다. 전 지역을 통틀어 변소도 없거니와 쓰레기통도 없고 배수 설비도 수도도 하수구도 없습니다.

다니엘 풀(Daniel Pool)의 『19세기 런던에서는 어떤 냄새가 났을까?(What Jane Austen Ate and Charles Dickens Knew)』[9]는 제목 그대로 악취가 떠다니던 19세기의 런던을 상세하게 묘사한다. 도로의 중앙부는 움푹 파인 채 시궁창이 되어 있었고 창밖으로 버려지는 배설물,

마차를 끄는 말들의 분뇨, 정육점이 버린 내장 등이 그곳을 지나 템스 강으로 흘러갔다. 원래부터 흐름이 느려 탁해지기 쉬웠던 템스 강은 순식간에 전체가 거대한 하수도로 변해 악취를 풍기기 시작했다.

이것이 콜레라 대유행의 방아쇠를 당겼다. 1831년 영국에서 최초의 환자가 발생한 이래 콜레라는 전국으로 퍼졌고 사망자는 14만 명에 달했다. 1848년에는 두 번째 유행이 시작되었고 1만 4000명이 사망했다.

런던에서 의사로 일하던 존 스노(John Snow, 1813~1858년)는 당시 대규모로 콜레라가 발생한 지역을 집중적으로 조사해 전염병이 특정 우물로부터 시작되었다는 사실, 또 템스 강의 물을 수원으로 하고 있던 수도의 이용자일수록 환자가 많다는 사실도 밝혀냈다. 그때까지 콜레라의 발생 원인으로 유력했던 '공기 감염설'을 물리치고 마시는 물이 원인이라는 사실을 증명한 것이다.[10]

1883년에 하인리히 헤르만 로베르트 코흐(Heinrich Hermann Robert Koch, 1843~1910년)가 콜레라균을 발견하기 30년도 전의 일이다. 이를 전염병학의 시작으로 본다.

1850년대가 되자 이 악취는 사회 문제로 발전한다. 1855년 7월 7일의 《런던 타임스》에 다음과 같은 투서가 게재되었다. 투서의 주인공은 영국의 마이클 패러데이(Michael Faraday, 1791~1867년, 그림 14-4)였다. 전기 분해나 전자 유도 법칙을 발견한 것으로 알려져 있으며 지금도 저서 『양초의 과학(Lectures on the Chemical History of a Candle)』이 널리 읽히고 있는 대화학자다.

템스 강에서 30분 정도 배를 타고 있었는데 엄청난 냄새가 몰려왔다. 투명도를 조사하려고 하얀 종잇조각을 수면에 떨어트렸더니 1인치(2.54센티미터)도 가라앉지 않은 시점에서 보이지 않게 되어 버렸다. 강물은 하수 그 자체였다. 만일 방치해 둔 채로 더운 계절이 온다면 우리의 어리석음을 증명하는 꼴이 되고 말 것이다.

그림 14-4. 투서의 영향으로 "패러데이는 템스 강의 악취에 항의하는 카드를 보냈다."라는 내용의 만평이 잡지에 게재되었다.

1858년 어리석음은 증명되었다. 이상하게 더운 여름이었다. 오수통 20만 개분의 오물로 썩어 버린 강에서 강한 냄새가 피어올랐다. 템스 강변의 국회 의사당에 있던 의원들은 손수건으로 입을 막은 채 잇달아 도망쳤고 상류의 햄프턴코트에 임시 의사당을 세웠다. 재판소 역시 옥스퍼드로 이동하지 않을 수 없었다. 이것이 역사에 남은 대악취 사건(The Great Stink)[11]이다.

이러한 사건이 이어지자 여론은 끓어올랐다. 여론을 환기시킨 사람 중 하나가 근대 간호 교육의 어머니이자 크림 전쟁에서 부상병 간호를 자원해 영국의 국민적 영웅이 된 플로렌스 나이팅게일(Florence Nightingale, 1820~1910년)이었다. 그녀는 환자들에게 있어서 정상적인 공기가 얼마나 중요한지를 몇 번이고 강조했다. 런던의 공기를 참을 수 없었던 것이리라. 저서 『'간호인 것과 간호가 아닌 것'을 구별하는 눈(Note on Nursing)』[12]에서 각 가정에 하수 시설이 제대로 갖추어져 있지 않은 것을 지적하며 다음과 같이 말했다.

> 터키의 스쿠타리에서 경험한 것과 마찬가지로 지금 이 런던에서 하수관이 뿜어내는 강한 냄새가 부엌의 싱크대에서 대저택의 뒷계단까지 올라오고 있다.

황금의 산

프랑스나 영국의 거리가 악취로 가득 차 있을 무렵 일본은 어땠을까? 17세기 초 약 15만 명으로 추정되는 에도의 인구는 18세기 초에는 100만 명을 넘었고 파리, 런던과 어깨를 나란히 하는 세계의 대도시로 성장했다.

당시의 인구로 봤을 때 매일 1400톤의 분뇨가 나왔을 것으로 보인다. 에도 시대는 현명하게도 생활 잡배수와 분뇨를 완전히 분리했다. 잡배수의 경우 수채, 소하수, 대하수, 수로 시스템에 의해 강이나 바다로 흘려보내거나 땅으로 침투시켰다. 이에 대해서는 『에도의 하수도(江戶の下水道)』[13]에 상세하게 나와 있다.

분뇨의 경우 경제 가치를 가진 금비(金肥)라 불렸으며 생산자인 시가지와 소비자인 농가 사이에서 유상으로 교환되는 완전한 재생산 고리가 형성되어 있었다. 근교의 농부들은 양 끝에 통을 늘어뜨린 멜대를 짊어지고 무가의 저택이나 상가를 돌며 야채 등의 현물과 교환했다. 에도 말기 이 대소변 퍼내는 일의 값은, 어른 한 사람의 1년분이

무나 가지로 환산하여 50개 정도로 책정되어 있었다고 한다.

다키자와 바킨(瀧澤馬琴, 1767~1848)의 『바킨 일기(馬琴日記)』[14]에는 이 시기의 사정이 쓰여 있다. 농부에게 분뇨 거두는 일을 의뢰하며 그 대가로 가족 한 사람당 가지 50개를 받겠다는 약속을 했다. 그런데 7인 가족 가운데 아이 두 사람분은 주지 않았더니 농부가 화를 내며 가지 250개를 도로 가져갔다는 이야기다.

번화가의 '대여 뒷간(유료 공중변소)'은 벌이가 되는 장사였고 손님과 농가 쌍방으로부터 수입이 발생했다. 나가야(長屋, 여러 세대가 나란히 이어져 있으면서 외벽을 공유하는 일본식 연립 주택 — 옮긴이)에서 대소변은 집주인의 몫이었다. 에도 중기의 자료를 보면, 12세대의 나가야에서 똥오줌을 퍼 올리는 요금은 1년에 5량 정도였다. 쌀 5석 분에 상당하며 현재의 쌀값으로 계산해 보면 30만~40만 엔이나 된다.

에도 센류(川柳, 에도 중기부터 내려오는 하이쿠와 같은 형식인 5·7·5의 3구 17음으로 된 단시 — 옮긴이)에는 "뒷간은 / 황금의 산 / 복의 신이로다."라는 가사가 있다.

회수업자들이 모은 분뇨는 배나 말의 등에 실려 농촌으로 옮겨졌다. 인구 증가와 생활 수준의 향상으로 쌀 수요가 늘어나자 좁은 농지에서 가능한 한 많이 거두기 위해 농촌의 분뇨 수요가 높아졌다.

무사시 국 가쓰시카 군 사사가사키무라(武藏國葛飾郡笹ヶ崎村, 현재의 도쿄 도 에도가와 구)의 경우, 논에 연간 1필당 분뇨 30짐(荷), 밭에는 60짐을 투입했다. 한 짐이라는 단위는 짊어지는 통 2개분으로 약 60리터에 해당한다. 18세기말의 간세이(寬政, 1789~1800년 — 옮긴이) 연간에 들어와 에도에서는 뒷거름의 가격이 그 50년 전에 비하여

3~4배나 폭등해 근교 농가에게는 사활이 걸린 문제가 되었다.[15]

무사시와 시모우사(下總, 옛 지명의 하나로 현재의 지바 현 북부와 이바라키 현의 남서부에 해당 ― 옮긴이)의 농촌 1016개 마을이 대동단결해 에도의 뒷거름 판매 가격을 내리도록 압력을 가해 결국에는 실현시킨 일이 기록으로도 남아 있다. 이만큼 많은 농민이 힘을 모아 항의 행동을 일으켰던 예는 드물다. 그만큼 뒷거름은 중요한 비료였다.

쓰레기 처리의 경우, 1655년 관청의 포고로 강에 던지는 행위를 금지했다. 음식물 쓰레기는 각 정(町)별로 한곳에 모아 배로 스미다 강 좌안의 에이타이(永代) 섬으로 옮겼다. 이곳은 원래는 습지대였으나 쓰레기를 매립해 경작지로 바뀌었다.

에도가 100만 도시가 되었을 무렵, 거리가 밤늦도록 북적이게 되자 불 밝히는 용도로 등유의 수요가 치솟았다.[16] 당시 기름의 원료인 유채씨 재배의 중심지는 오사카였다. 요사 부손(與謝蕪村, 1716~1783년, 에도 시대의 하이쿠 시인 ― 옮긴이)의 "유채꽃이여 / 달은 동쪽에 / 해는 서쪽에"라는 구절은 춘분 무렵 요도 강변 일대를 가득 메운 유채꽃밭에 달과 태양이 마주 솟아 있는 정경을 읊은 것이다.

유채씨 덕분에 오사카를 중심으로 등유 제조가 발전한다. 그 부산물인 유채씨박(유채씨 찌꺼기)은 뒷거름보다 질 높은 비료로 고가에 교환되었고 일반 농가에서는 좀처럼 손에 넣기 어려운 것이었다. 그러나 목화 재배에는 최적의 거름이었다. 따라서 오사카에서는 목면 사업이 발달했고 '가와치(河內, 현재 오사카 부 일부에 해당하는 일본의 옛 지명 ― 옮긴이) 목면'으로 전국에 팔려 나갔다.

이 순환 사회 덕택에 환경 오염도 피할 수 있었다. 그것은 1874년 일본에 고용된 외국인 교사로 가이세이 학교에서 분석 화학 과목을 가르쳤던 영국인 로버트 앳킨슨의 연구에서도 밝혀졌다. 에도 시대의 것 그대로 쓰이던 도쿄의 수돗물을 조사한 결과, 런던의 수도보다 깨끗했던 것이다.

에도를 찾았던 외국인들은 시가지의 청결함(9장 참조)이나 도시를 흐르는 스미다 강에서 아이들이 물장구를 치는 모습을 보고 깜짝 놀랐다. 빅토르 위고가 그 시대에 일본이 순환 사회를 실현했었다는 사실을 알았더라면 어떤 감상을 품었을까?

그러나 이후 도쿄는 유럽과 같은 길을 걸었다. 도쿄 시의 인구는 1880년 말경에는 58만 명밖에 안 되었지만 유입이 계속되어 1902년에는 170만 명으로 3배나 불어났다. 전염병이 반복적으로 유행했고 특히 1886년에는 감염자 16만 명, 사망자 약 11만 명을 발생시킨 콜레라 유행이 있었다.

일본에서도 하수도 설치가 급선무였다. 작가 나가이 가후(永井荷風, 1879~1959년)의 아버지로 내무성 위생국에 근무하고 있던 나가이 규이치로(永井久一郎)가 노력한 끝에, 영국의 상하수도 기사인 윌리엄 버턴(William Burton, 1856~1899년)이 일본에 초청되었다. 1887년에 일본에 온 그는 위생국의 기술 고문으로 취임해 요도바시 정수장(현재의 신주쿠 고층 빌딩가) 건설의 지휘를 맡았다. 이를 계기로 일본의 하수도가 정비되었고 버턴은 일본 위생 공학의 아버지로 존경을 한 몸에 받았다.

버턴은 코난 도일과 친분이 있었는데 셜록 홈즈 시리즈(12장 참조)에 등장하는 일본 관련 기술은 그가 조언한 것이라고 한다. 홈즈가 숙적과 싸워 겨우 목숨을 건질 수 있었던 것은 일본의 바리쓰(baritsu, 셜록 홈즈 시리즈에 나오는 가공의 동양 무술. 부주쓰(武術)의 오기라는 등의 설이 있다. — 옮긴이)를 습득해 둔 덕분이라는 대목도 나온다.

어쨌든 하수도가 정비되었다고는 해도 현재의 인구당 보급률은 약 70퍼센트로 미국과 유럽의 주요국들과 비교하면 최저 수준이다. 누구보다 앞서 순환 사회를 확립했건만 결과는 어째 정반대였다고나 할까 …….

15장
여름이 오지 않은 해

제인 오스틴, 『에마』[1]

"사과꽃은 하지 무렵에 피었다."라고 에마는 말하지만, 영국에서는 5월에 피는 꽃이다. "제인 오스틴의 착각이 아니었을까?"라는 논쟁을 불러왔지만, 이해 사과꽃은 정말로 늦게 피었다. 작품 뒤에서 저자도 몰랐던 지구 규모의 기후 변동이 진행되고 있었다.

『에마』 줄거리

이름난 부잣집에서 태어난 주인공 에마 우드하우스는 불행이나 괴로운 일과는 무관하게, 아름다우며 총명하게 여왕처럼 굴며 살았다. 어머니가 죽고 언니가 결혼한 뒤 아버지와 단 둘이 사는 에마에게 우드하우스가에서 16년이나 가정교사로 일한 아서 테라는 엄마 같은 존재였다. 에마가 중매를 서 그녀는 웨스턴과 결혼하게 된다.

사랑의 다리 역할에 신이 난 에마는 친구인 해리엇 스미스도 목사인 엘튼과 맺어 주려고 하나 좀처럼 잘 되지 않는다. 해리엇은 당초 에마가 결혼을 거절하라고 시킨 로버트 마틴과 맺어진다. 에마 자신은 형부의 형이자 마을의 유력자인 나이틀리를 좋아한다는 사실을 깨닫고 그와 결혼한다. 유일하게 에마에게 자기 의견을 말할 수 있는 인물인 나이틀리의 영향을 받으며 에마가 성장해 가는 모습이 그려진다.

제인 오스틴의 다른 작품과 마찬가지로 아름다운 전원 풍경을 배경으로 사건다운 사건도 없는 평범한 일상생활 속에서 인간 드라마가 펼쳐진다.

『에마(*Emma*)』에 자연이 등장하는 부분은 많지 않다. 다만 42절(한국어판 3부 6장 — 옮긴이)의 소풍 장면에서만큼은 잉글랜드의 아름다운 초여름 전원 풍경이 한껏 그려졌다. 나이틀리의 초대를 받은 일행은 딸기 산지로 유명하며 오래된 수도원이 있는 곳으로도 알려진 돈웰로 나들이를 간다.

> 그것은 아름다우며 눈과 마음에 상쾌한 광경이었다. 영국의 신록, 영국의 경작지, 영국의 즐거운 정경이 화창한 햇살 아래에서 숨이 탁 트이게 펼쳐졌다.

목적지인 수도원을 방문한다.

> 그 농장과 비옥한 목장, 여기저기 흩어져 있는 양떼, 꽃이 만발한 과수원, 가느다랗게 피어오르는 연기를 차분하게 조망할 수 있었다.

이 풍경은 "하지에 가까운 어느 날 아침 화창한 햇살" 속의 모습이다. 우선 이 과수가 사과였다는 사실은 틀림이 없다. 그러나 통상 5월에 피는 사과꽃이 "6월 하순인 하지 무렵에 피었다."라는 대목이 작품이 발표된 이래 논쟁을 만들어 왔다. 정말로 사과꽃이 피어 있었던 것일까, 아니면 제인 오스틴의 착각이었던 걸까? 웬만하면 '어찌 되든 상관없는 이야기'로 끝났겠지만 이토록 인기가 높았던 소설이니만큼 그렇게는 안 되었다.

제인 오스틴과 섭정 시대

제인 오스틴(Jane Austen, 1775~1817년)은 영국 햄프셔 북부의 스티븐턴에서 태어났다. 아버지는 목사였고 그녀에게는 6명의 형제자매가 있었다. 언니인 카산드라와는 전 생애를 통틀어 친밀한 관계였고 현존하는 편지의 대다수는 그녀에게 보낸 것이었다. 1785년부터 이듬해까지 버크셔의 레딩 수도원 여자 기숙 학교에서 수학했으며 10대 중반부터 소설을 쓰기 시작했다.

1805년 1월에 아버지가 사망하자 어머니와 언니 3명과 함께 햄프셔 주 남부의 사우샘프턴으로 이사한다. 그리고 아내를 잃은 셋째 오빠 에드워드의 권유로 튜턴에 있는 올케의 별장에서 생활하게 된다. 이 집은 현재 오스틴 기념관으로 일반인에게 공개되어 있다.

오스틴은 여기에서 충만하고 평온한 나날을 보낸다. 일생에서 가장 창작 의욕이 높았던 시기로 그때까지 썼던 작품에 가필을 하고 또 아예 새로이 집필을 해서 『이성과 감성(Sense and Sensibility)』, 『오만과 편견(Pride and Prejudice)』, 『맨스필드 파크(Mansfield Park)』 등을 차례로 선보였다.

『에마』는 1814년 1월에 쓰기 시작해 이듬해 3월에 완성했고 12월에 출판되었다. 『에마』가 출판되기 직전, 당시에는 섭정 중이던 조지 4세를 알현해 이 소설을 헌정하기도 했다. 런던의 공원이나 거리에는 이 왕의 이름이 남아 있지만 후세에는 "사치와 타락의 섭정 시대"라 불릴 정도로 소행이 나빴던 것과 영국의 경마 대회인 더비에 나가 왕족으로는 처음으로 우승한 일로 더 잘 알려져 있다.

오스틴은 40세 무렵부터 몸이 자주 아팠다. 요양을 위해 1817년에는 햄프셔의 윈체스터로 이사했지만 이사한 지 2개월 후인 7월 18일에 41세의 나이로 사망했다. 부신 피질의 기능이 저하되는 애디슨병이 원인이었다고 한다. 유해는 윈체스터 대성당에 묻혔다.

서머싯 몸은 『세계의 10대 소설』 중 하나로 『오만과 편견』을 꼽으며 "뭐 그리 대단한 사건은 일어나지 않는다. 그럼에도 한 쪽을 다 읽고 나면 다음 쪽에 무슨 일이 일어났는지 궁금해 독자들은 열심히 책장을 넘긴다."라고 평했다. 이 작품은 출판된 지 200년 가까이 흐른 현재도 영어권을 중심으로 절대적인 인기를 구가하고 있다.[2]

나쓰메 소세키도 『문학론(文學論)』(1907년)에서 제인 오스틴에 대해 "리얼리즘의 대가. 평범하면서도 역동적인 문학을 바탕으로 기신(技神)의 경지에 들었다."라고 절찬했다. 그에 대한 연구서도 수없이 나왔으며 《제인 오스틴 저널(*The Jane Austen Journal*)》이라는 연구지도 간행되고 있다. 친숙함이 미덕인 오스틴의 소설은 모든 작품이 여러 번 영화화되거나 TV 드라마로 만들어졌다. 특히 『오만과 편견』은 인기가 높아 지금까지 6번이나 영화화되었다. 『에마』도 영화로 5번 만들어졌다.

사과꽃은 언제 피었을까?

그녀의 사후에 유족들이 정리한 『제인 오스틴의 생애와 서간』에는 이런 에피소드가 등장한다. 『에마』를 읽은 그의 오빠 중 한 사람인 에드워드가 농담조로 이렇게 물었다고 한다. "제인, 7월(원문에 나와 있는 대로)에 꽃을 피웠다고 하는 너의 사과나무가 어디에 있는지 알고 싶구나." 거기에는 "말도 안 되는 오류다. 사과꽃은 한여름이 되기 전에 져 버리니까."라는 주가 달려 있다.

이 한 구절을 둘러싸고, 날씨에 집착하는 영국인 특유의 기질이 발휘되었다. 기상학자, 과일나무 전문가들 사이에서 다양한 논의가 일어났고 권위 있는 영국의 과학지 《네이처》에서도 과학자들이 논쟁을 주고받았다. 『에마』를 집필하던 시기의 오스틴은 자주 앓았으므로 계절을 잘못 알아서 한여름에 사과꽃이 피었다고 착각한 것이라는 해석도 있었다.

일본에서는 사쿠라이 구니토모(櫻井邦朋)가 『여름이 오지 않았던 시대: 역사를 움직인 기후 변동(夏が来なかった時代: 歴史を動かした気候変動)』[3]에서 이 논쟁에 대한 고찰을 시도했다. 또 런던 대학교 명예교수인 영문학자 존 서덜랜드(John Sutherland)도 『누가 엘리자베스 베넷을 배신했나?(Who betrays Elizabeth Bennet?)』[4]에서 관련된 논의를 전개했다.

그중 가장 정평이 난 것으로, 캐나다의 원예가인 섀넌 캠벨(Shannon Campbell)이 《제인 오스틴 저널》(2007년 1월호)에 발표한 논문을 꼽을 수 있다.[5] 그는 우선 사과의 품종을 낱낱이 조사했다. 영국에서는 사과주용, 요리용, 생식용 등 3가지 계통의 사과가 재배되며 레딩 대학교가 관리하는 국립 과수종 보전 시설(BHT)에는 2300종이나 되는 사과 품종이 등록되어 있다.

그 가운데 『에마』 당시의 품종이나 재배 지역 등의 조건으로 좁혀 보았을 때 코트 펜듀 플랫(Court Pendu Plat)이라는 품종이 가장 유력한 후보가 되었다. 보존성이 높아 현명한 사과(Wise Apple)라 불렸으며 꽃이 피는 시기가 늦어 좀처럼 서리 피해를 입지 않았다. 고대 로마 시대부터 재배되었고 잉글랜드에는 5세기 초 이전에 도입되었다. 빅토리아 시대(1837~1901년)에 인기가 높았던 품종이라고 한다.

BHT의 기록에서 이 품종의 개화 기록이 있는 1960~1969년과 2007년을 조사해 본 결과, 가장 이른 만개일은 1961년 5월 9일, 가장 늦은 만개일은 1962년의 6월 13일이었다. 후자의 기록은 잉글랜드가 이상 저온에 휩싸였던 해였다. 결국 기온에 따라 개화일에 커다란 변동이 있었다는 사실을 알 수 있다.

『에마』는 옳았다

결론부터 먼저 말하자면 『에마』의 기술은 옳았다. 오스틴이 『에마』를 집필하던 시기에는 비정상적으로 추운 겨울과 서늘한 여름이 찾아왔다. 카리브 해 세인트빈센트 섬의 수프리에르 산과 인도네시아의 아우(Awu) 산(1812년), 가고시마 현의 스와노세(諏訪之瀨) 섬(1813년), 필리핀의 마욘 산(1814년) 등 대규모의 화산 분화(그림 15-1)가 이어져 이상 기후가 한층 격해졌다. 특히 1815년 3월 말 집필을 마치고 퇴고 중이던 4월에 인도네시아의 탐보라 산이 대분화를 일으켜 한랭화가 더욱 심화되었다.

그림 15-1. 계속된 대규모 화산의 분화

    당시의 기상 기록을 찾아보면 1815년부터 기온이 내려갔고 1816년은 "여름이 오지 않은 해"라 불릴 정도로 이상 저온이 심각한 해였다. 1816년 7월에는 비가 자주 내렸고 들과 산에서는 꽃이 별로 피지 않았다. 농작물의 작황도 좋지 않았다.

기후의 한랭화로 사과의 개화기가 한 달이나 늦어진 것은 생물학적으로도 설명 가능하다. 기온의 높고 낮음에 따라 벚꽃 등의 개화기가 통상에서 벗어나는 일은 우리에게도 익숙하다. 현재에 이르러 비로소 사람들은 이상 기후를 화제로 삼지만 당시에는 그런 정보가 없었다. 오스틴 역시 어떤 의문도 없이 하지 무렵에 핀 사과꽃을 본 그대로 작품 속에 묘사했던 것이다.

몸이 아팠던 오스틴에게 태양이 좀처럼 고개를 내밀지 않는, 잿빛 하늘에서 비나 진눈깨비만 내리는 나날은 분명 괴로웠을 것이다.

기상학자 한스 노이베르거는 유럽과 미국의 41개 미술관이 소장 중인 1400~1967년에 묘사된 그림 6500점의 배경에 있는 눈을 분석해 「회화에 나타난 기후」[6]라는 논문에 집대성했다. 그에 따르면 16세

그림 15-2. 유럽을 얼어붙게 만든 소빙기(브뤼헐의 「눈 속의 사냥꾼」)

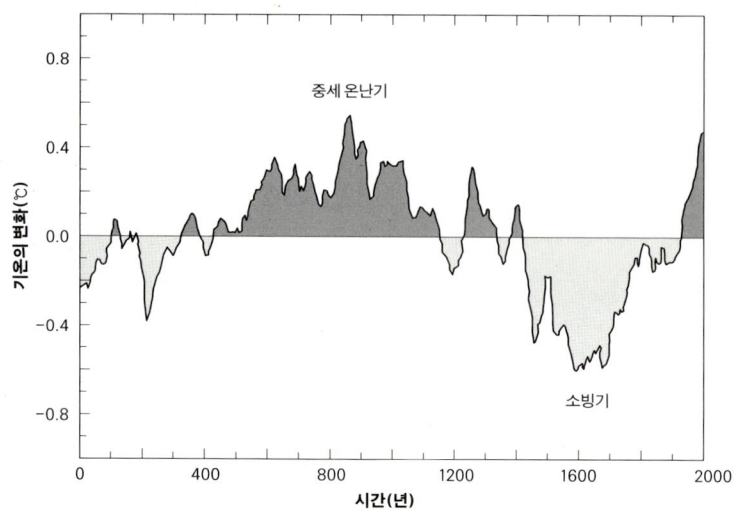

그림 15-3. 중세 온난기와 소빙기

기 중반부터 1850년경에 걸쳐 구름이 쉬이 끼는 날씨가 많아졌고 그 후 하늘은 급속하게 끄무레한 구름으로 뒤덮이고는 했다.

18세기부터 19세기 초에 걸쳐 제작된 여름 풍경화의 배경을 보면 50퍼센트에서 75퍼센트까지 구름으로 덮여 있다. 1776년에 영국 서펙에서 태어난 풍경화가 존 컨스터블(John Constable, 1776~1837년)은 영국의 시골 생활을 그린 작품을 다수 남겼는데 그림 배경에 나타난 하늘에는 평균 75퍼센트 정도의 구름이 끼어 있는 것을 볼 수 있다.

화산 분화가 초래한 추운 여름

1300년경부터 1850년경까지의 약 550년간은 소빙기(그림 15-2)라 불리는 세계적인 한랭기였다. (그림 15-3) 오스틴의 시대에는 특히 더 추웠던 듯하다. 『에마』의 문장 가운데도 "감기가 유행했다.", "목에서 심한 염증이 일어났고 이상하게 열이 높았다.", "목소리가 갈라진 것 같아.", "매섭게 추워졌다.", "하늘은 눈을 머금었고, 공기가 살짝 흔들리는 것만으로 순식간에 주변을 온통 새하얗게 물들일 것 같아 보였다."라는 등의 추위를 전하는 표현이 곳곳에서 발견된다.

이 이상 저온을 추동한 것이 화산 분화였다.[7] (2장 참조) 분화에 동반되는 에어로졸이 지표에 닿는 햇볕을 가로막아 이상 저온을 불러일으킨 것이다. 그래서 "화산의 겨울"이라 불리기도 한다.

화산 대분화가 지구 규모의 한랭화를 초래한 사례는 역사상 알려진 것만 해도 수없이 많다. 오스틴이 8세였던 1783년은 대분화의 해였다. 이와키 산과 아사마 산, 아이슬란드의 라키 산으로 줄줄이 화산의 대분화가 이어졌고 추위가 유난히 맹위를 떨쳤다.

연장 25킬로미터나 되는 균열을 따라 용암을 분출했던 라키 화산은 역사상 얼마 안 되는 거대 분화였다. 아사마 산도 일본 국내에서는 규모가 큰 분화였는데 산기슭에 2미터 두께로 화산재가 쌓였고 간토 북부 일대에 화산재와 경석(輕石)이 쏟아졌다. 군마 현 쪽 산기슭에 있던 간바라무라(鎌原村)가 화쇄류(화산에서 분출한 경석류나 화산재가 흐르는 일—옮긴이)로 묻혀 버린 것을 포함해 피해는 주변 55개 마을에 미쳤고 총 1624명의 사망자를 냈다.[8]

에어로졸은 북반구 전역을 뒤덮었고 일사량과 기온이 크게 내려가 농작물에 괴멸적인 피해가 발생, 이듬해에는 각지에서 심각한 기근이 일어났다. 1770년대부터 냉해가 이어졌던 도호쿠 지방은 이 연속 분화 탓에 심각한 흉작에 빠져들었다.

여기에 전염병도 유행하여 1780~1786년에는 일본 전국에서 90만

15장 여름이 오지 않은 해 65

명 전후의 인구가 줄어들었다는 추정이 있다. 도시로 수많은 피난민이 유입되었으며 에도나 오사카에서 쌀집 습격이 일어난 것을 필두로 폭동이 전국 각지로 퍼져 나가 치안이 빠르게 악화되었다. 이것이 덴메이의 대기근(2장 참조)이다.

아이슬란드에서는 섬 전체가 유황을 머금은 연무로 뒤덮였고 가축이 4마리 중 3마리 꼴로 죽었다고 전해진다. 작물은 전멸했고 극단적으로 악화된 시계 때문에 고기를 잡으러 나가지도 못해 4만 9000명의 섬 주민 가운데 4분의 1이 굶어 죽었다.

한파는 순식간에 전 세계로 퍼져 나갔다. 이상 저온으로 곡물 생산이 불가능해지자 사회 불안이 초래되었다. 독립 전쟁 후의 시기인 1783~1786년에 미국 동부의 기온이 급속하게 떨어졌다. 1784년 여름에는 뉴욕 항이 10일이나 결빙으로 폐쇄되어 사람들이 얼음 위를 걸어서 이동했다는 기록도 있다.

유럽에서도 극단적으로 추운 여름이 찾아왔고 기근이 심각하게 확대되었다. 1788년부터 1789년에 이르는 겨울은 특히 심했다. 농업 생산이 바닥으로 치달았고 심지어 1789년 7월 바스티유 습격으로 시작된 프랑스 혁명의 배경에 이 이상 저온이 있었다는 설도 설득력이 있을 정도다. 1776년부터 주 프랑스 대사로 파리에 체재하고 있었던 미국의 과학자이자 정치가인 벤저민 프랭클린(Benjamin Franklin, 1706~1790년)은 이 한랭화와 화산의 관계를 의심했다.

그의 일기에는 다음과 같은 기술이 있다. "1783년 이래 여름 몇 개월간 언제나 건조한 안개가 자욱하게 껴 있고 태양은 빛을 내지 못하고 있다. 돋보기로 태양광을 모아도 종이에 불을 붙일 수 없을 정도였다.", "여름이 되어도 녹지 않은 눈이 지표에 남아 있으며 1783년부터 1784년의 겨울이 특히 추웠다. 여름 사이 아이슬란드의 헤클라 산(현재의 라키 화산)에서 분출된 대량의 화산재가 바람을 타고 장기간에 걸쳐 북반구에 광범위하게 확산된 것이 이 한랭화의 원인일지도 모른다."

나폴레옹을 꺾은 동장군의 정체

1810년경부터 1819년까지 10년간, 유럽은 또다시 이상 저온의 습격을 받아 평년보다 약 0.5도나 기온이 낮았다. 미국 사우스다코타 주립대학교 지훙 콜다이 교수팀이 남극 대륙과 그린란드에서 채취한 얼음 코어(Ice Core)를 분석한 결과 그 원인이 해명되었다.

극지나 고산에 내린 눈은 녹지 않은 채로 해마다 층지어 쌓이는데 그 안에는 기포가 된 대기도 함께 갇혀져 있다. 이 빙설 층을 시추하여 꺼내 놓은 것이 얼음 코어다. 나이테처럼 된 각 층을 분석해 눈이 내린 당시의 대기 중 이산화탄소의 농도나 오염 물질의 종류 등을 알 수 있다.

이 얼음 코어의 1809년 층에는 화산에서 분출된 고농도의 황산염이 포함되어 있었다. 장소는 특정할 수 없지만 풍향으로 봤을 때 열대 지방의 어디에서인가 이해에 화산이 대규모 분출을 일으켰을 가능성이 높다. 이 분화의 영향으로 1810~1819년은 과거 500년 가운데 가장 추운 10년이 되었다.[9] 오스틴의 만년에 해당한다.

이상 저온이 이어지는 가운데, 나폴레옹은 러시아 원정을 감행했다. 원정에 나선 1812년 6월에는 여름임에도 계속 차가운 비가 이어졌고 현지에서는 식량 조달이 불가능해 기아와 피로로 병사와 말들이 소모되어 갔다. 레프 니콜라예비치 톨스토이(Lev Nikolaevich Tolstoi, 1828~1910년)는 『전쟁과 평화(*Voina i mir*)』[10]에 "1812년은 싸라기눈 섞인 폭풍우가 거칠게 불어 대는 해였다."라는 기록을 남겼다.

10월 19일에 나폴레옹 군은 점령한 모스크바에서 퇴각을 개시했으나 이해 동장군의 내습은 빨랐고, 톨스토이는 "10월 28일에는 서리가 내려 얼어 죽는 병사가 많았다."라고 썼다. 영하 20도에 가까운 극한에서 변변한 방한 장비도 없는 프랑스 병사들의 동사와 아사가 잇달았다. 거기에 러시아 군의 코사크 기병이나 농민 게릴라가 습격해 프랑스 육군 약 70만 명 가운데 단 2만 2000명만이 목숨을 건졌다. 12월 18일 파리에 귀환한 것은 5000명에 지나지 않았다.

바이런의 '암흑'

그 후의 싸움에서도 패한 나폴레옹은 엘바 섬의 소영주로 추방당했다. 1815년에 섬을 탈출해 복위에 성공했지만 100일 천하로 끝났고, 루이 18세의 부르봉 왕조가 부활했다. 나폴레옹 전쟁으로 피폐해진 프랑스를 화산의 겨울이 직격했다. 각지에서 식량 폭동이 발생했고 시장에 식량을 조달하던 마차가 습격당했으며 창고가 화공을 당하는 사건이 빈발했다.

식량 부족의 원인은 1816년 8월에 서리가 내릴 정도로 심했던 한랭화와 유럽의 주요 하천에서 홍수를 초래한 비정상적인 강우에 있었다. 유럽 전체에서 약 20만 명이나 되는 사망자가 나온 것으로 추측된다.

스위스에서는 흉작 때문에 범죄가 속출했고 마을마다 거지가 넘쳐났다. 곡물 가격은 평년의 3배에 이르렀고 아사자가 잇달았다. 농민들이 몇 번이고 씨앗을 뿌려도 작물은 자라지 않았고 마지막에는 뿌릴 씨앗도 사라졌다. 사료 부족 때문에 돼지가 대량으로 도축되었고 개와 고양이마저 마을에서 모습을 감추었다고 한다. 1816년 스위스의 사망률은 평년의 2배로 치솟았다.

레만 호 부근에 체재하던 영국의 시인 조지 고든 바이런(George Gordon Byron, 1788~1824년)은 이 이변을 「암흑」이란 제목의 짧은 시로 읊었다.

꿈을 꾸었네
그것은 어쩌면 꿈이 아니었을지도 모르네
빛나던 태양은 빛을 잃었고, 별들은
빛도 없고 길도 없는, 끝없는 우주 공간의
어둠 속에서 방황하고 있었네, 얼음처럼 차가운 지구는
달도 없는 허공에서 눈이 먼 채 제멋대로 선회하며
어두워져 갔네 …….

독일에서는 식량 폭동의 진압을 위해 군이 출동했고 1819년 여름에는 근대 독일 사상 최초의 반유대 폭동이 바이에른에서 일어났다. 폭동은 독일 전역으로 확대되었고 암스테르담이나 코펜하겐까지 그 불이 옮겨 붙었다. 아일랜드에서는 자살자가 급증했고 유아 살해도 횡행했다.[11]

베토벤과 '불멸의 연인'

요한 볼프강 폰 괴테(Johann Wolfgang von Goethe, 1749~1832년)는 기상학에 관심을 갖고 있었다. 일기에도 그날의 기후를 명확하게 기록했고 「기상학 시론」(1825년)이라는 제목을 단 과학 논문도 발표했다. 급기야는 각지에 기상 관측소를 설치하는 사업에도 관여했다.[12]

그의 일기로부터 1783~1786년에 기온이 낮았고 이탈리아 여행에 나서기 직전인 1786년의 여름은 특히 추웠으며 비도 잦았다는 사실을 알 수 있다. 괴테는 악천후를 피하기 위해 남국인 이탈리아로 2년이나 떠나 있었다.

그의 일기는 생각지도 못한 곳에서 음악사의 수수께끼를 해명하는 위력을 발휘한다. 루트비히 판 베토벤(Ludwig van Beethoven, 1770~1827년) 사후 그의 비밀 서랍에서 수신인 불명의 연서가 발견되었다. 그중 한 구절에 "불멸의 연인이여, 천사여, 나의 모든 것, 나의 목숨"이라며 누군가를 부르는 대목이 있어 "불멸의 연인에게 보내는 편지"라는 이름으로 유명해졌다. 그러나 언제, 어디에서, 누구에게 쓰인 것일까를 둘러싸고 음악사적 논쟁의 씨앗이 되어 왔다.

베토벤 연구에 인생을 바친 작가 아오키 야요히(青木やよひ)가 다양한 문헌과 현지 조사를 거쳐 수수께끼를 해명했다.[13] 연서의 대강의 내용을 보면, 날짜는 7월 6일의 월요일이었다는 것, 베토벤은 체코의 온천에, 연인은 가까운 다른 장소에 각각 체재하고 있었다는 것, 그곳에 오는 도중 끝도 없이 질퍽거리는, 수수한 시골길을 지나쳤다는 것을 알 수 있다.

7월 6일이 월요일에 해당하는 때는 1795, 1801, 1807, 1812, 1818년

이다. 베토벤은 1812년에 체코의 테플리츠(현 테플리체)의 온천에서 휴양 중이었다. 정확히 같은 시기에 괴테도 같은 온천에 머물며 그와 매일 만나고 있었다. 괴테의 일기에 나온 날씨 기록에 따르면 1812년 7월 3~4일이 호우였다.

이 탕치객의 기록으로 베토벤은 7월 5일 테플리츠의 온천장에 도착했으며 그곳에서 연서를 썼다는 사실이 확실해졌다. 연인이라 예상되었던 여성의 이름도 10명 가까이 거론되었으나 같은 시기에 테플리츠에서 가까운 카를로비바리(카를스바트)에 체재했던 안토니아 브렌타노라는 설이 유력해졌다. 백작 가문 태생의, 은행가의 아내이자 당시 4명의 아이가 있던 여성이었다.

탐보라 분화와 대재해

1815년 인도네시아의 탐보라 화산이 분화했다. 1809년 수수께끼의 분화에 따른 이상 기후로부터 회복되지 않은 상태에 덮친 거대 분화는 지구 규모의 기상 격변을 불러왔다. 오스틴이 집필에 힘쓰던 당시 한랭화의 원인은 이 화산 분화에 있었다. 스미스소니언 연구소가 매긴 화산 분화 규모의 등급(1981년)에서 기록에 남은 5564건의 분화 가운데 최대였다.

숨바와 섬의 북측 해안에 솟아 있는 탐보라 화산은 4월 5일 밤 땅바닥에서 끓어오르는 듯한 굉음과 함께 분화했고, 10일 밤에 두 번째로 폭발했다. 폭발의 규모는 히로시마 급 원자 폭탄의 1만 3000배로 추산된다. 당시 가까이에 있던 네덜란드 군함의 함장은 "하늘이 새카매졌고 낮이 되어도 바깥이 어두웠으며, 공기 중에 작은 재가 가득 차 있었다."라고 보고했다. 폭발음은 직선거리로 1700킬로미터 떨어진 수마트라 섬에서도 들렸다고 한다.

최초의 분화에서 1만 2000명의 주민 가운데 살아남은 것은 겨우 26명. 거기다 주변 섬들에서 약 9만 명이 홍수, 지진, 기아, 병으로 죽었다. 화산 재해로는 사상 최대급의 피해였다.

화산재는 260만 제곱킬로미터에 걸쳐 내렸고 500킬로미터 떨어진 지점까지 날아갔다. 자바 섬은 낮 시간에도 어두웠고 1700억 톤으로 추정되는 분출물이 솟아올랐다. 산의 높이가 1300미터 정도 낮아져 해발 고도 2950미터가 되었다. 화산 활동은 7월이 되자 겨우 멎었다. 헝가리나 이탈리아 등 유럽 각지까지 화산재를 머금은 갈색의 비나 눈이 내렸다.

여름이 오지 않았던 해

탐보라 산 분화 후 3년에 걸쳐 세계 각지에서 이상 기후의 보고가 잇달았다.[14]

일련의 분화는 소빙기 시기와도 겹쳤고, 세계적으로 그 영향이 심각하게 확대되었다. 일본에서는 분카·분세이(文化·文政) 시대(1804~1830년)에 해당하는데 3번에 걸쳐 오사카의 하천이 얼어붙었고 교토와 오사카를 잇는 산쥿고쿠부네(三十石船, 쌀 30석 상당의 적재 능력을 갖춘 일본배. 통상 에도 시대에 요도 강에서 후시미·오사카 사이를 왕래했던 객선을 말한다. — 옮긴이)가 결항하는 사태를 일으켰으며 규슈에서도 11월에 폭설이 내리는 등 무서운 한파가 빈번히 습격했다.

분화 2개월 후인 6월 6일에 최초의 한파가 북아메리카를 덮쳤다.

미국 동부인 뉴잉글랜드 지방 북부의 버몬트 주 등지에서는 눈보라가 휘몰아쳤다. 당시의 신문이나 사람들의 일기에는 이 이상한 여름에 관한 에피소드가 다수 남아 있다. 영향은 광범위하게 미쳤고 이듬해 겨울에는 영하 32도까지 기온이 떨어진 지역도 있었다. 뉴욕 만은 얼어붙어 말이 썰매를 끌고 지날 수 있을 정도였다.

코네티컷 주에 사는 시계공의 일기 중에는 "6월 10일에 마누라가 집 밖에 널어놓은 세탁물이 얼어 있었다."라는 대목이 있다. "7월 4일이 되었지만 아직 겨울용의 두꺼운 옷을 입고 있다."라고 쓰여 있는 대목도 있다.

7월 5일에 또다시 대한파가 찾아 왔고 매일같이 눈이 내렸다. 메인 주, 버몬트 주에서 기온은 일제히 영하가 되었다. 캐나다 동부에서는 7월 중순에 세인트로렌스 강 연안의 소택지가 얼어붙었고 이 7~8월에 반복적으로 한파가 덮쳐 각지에서 작물이 전멸했다.

옥수수나 곡물의 가격이 급등했고 뉴잉글랜드에서 사료인 귀리의 가격이 전년의 1톤당 3.4달러에서 26달러로 치솟았다. 사료 가격이 올라 마차를 이용할 수 없었고, 마치 지금 오일 쇼크로 휘발유 가격이 상승하는 것과 같은 소동으로 번졌다.

뉴햄프셔 농민의 9월 4일자 일기에는 "뉴잉글랜드의 옥수수는 서리를 맞아 요리 가능한 것은 반 정도밖에 남지 않았다. 과일나무는 열매를 맺지 않았고, 가축도 계속 죽어 간다."라고 쓰여 있다.

예일 대학교에 남아 있는 기록에 따르면 1816년의 여름은 평년보다 기온이 4도나 낮았고 이 대학이 위치한 뉴헤이번의 기온 기록 가운데 사상 최저였다. 지금도 역사에는 "여름이 없었던 해", "동사할 정도로 추운 여름"으로 각인되어 있다.

   1816년 5~11월 유럽에서는 차가운 비가 끊임없이 내렸다. 흉작, 식량 폭동, 기근 등의 사회적인 혼란이 확대되었다. 이해는 서구 사회의 생사를 가르는 위기였다고 이야기된다.[15] 영국 서북부 랭커셔의 기록에서 1816년 7월은 관측 사상 가장 추운 여름이었다. 스위스나 프랑스의 포도를 수확한 시기의 기록에서, 1816년은 1782~1856년 가운데 수확이 가장 늦은 해였다.

그림 15-4. 1883년 크라카토아 화산의 분화

1883년 8월 27일 인도네시아의 자바 섬과 수마트라 섬 사이에 있는 순다 해협의 작은 섬인 크라카토아(크라카타우) 화산(그림 15-4)이 수증기 폭발을 동반하며 4번에 걸쳐 분화했다.[16] 4시간 후 자바 섬과 수마트라 섬에 쓰나미가 덮쳤다.

분화로 발생한 화쇄류는 바다 위를 40킬로미터나 전진했고 수마트라 섬 람퐁 만 동부에서 많은 섬 주민이 죽었다. 오전 10시에 크라카토아 섬의 3분의 2가 날아가 버렸다. 화산이 뿜어낸 연기는 약 40킬로미터까지 치솟았고, 9번에 걸쳐 쓰나미가 발생해 3만 6000명 이상(12만 명 이상이라는 조사 결과도 있다.)이 희생되었다. 쓰나미는 가고시마 시의 고쓰키 강이나 1만 7000킬로미터 떨어진 프랑스의 비스케이 만에서도 관측되었다.

1884년에 영국 왕립 협회의 크라카토아 위원회가 발표한 보고에 따르면 분화의 폭발음은 4800킬로미터 떨어진 인도양의 로드리게스 제도까지 미쳤으며 충격파는 15일간 지구를 7번 돌았다. 5800킬로미터 밖의 도쿄에서도 충격파에 따른 기압 상승이 기록되어 있다.

솟아오른 에어로졸 때문에 북반구 전체의 평균 기온이 5년간 0.5~1.2도 내려갔다. 일본을 포함한 각지에서 흉작이 이어졌다.

터너와 뭉크의 저녁놀

탐보라 화산의 분화에 동반한 에어로졸이 원인이 되어 각지에서 아름다운 저녁놀이 목격되었다. 특히 인상파의 선구자라 불리는 영국의 화가 조지프 말러드 윌리엄 터너(Joseph Mallord William Turner, 1775~1851년)의 유화나 수채화에는 호화스러운 저녁놀의 모습이 많이 남아 있다. 「치체스터 운하」, 「전함 테메레르의 마지막 항해」, 「노예선」 등이 유명하다. 기상학자 가운데서는 "기상학상 이런 저녁놀은 나올 수 없다."라며 비판하는 사람도 있다고 한다.

그리스 아테네 기상대의 크리스토스 제레포스 연구 팀은 최신 기술을 구사해 터너 같은 화가들이 실제로 목격한 저녁놀을 충실하게 그렸다는 사실을 증명했고, 2007년 대기 물리 화학 학회지에서 발표했다.[17]

연구팀은 구미의 109개 미술관이 소장한 회화 가운데서 1500년부터 1900년 사이에 저녁놀을 그린 작품 554점을 찾아냈다. 이 가운데 115점은 터너의 작품으로 그가 얼마나 저녁놀에 매료되어 있었는지를 알 수 있다. 그 이외에도 루벤스, 렘브란트, 르누아르 등 180명의 화가가 저녁놀을 화폭에 남겨 놓았다. 이들 그림을 컴퓨터로 화상 분석해 수평선(지평선)의 적색과 초록색 색채의 면적을 비교했다.

그 결과, 적색의 면적은 탐보라 화산 분화 이전의 그림에 비해 분화 후 3년 이내에 그려진 54점에서 한층 컸다. 알려져 있다시피 분화나 대기 오염으로 에어로졸이 증대하면 파장이 긴 적색이 한층 돋보인다. 결국 이 저녁놀은 태양광의 이상 굴절에 따른 것이다.

프랑스의 작곡가 클로드 아실 드뷔시(Claude Achille Debussy, 1862~1918년)는 음악으로 터너의 빛과 그림자의 세계를 표현하고 싶어 했다. 1900년에 만든 최초의 관현악곡 「야상곡」이나 피아노곡집 「판화」는 터너의 그림에서 영감을 받았다고 한다. 「판화」는 드뷔시가 인상주의적인 피아노 기법을 확립한 작품이라 불리며 수록된 세 곡 중 두 번째 곡의 제목이 '그라나다의 황혼'이다. 그는 그 후로도 수년에 걸쳐 이상한 저녁놀을 볼 수 있었다.

미국 텍사스 주립 대학교의 천체 물리학자 도널드 올슨은 노르웨이의 화가 에드바르 뭉크(Edvard Munch, 1863~1944년)의 대표작「절규」(그림 15-5)의 배경에 그려진 유난히 붉은 석양도 이 대분화가 초래한 이상 기상 현상의 하나였다고 발표하기도 했다.[18]

그림 15-5. 뭉크의「절규」

「절규」가 창작되기 10년 전 크라카토아 화산의 분화로 일몰 때 저녁놀이 한층 더 빨갛게 빛나는 현상이 이어졌으며 당시의 오슬로의 지방지가 이 현상을 보도하기도 했다.

올슨은 뭉크가 스케치를 했다고 생각되는 오슬로 시내의 어느 지점을 조사한 결과를 바탕으로 그가 저녁 무렵 남서쪽을 바라본 풍경을 그린 것이라고 결론지었다. 본래 이 그림은 어머니나 누이의 죽음을 체험한 것을 바탕으로 그렸다고 여겨져 왔지만 올슨은 "그런 심상의 풍경일 뿐만 아니라 이 기상 현상이 단서로 작용했을지도 모른다."라고 말한다.

보너스로 이런 것도 있다. 초상화에 나타난 프랑스 여성 패션의 변천을 추적한 연구에 따르면 루이 15세(재위 1715~1774년) 무렵까지는 가슴께가 활짝 열려 있는 섹시한 디자인이 유행했으나, 한랭화가 격심해진 루이 16세(재위 1774~1792년)의 시대에는 옷깃이 목까지 높게 올라오는 패션이 주를 이루었다. 가슴팍을 가리는 가슴 친구(Bosom Friend)라는 속옷도 등장했고 멋을 부리는 것보다 추위 대책이 관심사였다.[19] 몇 점 남아 있는 초상화 속에서 제인 오스틴도 목까지 올라오는 옷을 입고 있다.

화산 분화가 이상 기후를 불러일으키고 심각한 피해를 가져오기는 했지만 예술이나 패션에는 공헌한 셈이라고 할까. 아니, 예술이 자연 현상을 얼마나 충실하게 재현하려 했는지를 알려 주는 일화라고도 말할 수 있겠다.

16장

나무를 지켜라

구마자와 반잔, 『대학혹문』[1]

독일의 헤켈이 에콜로지의 개념을 정립하기 약 200년 전 에도 시대의 양명학자인 구마자와 반잔은 그 개념에 필적하는 자연의 원리에 다가가고 있었다. 구마자와는 삼림 벌채를 엄하게 훈계하는 한편 그 복원을 실천했고 치산치수에도 크게 공헌했다. (인용문은 모두 현대 역어이다.)

『대학혹문』 줄거리

『대학혹문(大學或問)』은 치국평천하의 책이라 여겨지는 중국 송(宋)대의 고전 『대학』의 취지를 본받아 '어떤 사람이 묻는(或問ふ)' 의문에 대해 구마자와 반잔(熊澤蕃山, 1619~1691년)이 대답하는 문답체의 형식을 취했다. 『대학혹문』이라는 책 제목은 여기에서 나왔다. 책은 상하 2권 전문 22조로 이루어져 있다.

중국 동진(東晉)의 고전에 등장하는 경세제민(經世濟民)론에 입각한 책이다. 이는 "세상을 잘 다스려 백성을 구한다."라는 의미다. 그 줄임말인 경제(經濟)가 메이지 시대 이후 영어인 이코노미(economy)

의 역어로 널리 사용되었다.

반잔의 경세제민 사상은 '현실에서 비롯된 강한 위기의식에 어떤 식으로 맞서야 하는가.'라는 실천론적인 특색이 있다. 시대를 앞서는 반잔의 독특한 점은 그 위기감을 정치·경제뿐만 아니라 산천초목(자연)에 대해서도 가졌다는 데 있다. 그는 다이묘(大名)의 재정을 압박했던 산킨코타이(參勤交代, 에도 시대에 바쿠후가 다이묘를 통제하기 위해 각 영지의 다이묘들을 정기적으로 에도에 출사시킨 제도. 그들의 처자는 인질로 에도에 남아 있도록 했다. — 옮긴이)의 완화나 무역의 진흥을 주장한 것과 같은 시선에서 치산치수나 삼림 보전의 필요성을 설파했고 구체적인 대책을 제언했다.

예를 들어 아래처럼 자연의 현 상황을 개탄하는 대목을 보자.

자연은 나라의 근간이다. 요즈음 산이 망가지고 강물이 얕아졌다. 나라가 심각하게 황폐해졌다. 예로부터 이런 사태에 이르면 세상이 혼란에 빠져 100년이고 200년이고 전국(戰國)의 세상이 되어 많은 사람이 죽었다. …… 재목이나 땔감이 없으면 신사와 절도 건축하기 어려워진다. 그 혼란 속에서 산들은 원래대로 무성해지고 강도 깊어지게 마련이지만, 난세가 지나가기를 기다리지 말고 정치의 힘으로 산에는 초목이, 강에는 물이 충분히 우거지고 흐르도록 해야 할 것이다.

잡초조차 자라지 못하는 산은 경작지를 부양할 힘이 없고, 물을 가두어 둘 힘이 사라진 산은 홍수를 일으키며 결국 일상생활에 필요한 물이 부족해진다. 그는 그 해결책을 식림(植林)에서 찾고 있다.

산이 무성해 토사를 쏟아 내지 않게 된다면 토사는 바다에 흘러가고 강은 깊어져 홍수의 걱정도 없어진다.

백성을 생각했던 이상주의자

구마자와 반잔은 교토의 이나리(稲荷, 현 교토 시 시모쿄 구)에서 낭인 노지리 카즈토시(野尻一利)의 장남으로 태어났다. 8세 때 외조부인 구마자와 모리히사(熊澤守久)의 양자가 되어 구마자와라는 성을 쓰게 되었다. 15세 때 비젠 국 오카야마 번주 이케다 미쓰마사(池田光政)의 시동으로 일하며 그를 모신다.

1639년에 시마바라의 난(규슈 북부의 시마바라(島原)에서 천주교를 믿는 농민들이 중심이 되어 일으킨 농민 봉기 — 옮긴이)에 참전하기를 원했으나 받아들여지지 않았고 그 길로 이케다 가문을 떠난다. 1642년 오우미 국 오가와무라(현 시가 현 다카시마 시)에 귀향해 있던 나카에 도주(中江藤樹, 1608~1648년) 문하에 들어가 양명학을 배운다.[2]

그 3년 후 다시 오카야마 번으로 돌아와 관직에 몸을 담고 양명학에 경도되었던 미쓰마사에게 중용된다. 그는 전국에서 가장 먼저 문을 연 한코(藩校, 에도 시대 전국 번사의 아이들을 가르치던 교육 기관 — 옮긴이)인 하나바타케 교죠(花畠教場)에서 교편을 잡았고, 1649년에는 미쓰마사를 수행해 에도로 간다.

반잔은 미쓰마사의 보좌역으로 번정에 몰두했다. 그는 영세 농민 구제와 치산치수를 위한 토목 사업, 방재를 위한 녹화 사업에 힘썼다. '간언(건의)함'을 설치해 주민의 의견을 직접 듣는 등 이상주의적인 정책을 펼쳤다.

1654년에 비젠 평야를 습격한 홍수와 기근은 아사자 3684명을 낸 대참사였다. 이때 그는 비상시에 대응할 수 있도록 행정을 개혁하고 번의 쌀을 남김없이 방출해 기근에 빠진 백성들을 구제했다. 이러한 시책으로 명성을 높여 에도에 체재하던 당시, 많은 사람들로부터 존경을 받았다고 한다.

　서민에게 관대한 대책을 베푼 것과 달리 무사들에게는 엄한 태도로 임했다. 가신의 세록(녹봉)을 3분의 1로 하는 세록법 개혁론이나 무사를 농업에 종사토록 하는 무사 토양론을 주장해 무사들 사이에서는 평판이 좋지 않았다. 미쓰마사와도 점차 의견 차이가 드러나 사이가 멀어지게 된다. 종국에는 수구파 가로(에도 시대에 다이묘의 으뜸 가신으로 정무를 총괄하던 직책 — 옮긴이)들과 대립했고 바쿠후에서는 양명학을 몰아내고 주자학을 관학(官學)으로 채용했기 때문에 그의 언동이 비판받기에 이르렀다.[3]

　이런 이유로 오카야마 성을 떠나 와케 군 데라구치무라에 은거할 수밖에 없었다. 자신의 호를 따 마을 이름을 시게야마무라(현 오카야마 현 비젠 시 시게야마)로 바꾸었다. 또한 오카야마 성 아래 그가 지낸 저택이 있던 장소는 현재 오카야마 시 기타 구 시게야마 정이 되어 있다.

반잔의 고고한 인생

1657년에는 오카야마 번을 떠나 교토로 거처를 옮겨 사숙(私塾)을 열었다. 이 기간에도 각지의 초청으로 치산치수를 지도했다. 나카에 도주에게서 가르침을 받은 그는 뜻도 모르면서 고대 중국의 도덕 질서를 그대로 받아들이는 유학을 죽은 학문이라고 단언했고 『대학혹문』에서 산킨코타이나 병농 분리 등을 비판했다.

반잔은 산킨코타이가 우수한 인재를 장기간 에도에 머물게 하면서 각 번의 인재를 빼앗는 어리석은 짓이라 판단했고 에도의 광대한 저택들은 쓸모가 없다며 밭으로 만들어야 한다고 말했다. 또한 병과 농은 본래 하나이며 무사는 무도에만 정력을 쏟을 것이 아니라 농사를 중시하고 밭에서 일해야 한다고 주장했다. 당시로서는 위험 사상이었기에 1661년에 교토 쇼시다이(京都所司代, 에도 시대 교토의 치안을 담당했던 부서 ― 옮긴이)는 반잔을 교토에서 추방했다.

그는 야마토 국 요시노 산(현 나라 현 요시노 군 요시노 정)으로 달아났고 이어 야마시로 국 가세 산(현 교토 부 기즈가와 시)에서 숨어 지낸다. 추방된 지 8년 후에는 바쿠후의 명령으로 하리마 국 아카시 번이 그를 관리하게 되어 그는 다이산지(太山寺, 현 고베 시 니시 구)에 유폐된다.

바쿠후는 그에게서 손을 떼지 않았고 1687년에는 68세의 고령임에도 시모우사 국 고가 번(현 이바라키 현 고가 시)에 맡겨 연금 상태에 두었다. 1691년 반골을 관철했던 반잔은 칩거 중인 고가 성에서 불우하게 72세의 생애를 마감했다. 사인은 말라리아라고 전해진다. 고가 번주는 이바라키 현 고가 시 게이엔지(鮭延寺)에서 극진히 장례를 치러 주었다. 주저로는 『대학혹문』 외에도 『집의화서』, 『집의외서』, 『역번사전』 등이 있다.

소설가 모테기 미쓰하루(茂木光春)는 전기 『위대한 반잔(大いなる蕃山)』[4]에서 "고고한 재능 때문에 위험한 사상가이자, 의도하지 않은 방

그림 16-1. 세토 내해 연안의 삼림은 제염 따위의 연료로 쓰기 위해 오랜 기간에 걸쳐 벌채되었다. 전후 얼마 지나지 않은 시점의 오카야마 현 다마노 시의 모습. 나무가 거의 없으며 토양 침식이 확대되었다.

랑자였다."라고 말한다. 그래서 "한곳에 뿌리내리지 못하고 이곳저곳을 타향처럼 방황하고 스쳐 지나간 노마드(유목민) 같은 인간이었다."라고 요약한다.

『대학혹문』은 1687년까지 쓰였으나 반잔의 유폐 탓에 간행된 것은 100년 후인 1788년이었다. 때마침 시기는 1787~1793년 '간세이의 개혁(정치가 마쓰다이라 사다노부(松平定信)가 도쿠가와 바쿠후의 재정난과 도덕적 위기 상황을 타개하기 위해 실시한 일련의 보수적인 조치 — 옮긴이)'이 최고조일 때라 기강을 바로잡는 조치라며 재차 금서 처분을 받았다. 그러나 그 후 금지가 풀려 다시 간행되었고 오규 소라이(荻生徂徠), 라이 산요(賴山陽), 요코이 쇼난(橫井小楠), 사쿠마 쇼잔(佐久間象山) 등에게 영향을 미쳤다.

바쿠후 말기 요시다 쇼인(吉田松陰), 가쓰 가이슈, 사이고 다카모리(西鄕隆盛), 하시모토 사나이(橋本左內) 등이 반잔의 사상에 공감했고 바쿠후 타도나 바쿠후 정치 개혁의 사상적 배경이 되기도 했다.

시대를 앞선 에콜로지스트

독일의 저명한 생물학자이자 철학자인 에른스트 하인리히 헤켈(Ernst Heinrich Haeckel, 1834~1919년)은 1870년에 에콜로기(영어로 읽으면 에콜로지)를 제창했다. 본래는 생물학의 한 분야로서의 생태학이었으나 현재는 환경과 거의 동의어로 사용되는 경우가 많다. 헤켈이 나오기 약 200년 전에 반잔은 에콜로지 개념에 필적하는 자연의 원리에 천착하고 있었다.

반잔의 임정(林政) 사상을 분석해 현대 에콜로지의 선구자 반열에 올려놓은 사람은 경제학자인 무로타 다케시(室田武)이다.[5, 6] 반잔의 이념은 일본 고유의 기후와 지형에 뿌리를 둔 수토론(水土論)이었으며 철저한 삼림 보호주의였다. 그는 삼림 벌채를 엄하게 꾸짖는 한편 그 복원을 실천했고 치산치수를 추진했다.

주고쿠 지방(中國, 혼슈 최남단의 돗토리 현, 시마네 현, 오카야마 현, 히로시마 현, 야마구치 현의 5개 현을 통틀어 이와 같이 부른다. ─ 옮긴이)에서는 예로부터 벌채가 진행되어 삼림은 소나무나 베어 낸 숲에서 재생한 2차림이 많았다. 오랫 동안 다다라(디딜풀무) 제철이나 제염의 연료로 신탄을 사용해 대량의 수목을 벌채했기 때문이다. (21장 참조) 화강암 산지인 산요 지방(山陽, 주고쿠 지방에서 남쪽인 오카야마 현, 히로시마 현, 야마구치 현과 효고 현의 남서부를 가리킨다. ─ 옮긴이)은 숲을 잃으면 산의 경사면에서 침식이 진행되어 무너지기 쉬웠으며 대홍수가 자주 발생했다.

차창 밖으로 산인(山陰, 주고쿠 지방에서 동해에 접한 지역으로 일반적으로 돗토리 현과 시마네 현을 가리킨다. ― 옮긴이), 산요 지방의 삼림을 바라보노라면 시바 료타로가 왜 "산의 뼈가 다 드러나 있다."(21장 참조)라고 형용했는지 알 수 있다. 두텁고 무성한 삼림이 산 표면을 덮고 있는 도호쿠 지방과 달리 이곳은 옅은 녹음 아래 산의 지표가 드문드문 제 몸을 드러내고 있다. 주고쿠 지방에서는 이런 광경이 이미 17세기 중반부터 18세기에 걸쳐 확대되었으며 삼림 자원의 고갈이 사회 문제가 되었다. (그림 16-1)

오카야마 번에서 이런 삼림의 황폐화를 마주한 반잔은 『대학혹문』 외의 저서인 『집의화서(集義和書)』[7]나 『우좌문답(宇佐問答)』[8]에서도 반복적으로 삼림의 중요성과 치산치수의 필요성에 대해 언급하고 있다.

> 숲과 거기에서 흘러내리는 강은 천하 만물을 자라게 하는 생명의 근원이다. 옛 사람이 지켜 온 산과 습지를 베어 내고 망친다면 일시적인 이익은 얻을 수 있을지 몰라도 그 자손들은 망할 것이다.

> 산에서 물이 샘솟고 그것이 안개나 구름을 만들어 바람과 비가 되는 것은 자연을 다스리는 신의 솜씨이다. 닷새에 한 번 바람이 불지 않으면 초목에는 병충해가 발생한다. 열흘에 한 번 비가 내리지 않으면 곡류나 초목은 자라지 못한다.

『대학혹문』의 압권은 "초목 없는 민둥산을 숲으로 만드는" 방책에 있다. 임정 사상과 실천의 선구자인 반잔이 아니라면 할 수 없는 매우 우수한 발상이다.

초목 없는 민둥산을 숲으로 되돌리는 방책이 있다. 산의 넓이를 어림잡은 뒤 전부 한 번에 하는 것이 아니라 한 개의 산봉우리, 한 개의 골짜기에 순서대로 나무를 자라게 하는 것이다. 골짜기나 봉우리의 넓이에 따라, 30석, 50석, 100석, 200석씩 피를 파종해 그 위에 마른 풀이나 비자나무 등을 흩뿌려 놓는다. 새들이 다가와서 피를 쪼아 먹을 것이다. 새똥에 섞여 있는 열매는 싹을 잘 틔운다. 마른 풀로 덮어 놓는 것은 새가 피를 발견하기 어렵게 해 새를 오랫동안 붙들어 놓기 위해서다. 또한 비가 내려도 휩쓸리지 않고 피가 뿌리를 잘 내리게 하기 위해서이기도 하다. 이렇게 하면 30년 정도 후에 잡목이 무성해지게 될 것이다. 잡목이 무성해지면 마을 사람은 땔감 걱정을 하지 않아도 된다.

자연 농법의 창시자로서 세계적으로 신봉자를 거느리고 있는 후쿠오카 마사노부(福岡正信, 1913~2008년)는 위와 같은 반잔의 말에 경도되어 점토 단자 방식의 착상을 얻었다고 말한 적이 있다. 이것은 작물이나 수목 등의 씨앗을 섞은 진흙 단자를 만들고 그것을 뿌려 재배지나 황폐지의 녹화를 도모하는 방법이다. 아시아나 아프리카 각지에서 이를 실천하고 있다.

반잔이 실천한 삼림 보전

오카야마 번에서는 반잔의 제언에 따라 1648년에 벌채 금지령을 내렸다. 고을의 부교(奉行, 가마쿠라 바쿠후 시대 이후, 행정·재판·사무 등을 담당하는 무사의 직명 — 옮긴이)에게 명하여 나무의 남벌과 그루터기 채취를 금지했으며 사방(砂防, 산·바닷가·강가 등에 바위가 무너지거나 흙·모래가 바람과 비에 씻겨 밀려 내리는 것을 막기 위해 시설하는 일 — 옮긴이)을 위해 나무 심기와 소나무 씨앗 뿌리기를 장려했다. 그루터기 채취를 금한 것은 사람들이 연료 부족 때문에 그루터기까지 뽑아 내 토양 유출을 초래했기 때문이다. 반잔은 "나무의 뿌리를 파낸 산은 30년, 50년이 지나도 초목이 자라지 않는다."라고 적었다. 그리고 소나무 숲 조성을 장려한 이유는 소나무가 황무지에서도 기르기 쉬우며 뿌리를 뻗어 토양을 안정시켰기 때문이다.

바쿠후가 '제국산천정(諸國山川掟)'이라는 법령으로 삼림 보호의 기치를 내건 것은, 오카야마 번이 이런 제도를 시행한 지 18년 후인 1666년이다. 이것은 1660년 바쿠후가 후시미, 교토, 나라 3곳의 부교를 통해 공포한 "홍수 방지를 위해 나무뿌리를 파헤치지 말고 소나무나 그 외의 묘목을 심을 것"이라는 내용의 통달을 강화한 것이다.

이 제국산천정을 발표한 로주(老中, 에도 바쿠후에서 쇼군 직속으로 정무를 담당하던 최고 책임자 — 옮긴이) 중 한 명인 구제 야마토노카미 히로유키(久世大和守廣之)는 반잔의 신봉자였다. 반잔이 딸의 시댁인 시모쓰케에 갔다가 돌아오는 길에 에도에 있는 구제의 집에 약 1주간 체재하며 깊이 친교를 나누었던 사이이기도 하다.

법령 내용에는 반잔의 생각이 반영되어 있다. 법령은 3개조로 되어 있는데 제1조 "근년 초목의 뿌리까지 파헤치는 사람이 있어 풍우가 올 때 강에 토사가 흘러내려 흐름이 정체된다. 금후로는 초목의 뿌리를 뽑아내는 것을 금지한다." 제2조 "강 상류에 있는 산에 숲이 사라진 장소가 있으면 묘목을 심어 토사의 유출을 방지한다." 제3조 "하천의 원류에 개발된 논밭은 신구를 막론하고 강에 토사가 유출되는 경우에는 경작을 중지하고 대나무, 비자나무 등을 심어 신규 개발을 금지한다."라는 내용이다.

반잔의 가르침이 교조적이지 않았다는 사실은 『대학혹문』에 나오는 다음의 구절에서도 알 수 있다.

문 : 여러 나라에 산이나 강에 대한 다양한 법률이 규정되어 있음에도 삼림은 점점 황폐해지고 강 역시 깊어지지 않는 이유는 대체 무엇인가.

답 : 법률이 있기는 하지만 겨우 3일간 먹을 것도 비축해 놓지 못하는 사람이 많다. 땔나무를 구입할 방도가 없기 때문에, 당장 내일 목이 베일 우려가 있다 해도 오늘은 산에서 나무를 훔칠 수밖에 없는 것이다. 촌장이나 마을의 어른들도 이 사정을 알기에 못 본 척 해 주는 수밖에 없다.

삼림의 역사: 3가지 전기

일본의 삼림 역사를 되돌아보면 3번의 삼림 소실기가 있었다. 첫 번째는 고대 국가가 성립한 6세기 말 아스카(飛鳥) 시대부터 9세기 중반 개간과 함께 장원(莊園)이 발달한 시기이다. 두 번째는 16세기 말 도요토미 히데요시의 전국 통일부터 에도 바쿠후 체제가 확립되는

17세기 중반까지다. 마지막으로 세 번째가 1940년대 제2차 세계 대전부터 전후 부흥기에 걸친 시기다.

첫 번째 시기에는 벼농사의 보급과 함께 삼림의 농지 전환이 서서히 진행되었다. 6세기 중국에서 불교가 전래되었고 백제에서 조사공(造寺工), 조불공(造佛工), 기와공들이 초빙되어 사원 등의 거대 건축이 성행하며 목재의 벌채가 급증했다. 콘래드 토트먼(Conrad Totman)[9]은 『일본인은 어떻게 숲을 만들어 왔는가(*Green Archipelago: Forestry In Pre-Industrial Japan*)』에서 이를 "고대의 약탈"이라 불렀다.

최초의 본격적인 사원인 아스카데라(飛鳥寺, 현 나라 현 아스카무라)는 588년 백제에서 온 불사리를 소가씨(蘇我氏, 아스카 시대의 유력 호족 가문 — 옮긴이)가 봉헌한 것으로부터 건립이 시작되어, 여러 설이 있기는 하지만 596년에 완성되었다. 이 외에도 593년에 창건된 것으로 알려진 시텐노지(四天王寺, 현 오사카 시 덴노지 구)나 7세기 전반에 공사를 시작했다고 추정되는 호류지(法隆寺, 670년 화재 후 재건) 등의 대형 목조 건축물이 차례로 지어졌다. 모두 건축 장소의 30킬로미터 내에서 자재 조달이 가능했다.

그러나 건설 열풍 때문에 목재의 공급이 수요를 따라잡지 못하게 되었고 잇달아 만들어진 나라와 헤이안쿄(平安京, 교토의 옛 이름 중 하나. 간무 천황이 794년 천도한 이래 1868년 황궁을 도쿄로 옮기기까지 천 년 이상 일본의 수도 역할을 했다. — 옮긴이) 2개의 도읍은 주변의 삼림에서 목재를 조달하기가 어려워졌다. 조정이나 호족, 사원은 목재의 확보를 노리고 숲에 둘러싸인 곳으로 들어가게 되었다. 그럼에도 거대 건축에 필요한 대경목(大莖木, 가슴 높이(1.2미터 높이)의 지름이 30센티미터 이상인 임목 — 옮긴이)은 손에 넣기 어려웠고 9세기가 되자 건축 열기도 시들해졌다.

도다이지의 목재는 어디서 왔나?

도다이지의 복원 기록으로 거목이 무성하던 산지가 어떻게 후퇴했는지를 알 수 있다. 도다이지의 기원은 733년 와카쿠사의 산기슭에 창건된 곤슈지(金鐘寺)에 있다고 전한다. 그 후 복원될 당시 자재를 가져온 산지들로 삼림 유실의 경과를 추적해 볼 수 있다.[10]

도다이지가 창건되었을 당시 대불전, 남대문, 동서의 탑 등에 쓰인 대량의 목재는 50킬로미터가량 떨어진 이가(현 미에 현) 등 기이 반도나 비와 호 주변에서 베어 낸 것이다. 도다이지 쇼소인의 기둥은 지름이 60센티미터 정도지만 그 문은 폭 1미터 가까운 한 장의 노송나무 판으로 이루어져 있다. 그만큼의 거목이 쓰였던 것이다.

1180년에 일어난 다이라노 시게히라(平重衡)의 전화로 괴멸적인 피해를 입었고 1190년에 대불전을 재건할 당시에는 기둥으로 쓰기 위해 400킬로미터 이상 떨어진 나가토·스오(長門·周防) 국(현 야마구치 현)에서 길이 25미터, 지름 1.06미터의 통나무를 베어 내야 했다. 거기서 산을 깎고 골짜기를 메워 수로를 정비한 후에 나무를 강으로 내려 보내 세토 내해에서 뗏목으로 엮어 운반했다. 나라 북쪽 교외의 기즈(木津)를 기점으로 하는 육로에서는 120마리의 소가 끄는 수레로 운반해 도다이지에 내리도록 했다.

전국 시대인 1567년 미요시 씨(三好氏)와 마쓰나가 씨(松永氏) 사이에 벌어진 싸움으로 대불전을 포함한 도다이지의 주요 불당과 불탑

이 또다시 소실되었고 1709년 도쿠가와 쓰나요시(德川綱吉)의 시대에 현존하는 3대 째의 건물이 재건되었다. 이때는 목재가 부족해서 대불전의 폭을 이전의 3분의 2로 축소했으며 기둥은 느티나무를 심지로 하고 그 주위에 삼나무 몇 그루를 쇠로 만든 띠로 다잡아 하나의 거대 기둥으로 만들어 대용했다. 단 들보만은 순수한 재료를 써야 했기에 700킬로미터 떨어진 규슈의 기리시마에서 거대한 적송나무를 구해 왔다. 1909년 메이지 대보수 때에는 타이완에서 노송 거목을 수입해 올 수밖에 없었다.

기둥용의 커다란 목재를 찾기 위한 고생담은 근년의 문화재 수리에서도 종종 일어난다. 1950년에 소실되어 1955년에 재건된 긴가쿠지(金閣寺)의 경우 어찌어찌 기소(木曾)의 노송나무로 재건이 가능했지만, 그 후 1976년의 야쿠시지(藥師寺) 금당 재건 때는 타이완산 노송나무를 사용했다.

고조되는 삼림의 위기

일본에 있어 수목은 최대의 천연자원이었다. 주택, 성·요새, 교량 등을 건조할 때 토대나 석벽에는 돌이, 기와나 벽 등에는 흙이 각각 사용되었지만 그 외에 대부분은 목재였다. 뿐만 아니라 농기구, 생활 용구, 조리 용구, 무기 등도 칼날과 같은 일부분에만 철이 사용되었을 뿐 주체는 목재였다.

생활도 전체적으로 나무나 삼림에 의존했다. 특히 연료의 이용이 지속적으로 늘었다. 조리나 난방은 물론이요 도자기나 철을 제조할 때 필요한 가열 공정의 연료까지, 모두 땔감과 목탄(신탄, 薪炭)이었다.

신탄은 자가 소비였을 뿐만 아니라 기근 때마다 농가의 중요한 수입원이 되기도 했다. 집약적 경작이 보급됨에 따라 비료의 수요가 늘었고 사람들은 퇴비로 쓰기 위해 낙엽을 모았다. 산초나 버섯, 나무의 열매 등은 중요한 먹을거리였다.

무로마치 시대 후기에서 다이쇼 시대에 걸쳐 교토 주변에서는 민둥산이 확대되었다. 지금은 단풍의 명소인 히에이(比叡) 산도 산 전체가 무참한 민둥산이었다. 메이지 말기 무렵부터 식림이 진행되기 시작해 삼림은 조금씩 회복되었다.

전국적으로 봤을 때도 상황은 다르지 않았다. 이미 13세기 가마쿠라 시대부터 신탄 가격이 폭등해 바쿠후는 그 가격을 통제하기 위한 지침을 내렸을 정도다. 12세기에는 중국의 삼림 고갈이 심각해져 일본은 지름이 큰 목재를 대량으로 수출했다.

8세기 일본 인구는 500만 명 정도였지만 16세기에는 1200만 명을 넘어섰다. 그 후 바쿠후 말기에는 3400만 명, 메이지 말년(1912년)에는 5000만 명에 달했다.[11] 인구의 증가와 함께 개간이 진척되어 도시 주변에서는 삼림이 급속히 후퇴했다. 게다가 연료, 건축 재료, 비료, 여물 등 생활 자원의 채취도 늘었다.

17세기 후반이 되자 촌락 주변에서는 연료재나 퇴비 등 이용 가능한 바이오매스(생물권의 물질 순환 사이클에 입각해 생물체를 열분해하거나 발효해서 얻는 에너지 자원 ― 옮긴이) 대부분이 바닥이 났다. 이것은 필연적으로 마을 간의 긴장을 낳았고, 마을 사람들과 산을 관리하는 바쿠후나 번과의 분쟁이 자주 발생하게 되었다. 그 결과 이용의 과잉과 자원 부족을 해결하려는 기운이 높아졌다. 마을 사람들 스스로 이용을 관리하는 삼림도 각지에 생겨났다. 이것은 마을이 공동으로 관리하는 땅이었는데 후에 사토야마(里山)라 불리게 된다.

목재를 그러모은 도요토미 히데요시

전국에 다이묘가 난립했던 15세기 후반에서 16세기 말까지의 전국 시대에 권력자들은 경쟁하듯 성곽을 조영(造營)했다. 오다 노부나가가 1576년 축성을 시작한 아즈치(安土) 성은 그 후 근세 성곽의 모델이 되었다. 평야를 바라보는 높은 언덕 위에 평성(平城)을 구축해 많은 상공업자들이 모이는 조카마치(城下町, 성을 중심으로 형성된 도시 — 옮긴이)가 탄생했고 이것이 행정의 중심이 되었다.

1590년에 전국 통일을 달성한 도요토미 히데요시는 권세를 과시하기 위해 대형 건축물을 짓는 데 열을 올렸다. 1583년에 이시야마 혼간지(石山本願寺)가 허물어진 터에 착공한 오사카 성은 히데요시가 죽을 때까지도 증축과 개축이 이어졌다. 이어서 히데요시가 은거지로 삼기 위해 만든 후시미 성, 교토의 화려하고 현란한 주라쿠다이(聚樂第), 대불전을 동반한 호코지(方廣寺) 등이 조영되었다.

호코지 대불전 조성을 위해 히데요시는 시마즈 요시히사(島津義久, 시마즈 가문의 당주로 규슈 각지의 다이묘들을 격파해 규슈 통일을 목전에 두었으나 도요토미 히데요시에게 격파당한 인물 — 옮긴이)에게 명하여 대형선 11척으로 야쿠스기(屋久杉, 가고시마 현 야쿠시마의 표고 500미터 이상의 산지에 자생하는 삼나무. 좁은 의미로는 수령 1000년 이상 된 것을 가리킨다. — 옮긴이) 목재를 오사카로 운반시켰다. 야쿠시마에 남아 있는, 둘레 14미터에 육박하는 거대한 '윌슨 그루터기(하버드 대학교

수목원을 위한 수집 차 일본을 방문한 식물학자 어니스트 헨리 윌슨이 조사하여 1914년 서양 문화권에 소개한 데서 이름이 유래했다. ─ 옮긴이)'는 그때 벌채된 것이라고 전해진다. (오사카 성 축성 때문이라는 설도 있다.)

이 대불전은 2000년의 발굴 조사 결과, 동서 약 55미터, 남북 약 90미터의 규모로 오사카 성의 천수각보다 높았다는 사실이 판명되었다. 봉안된 대불상의 높이는 도다이지의 대불보다 3미터 높은 18미터였다고 한다. 못 따위의 금속 부분은 가타나가리(刀狩り, 히데요시가 시작한 무기 회수령 ─ 옮긴이)로 몰수한 무기를 재활용했다.

여기서 멈추지 않고 히에이 산의 천태종 사원군(群)이나 고야 산의 진언종 사원군의 재건을 지원했고 수많은 사원의 재건에 거액의 자금을 제공했다. 거대 건축물에 대한 히데요시의 집착은 영지가 확대됨에 따라 더욱 강해졌다.

이들 조영 사업에는 막대한 양의 목재가 사용되었다. 히데요시는 다이묘들에게 대량의 목재와 금품의 기부를 명령했다. 질 좋은 재료의 정보를 모으기 위해 각지에 밀정을 보냈다는 이야기도 있다. 그 정보에 바탕을 두고 구체적으로 필요한 용재를 지정해 구마노(熊野), 히다(飛驒), 미노(美濃), 스루가(駿河), 도사, 아키타 등지로부터 쓸어 모았다. 가령 호코지의 노송나무 기둥과 지붕 재료인 노송나무 껍질은 도사의 시라가(白髮) 산에서, 천정 재료인 얇은 널빤지는 도사 동남단의 노네(野根) 산에서 각각 조달하게 했다.

밀정은 아키타에도 보내졌다. 영주 아키타 사네스에(秋田實季)는 후시미 성의 조영과 요도 강을 항행할 배의 건조를 위한 삼나무를 헌상하라는 명령을 받았다. 천연 아키타 삼나무는 당시부터 최고의 품질로 여겨졌다. 요네시로(米代) 강 상류의 나가키사와(長木澤, 현 오오다테 시)에서 베어 낸 거대 삼나무는 요네시로 강에서 뗏목으로 노시로(能代)까지 흘려보낸 뒤 노시로 항에서 큰 배로 옮겨 오사카로 실어 보냈다. 쓰루가(敦賀)에서 나무를 뭍에 내린 뒤 육로로 비와 호까지 운반했고 배로 호수를 가로질러 세타(瀨田) 강, 우지(宇治) 강에 들여와 여기서 뗏목으로 후시미까지 운반했다.[12]

게이초 시대의 축성 열풍

1600년의 세키가하라 전투(도요토미 히데요시 사후 그 권좌를 두고 일본 전국의 다이묘가 두 세력으로 나뉘어 벌인 대규모 전투로, 도쿠가와 이에야스 파가 승리해 에도 막부를 세우는 발판을 다지게 되었다. ─ 옮긴이) 이후 삼림의 남벌은 더욱 심해졌다. 도쿠가와 바쿠후의 논공행상에 따른 대규모 영지 전환으로 새로운 땅을 부여받은 다이묘들이 경쟁적으로 거성(居城)을 꾸며 댔기 때문이다. 이 시대는 게이초 축성 열풍이라 불린다. 일본의 삼림 사상, 두 번째 약탈의 시기였다.

전국 시대부터 쇼쿠호(織豊) 시대(오다 노부나가와 도요토미 히데요시가 정권을 장악했던 시대. 기간에는 여러 정의가 있으나 통상 1568년에서 1603년까지를 이른다. 명칭은 오다(織田)와 도요토미(豊臣)의 이름 맨 앞 글자를 땄다. ─ 옮긴이)에 걸친 전쟁의 교훈으로 축성 기술은 큰 진화를 이루었다. 대포 공격에 견딜 수 있는 높은 석벽과 폭 넓은 해자가 성을 감쌌고 견고해진 5중 7계(五重七階, 중은 성 외관의 지붕 개수, 계는 내부 마루의 개수 ─ 옮긴이)의 대규모 고층 건축이 등장해, 천수각이 서로 위용을 다투는 모양새가 되었다.

1601년의 구마모토 성, 히메지 성, 센다이 성 등의 축성으로 시작된 열풍은 1603년 에도 성, 1610년 나고야 성으로 이어졌다. 1615년의 오사카 여름 전투(大坂夏の陣)로 불타 없어진 오사카 성 재건에 이르기까지 고작 20년 사이에 크고 작은 것을 합쳐 거의 200개나 되는 성이 건축되었다.

축성에는 장인뿐 아니라 많은 농민이 동원되었고 막대한 경비가 쓰였다. 1589년에 세워진 히로시마 성의 경우, 연결식 천수를 포함해 88개의 성루를 갖추었고 총면적은 약 115만 8000제곱미터나 된다. 조카마치의 건축비까지 합하면 적어도 현재의 돈으로 1000억 엔(한화로 약 1조 2000억 원)은 넘었을 것이라 추정된다.

대규모 성곽이 하나 만들어질 때마다 주변의 산은 벌거숭이가 된다는 이야기가 있다. 지름이 크고 좋은 나무들은 다이묘 사이에서 쟁탈전을 일으켰고 영내의 재목만으로는 전부 조달할 수 없게 되자 다이묘들은 식림에도 힘을 쏟게 되었다. 한편으로는 소산(巢山, 사냥용 매를 보호한다는 명목으로 보전된 둥지 주변의 숲)과 유산(留山, 벌채를 금한 삼림)을 설정하는 등, 엄중한 삼림 보호 정책을 내세웠다.

예를 들자면 삼나무, 느티나무, 노송나무 등 중요 수목 7종을 정해서 보호하며 벌채를 금지한 가가(加賀) 번의 7목의 제(七木の制)가 있다. 또한 도쿠가와 바쿠후는 기소 지방의 풍부한 목재 자원에 주의를 기울여, 타국으로 노송나무 재목을 반출하는 것을 금지했다. "노송나무 한 그루에 사람 목 하나, 가지 하나에 팔 하나"라는 무서운 엄벌로 도벌을 억눌렀다. 기소의 아름다운 숲은 이렇게 엄한 삼림 보호 정책으로 지켜질 수 있었다.

도쿠가와 이에야스와 건축 열풍

히데요시의 뒤를 이은 도쿠가와 이에야스 역시 건축에 필요한 목재나 석재 등의 자재를 다이묘들에게 공출했고 양질의 건축 재료를 확보하기 위해 삼림을 직할령으로 만들었다. 세키가하라 전투 이후 히데요시의 직할지였던 구라이리지(藏入地)를 영지로 삼았고 임업 선진지인 각 번에 명해 나무꾼이나 장인들을 파견하도록 했다.

나고야 성의 축성에는 약 20만 석, 에도 성의 경우에는 약 50만 석 이상의 목재를 사용했다. 미터법으로 환산하면 1석은 0.28세제곱미터다. 종래의 목조 축조 공법으로 지은 주택에서 1제곱미터당 약 0.2세제곱미터의 목재를 사용한다. 나고야 성은 현재의 개인 소유 주택(평균 143제곱미터)의 2000채분이라는 계산이 나온다.

슨푸(駿府) 성은 1607년의 대개수 직후에 소실되었다가 곧 재건했다. 이때도 나고야 성 수준의 목재가 사용되었다. 나고야 성과 2번의 슨푸 성 건축만으로 약 100만 석(약 28만 세제곱미터)의 재목을 사용했다고 하면 그것은 약 110만 세제곱미터의 입목에 상당한다. 콘래드 토트먼은 0.01제곱킬로미터당 입목 축적량이 400세제곱미터인 원시림으로 환산하면 약 27.5제곱킬로미터를 벌채한 것이라고 추정한다.

히데요시와의 차이점이 있다면 이에야스는 목재업에서 가장 비용이 많이 드는 수송의 개선과 삼림 자원의 보전에 애를 썼다는 것이다. 히데요시 시대에는 비교적 가까운 곳에서 필요한 목재를 입수할 수 있었으나 자원이 고갈된 이에야스 시대에는 산 깊숙한 곳까지 들어가야 해서 수송 거리가 길어졌기 때문이다. 특히 지름이 큰 나무의 반출은 강이나 바다 같은 수운에 의존할 수밖에 없었기에 하천을 개

수해 벌채목의 운반에 힘을 쏟았다.

1616년 이에야스가 죽은 뒤 대형 건축물의 건설은 그 불씨가 사그라지기는 했으나 결코 꺼지지는 않았다. 도시의 확대와 유지를 위해 쉴 틈 없이 삼림에 압박이 가해졌다. 각지의 다이묘나 유력자들은 성곽이나 저택, 신사·절이나 조카마치의 건설에 정력을 쏟고 있었다. 이러한 전국적인 건설 열풍의 결과 1670년 무렵까지 규슈에서 혼슈 북부에 걸쳐 대형 건축에 필요한 기둥의 재료가 되는 대경목은 벌채나 운반이 가능한 삼림에서 자취를 감췄다.

반잔은 이에야스 사망 3년 후에 태어났다. 일본의 삼림이 위와 같은 건축 유행에 휩쓸린 직후였고 삼림의 황폐가 확대되어 각지에서 홍수나 토사 재해, 가뭄 등의 자연재해가 잇달아 발생하던 때였다. 이 현상을 코앞에서 목격한 반잔이 삼림이야말로 국토의 급소라 확신한 것은 당연한 일이었다.

적송 망국론

토양에 장기간 남아 있는 꽃가루의 모양으로 원래 있었던 식물을 추적하는 꽃가루 분석이라는 방법이 있다. 이에 따라 적송 분포의 역사를 알 수 있다.

국제 일본 문화 연구 센터의 야스다 요시노리(安田喜憲)에 따르면 조몬 시대 적송의 분포는 세토 내해 지방으로 한정되었던 모양이다.[13] 그 후 가마쿠라 시대 이후에 전국으로 확대되었고 에도 시대 중기에 이르자 사람이 사는 마을 주변은 대개가 적송림이 되었다고 한다. (그림 16-2) 메이지 이후에는 전국적으로 적송 천지가 되었다.

또한 삼림을 잃은 탓에 침식에 따른 대량의 토사가 강에서 해안으로 유출되어 모래톱을 형성했다. 모래톱은 염전에는 적합하지만 땅에 영양분이 거의 없으며, 해수의 물보라를 뒤집어쓰는 험한 환경이다. 그러나 적송만은 이 악조건에도 견뎠기에 백사청송(白沙靑松)의 경관이 만들어졌다.

적송은 선구 수종이라 불리며 삼림이 벌채된 자리, 붕괴지, 산불이 난 장소 따위에 재빨리 침입해 그 토지를 점령한다. 빛이 닿지 않으면 발아나 성장이 불가능한 전형적인 양수(陽樹)다. 또한 이미 식물이 우거진 장소에는 침입이 불가능하다. 말하자면 적송은 인간의 활동으로 화전이나 벌채 때문에 나무가 없어진 민둥산이 늘어남에 따라 널

그림 16-2. 우타가와 히로시게(歌川廣重) 「도카이도고주산쓰기(東海道五十三次, 에도 시대에 정비된 에도·니혼바시를 기점으로 하는 육상 교통로 중 하나—옮긴이) 중 구사쓰(草津)」

리 퍼질 수 있었던 것이다. 이 현상을 우려한 혼다 세이로쿠(本多靜六, 1866~1952년) 도쿄 제국 대학교 교수의 경고가 적송 망국론[14]으로 잘 알려져 있다.

적송이 많다는 것은 그만큼 사람이 과도하게 이용한 삼림이었음을 의미한다. 초기 분포가 세토 내해 지방에 한정되어 있었던 것은 그곳에서는 철이나 소금의 생산 때문에 일찍부터 삼림 벌채가 진행되었다는 사실을 말해 준다. (21장 참조)

에도 시대의 에도·교토의 마을 뒷산이나 도카이도 같은 가도 연변을 그린 풍경화를 보면 적송이 많다. 이에 대해서는 회화 자료의 배경을 분석해 옛 식생을 해독한 오구라 준이치(小椋純一)의 연구가 많은 단서를 주고 있다.[15] 가령 바쿠후 말기에서 메이지 초기에 걸친 하코네노세키(箱根關, 과거에 하코네에 있었던 세키쇼(검문소), 현재는 관광 명소로 유명하다. —옮긴이) 주변의 사진이나 회화(그림 16-3)가 다수 남

그림 16-3. 오다와라 쪽에서 본 에도 시대의 하코네 아시노 호(芦ノ湖)의 세키쇼

아 있다.

그것을 보면 가도나 주변의 산에서나 현재는 울창하게 우거져 있는 수목이 없고 적송이 많이 눈에 띈다. 세키쇼는 사람이 밀집되는 장소였기에 취사나 난방, 등불 등의 용도로 나무를 베어 냈기 때문이다.

에도 시대에 소나무는 땔감이나 건축 재료로 수요가 커, 에도 주변에서 왕성하게 숲이 만들어졌다. 메이지 시대 들어서는 사방을 위해 경사면이나 해안에 심었다.

그런데 1960년대 연료 혁명으로 땔감과 목탄을 더 이상 사용하지 않게 되었다. 소나무는 고령화되었고, 양수이므로 숲 속 그늘에서 어린 나무가 자라지 못하며 송충이로 인한 타격이 겹쳐 쇠퇴 일로를 걷고 있다.

덧붙여 전후 일본이 식림에 열정을 기울이면서 소나무 생육이 가능한 장소가 점점 사라진 탓도 있다. 현재는 삼림의 반 정도가 인공림이며 역사 속에서 삼림의 양상은 이렇듯 크게 변해 왔다.

일본을 보호하는 삼림

일본은 역사적인 인구 과밀의 선진 공업국으로 이나마 삼림이 유지된다는 사실은 기적이라 해도 좋을 것이다. 일본의 지리적 조건을 생각해 보면 지극히 필연적인 일이기는 하다. 일본 열도의 68퍼센트는 삼림이다. 국토를 차지한 삼림의 비율은 가장 오래된 삼림 통계인 1891년과 현재를 비교했을 때 지금이 33퍼센트나 높다. 적어도 과거 400년 가운데 현재가 가장 삼림이 많은 시기라 말해도 될 정도다.

남북으로 좁고 긴 섬나라이며 열도의 가운데를 가파르고 험준한

척량 산맥(어떤 지역에서 가장 주요한 분수계를 이루는 산맥 — 옮긴이)이 종단하고 산지는 국토의 73퍼센트를 차지한다. 겨우 14퍼센트밖에 안 되는 충적 평야에 인구의 절반이 모여 산다. 하천은 길이가 짧은데다 기울기가 급해 장마나 태풍으로 호우가 발생하면 빗물이 단숨에 흘러내려 평야부에 홍수를 일으키기 쉽다. 메이지 정부에 초청되어 하천 개수의 기술을 전한 네덜란드 인 하천 기술자 요하니스 데 라이크(Johannis de Rijke, 1842~1913년)[16]가 도야마 현에서 조간지 강(常願寺川)를 보고 "이것은 강이 아니다. 폭포다."라고 말했다는 유명한 일화가 종종 인용된다.

일본 해안선의 총길이는 지구 둘레의 약 90퍼센트에 이르는 3만 4000킬로미터나 된다. 해안선은 태풍이나 계절의 풍랑 등 험한 자연 조건에 그대로 놓여 있다. 게다가 대하천을 댐으로 봉쇄해 하구로의 토사 공급을 끊었기 때문에 해안 침식이 진행되고 있다. 깎여 가는 해안 면적은 연간 약 24제곱킬로미터에 달한다. 도쿄돔 500개분이나 되는 국토가 유실되고 있는 셈이다.

논농사에는 방대한 물의 관리가 필수적이며 때문에 자연산 댐으로서의 숲도 빼놓을 수 없다. 이토록 험준하며 지질상 취약한 일본의 산지는 과도한 삼림 파괴나 생태계 악화가 벌어지면 순식간에 자연재해의 습격을 받는다. 삼림 없이는 유지할 수 없는 국토인 셈이다.

삼림이 사라지면 어떤 사태가 벌어지는가는, 제2차 세계 대전 직후의 대규모 태풍 피해가 이야기해 준다. 전중·전후의 남벌과 방치로 삼림이 황폐해졌기 때문이었다.

1945년의 마쿠라자키 태풍(사망자·행방 불명자 약 3800명), 1947년의 캐슬린 태풍(약 2000명), 1954년의 도야마루 태풍(약 1700명), 1958년의 가노가와 태풍(약 1300명), 1959년의 이세 만 태풍(약 5000명) ……. 전화(戰火)에 부채를 부치듯 덮친 이 일련의 재해를 결코 잊어서는 안 된다.

일본이라는 나라는 삼림 없이는 국토의 안전도, 논농사도, 생활 기반도 지킬 수 없다는 사실을 다시금 상기시켜 두고 싶다.

17장
인구 폭발의 증인 모아이 석상

토르 헤위에르달,『아쿠아쿠: 고도 이스터 섬의 비밀』[1]

육지에서 멀리 떨어진 태평양의 이스터 섬은 수수께끼로 가득 찬 섬이다. 그러나 수수께끼가 풀려 가면서 음참한 역사가 모습을 드러냈다. 섬으로 건너온 한 줌의 사람들이 인구 폭발을 일으켜 자원을 전부 소모했으며 마지막에는 서로 잡아먹어 멸망해 버렸다.

『아쿠아쿠』 줄거리

이스터 섬의 주민이 남아메리카에서 배로 건너왔다고 믿었던 노르웨이의 인류학자 토르 헤위에르달(Thor Heyerdahl, 1914~2002년)은 이 가설을 증명하기 위해 고대 페루의 뗏목을 복원한 콘티키호에 올라탔고 1947년 페루의 카야오 항을 출발해 폴리네시아의 투아모투 제도에 다다를 때까지 101일간의 항해 끝에 실험을 성공했다.

또한 그는 섬 주민의 남아메리카 기원설을 실제로 입증하기 위해 표류 실험으로부터 8년 후인 1955년부터 이듬해까지 다시 이스터 섬으로 향했다. 이번에는 3명의 고고학자와 함께, 빌린 트롤선으로 바다를 건너 섬으로 들어갔다. 그때의 기록이 『아쿠아쿠: 고도 이스터 섬의 비밀(Aku-Aku: The Secret of Easter Island)』에 나와 있다.

헤위에르달은 섬에 접근해 배에서 육지를 바라보았을 때의 인상을 다음과 같이 말하고 있다.

우리는 살며시 육지로 다가갔다. …… 섬의 저 멀리 안쪽에는 사화산의 슬로프를 따라 예의 그 석상(모아이)이 산재해 있었다. …… 물가에는 누구 하나 보이지 않았다. 그저 거친 화석과 같은 세계가 펼쳐져 있을 뿐이었다. …… 우리는 마치 우주선을 타고 일찍이 지구상의 생물과는 다른 생물이 살고 있던 어딘가 사멸한 세계에 발을 디딘 것 같은 기분이었다.

조사를 개시한 헤위에르달 일행은 먼저 섬의 동굴에 손을 뻗는다. 매일 전투를 치렀던 사람들이 집을 세울 건축 자재가 고갈되자 섬의 여러 동굴로 생활 장소를 옮겼기 때문이다. 동굴에서 생활용품이나 사람의 뼈가 대량으로 발견된다. 조사를 진행함에 따라 섬 주민이 남아메리카에서 왔다는 가설을 더욱 확신하게 된다.

이스터 섬에서도 가장 유명한 아후 비나푸(Ahu Vinapu, 비나푸 제단)의 발굴에 착수했다. …… 모두가 사전에 이야기한 대로 그것이 잉카 제국의 웅대한 석단의 구조와 명백하게 닮았다는 사실에 놀랐다. …… 그것은 잉카 선조들의 고전적 걸작을 거울에 비춘 것 같은 모습으로 세워져 있었다.

청취 조사 결과, 섬의 역사도 명백하게 밝혀진다. 지배 계급인 장이족(長耳族)과 그들에 지배당하는 단이족(短耳族)이라는 두 민족의 전투가 섬의 운명을 바꾸었다. 생각지 못한 압력 때문에 섬이 멸망했다는 사실이 표면에 드러난 것이다.

콘티키호의 항해

헤위에르달은 노르웨이 오슬로의 피오르 해변을 낀 마을에서 태어났다. 현대 문명에 오염되지 않은 자연과 인간 사이의 관계에 매혹당한 그는 오슬로 대학교를 졸업하자마자 폴리네시아의 마르키즈 제도에서 약 1년간 생활하게 된다.

섬의 노인으로부터 섬의 신 티키의 전설을 전해 듣고 티키의 석상과 남아메리카 잉카 문명의 석상이 닮아 있다는 사실에 눈을 뜬다. 폴리네시아 주민이나 문화는 남아메리카에서 온 것이 아닐까 생각하게 된 것이다.

표류 실험의 이듬해에 출판된 항해 일기 『콘티키(*The Kon-Tiki Expedition: By Raft Across the South Seas*)』[2]는 실험 자체의 기발함과 흔히 볼 수 없는 표류 생활, 유머 넘치는 필치로 세계적인 대형 베스트셀러가 되었다. 헤위에르달은 행동하는 과학자로 이름을 날렸다. 그 항해를 기록한 영화 「콘티키」는 1951년 아카데미상 장편 다큐멘터리 부문에서 수상했다.

그러나 항해를 마치고 돌아온 헤위에르달을 기다리고 있던 것은 폴리네시아 인의 아시아 기원을 믿는 연구자들의 비판이었다. "모험과 과학의 혼동", "비과학적인 매명 행위"라는 비난의 목소리도 높아졌다. 어느 역사가는 "로망으로 가득 찬 난센스"라고 혹평하기도 했다.

이러한 비판에 맞서 남아메리카 기원설을 실증하기 위해 1955년부터 이듬해에 걸쳐 남아메리카에 가까운 태평양 이스터 섬으로 항해해 들어가 본격적인 조사를 개시했다. 일반인을 대상으로 쓰인 조사의 기록이 1958년에 출판된 이 책이다. 전작과 마찬가지로 세계적인 베스트셀러가 되었다.

헤위에르달은 그 후에도 대서양이나 인도양에서 실험 항해를 이어 갔고 역사에 기록되지 않은 고대의 교류를 추적했다. 노르웨이의 국민적인 영웅이 되었고 오슬로에 그를 기리는 콘티키 박물관이 있을 정도다. 1994년 릴레함메르에서 열린 동계 올림픽의 개회식에도 등장해 아이들을 상대로 노르웨이의 역사를 이야기하기도 했다.

수수께끼로 가득 찬 섬

세토 내해의 쇼도 섬(小豆島)을 한층 더 크게 해 놓은 정도의 칠레령 이스터 섬은 동태평양 절해 저 멀리에 홀로 떠 있다. 거대한 모아이상과 자연석을 정교하게 배치한 건축물, 그림 문자인 롱고롱고(라파누이 문자), 어디에서 왔는지 모르는 섬 주민들……. 수수께끼로 가득 찬, 세계 7대 불가사의 중 하나이기도 하다.

남아메리카 서해안으로부터 3747킬로미터, 인간이 사는 가장 가까운 육지인 핏케언 섬에서도 2250킬로미터나 떨어져 있다. (그림 17-1) 핏케언 섬의 주민은 18세기 말 영국 해군의 무장선 바운티호에서 반란을 일으켜 선장을 쫓아낸 뒤 섬으로 도망쳐 온 승조원의 자손들이다.

이스터 섬은 주요 항로에서 멀리 떨어져 있기 때문에 방문자도 없었다. 유럽 인으로 처음 섬에 상륙한 이는 아레나호에 타고 있던 네덜란드의 제독 야코프 로헤벤(Jacob Roggeveen, 1659~1729년)이었다. 그가 섬에 당도한 1722년 4월 5일이 부활절, 즉 이스터(Easter)였기 때문에 이것이 섬의 이름이 되었다. 상륙 당시의 충돌로 로헤벤의 부하가 총을 쏴 10명 이상의 섬 주민이 살해되는 일이 있었다. 섬 주민들은 이 섬을 라파누이라고 불렀는데 1888년에 지금과 같은 칠레 영토가 된 이후부터는 스페인 어로 부활절을 의미하는 파스쿠아 섬이라 불린다.

로헤벤은 모아이나 아후(돌 제단)를 보고 충격을 받았다. 그의 항해 일기에는 이런 기술이 있다. "석상을 보고 우리는 경악했다. 튼튼한 나무도, 굵은 밧줄도 없는 이 섬 사람들이 9미터가 훌쩍 넘는 육중한 거석을 어떻게 세웠는지 짐작도 할 수 없었기 때문이다."³ 그들은

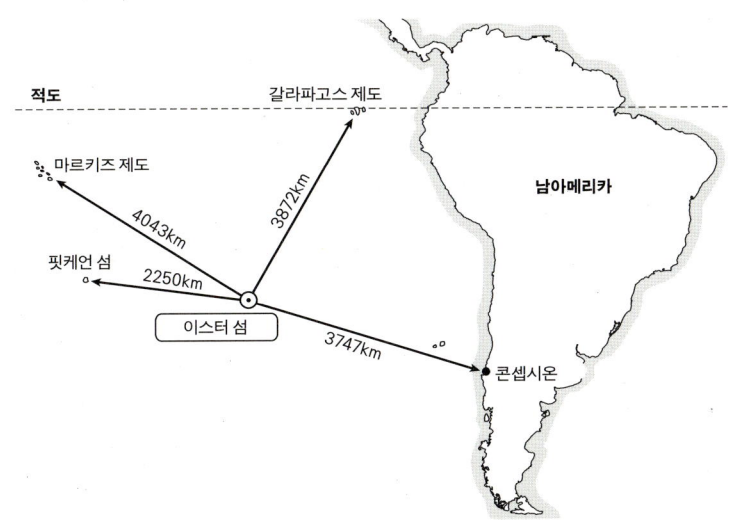

그림 17-1. 먼 바다의 외딴 섬, 이스터 섬

그림 17-2. 수목이 거의 보이지 않는 황량한 섬의 풍경

 또한 허술한 초가집이나 동굴에서 원시적으로 생활하고 있는 3000명 정도의 섬 주민들과 나무 한 그루 없는 황폐한 광경에도 입을 다물지 못했다.
 폴리네시아의 다른 섬들의 경우, 해안에는 야자수가 무성하고 산허리는 짙은 녹음으로 덮여 있다. 그러나 이곳은 초원은 있어도 숲은 거의 보이지 않았다. 헤위에르달은 "달세계 여행을 꿈꾸는 사람이 있다면 이스터 섬의 원추형 사화산에 올라가 보라. 그러면 어느 정도 비슷한 느낌을 맛볼 수 있을 것이다. …… 이스터 섬은 바다와 하늘 사이에 걸려 있는 작은 달이다."라고 썼다. 나도 섬을 방문했을 때 겨우 몇 그루 심겨진 유칼리 숲밖에 없는 풍경(그림 17-2)을 보고 전적으로 같은 감상을 품었다.

섬 주민들은 어디에서 왔는가?

석기 시대 같은 생활을 영위하는 볼품없는 모습의 섬 주민들을 보고 이 정도의 건축물을 남겼을 리 없다고 생각한 것도 무리가 아니다. 로헤벤 이후 섬에 온 유럽 인들은 그들의 기원을 둘러싸고 다양한 설을 주창해 왔다. 누구나 섬 주민과 문화 사이의 너무도 큰 차이에 곤혹스러움을 느끼며 다른 민족이 만들어 준 것이라 생각했기 때문이다.

의문이 결정적으로 해명된 것은 1980년대 중반 이후다. 뉴질랜드 메시 대학교의 존 플렌리(John Flenley)[4]를 비롯한 미국이나 칠레의 연구자들 덕분에 양파 껍질이 벗겨지듯 수수께끼는 풀리기 시작했다.

연구가 진행됨에 따라 섬 주민이 폴리네시아에서 왔다는 것은 확정적인 사실이 되었다. 1774년에 유럽 인으로는 세 번째로 섬을 방문한 영국의 제임스 쿡 선장도 그렇게 생각한 모양이다. 그는 여정 중에 들렀던 타히티 섬에서 폴리네시아 인을 동승시켜 통역으로 썼다. 그 통역사가 폴리네시아 어로 이스터 섬 주민들과 어느 정도 의사소통이 가능했기 때문이다.

근년의 인류학적 연구나 유전자 분석도 이스터 섬의 기원이 폴리네시아 인이라는 점을 증명하고 있다. 현재 남태평양을 전문으로 하는 인류학, 고고학, 민족학, 언어학 등의 연구자 사이에서 남아메리카 기원설을 믿는 사람은 거의 없다.

섬 주민의 뿌리는 약 4000년 전 뉴기니 섬 북동부의 애드미럴티 제도에 별안간 등장했으며 수준 높은 토기 문화를 가졌던 라피타 인에 있다. 놀랄 만한 항해술을 구사했던 그들은 작은 카누를 타고 북쪽으로 하와이 제도, 남쪽으로 뉴질랜드, 동쪽으로 이스터 섬으로 한

변의 길이가 6500킬로미터나 되는 거대한 삼각형을 만들며 태평양 전역으로 퍼져 나갔다. 그 면적은 지구 전체 표면적의 약 20퍼센트, 유라시아 대륙이 쏙 빠질 정도의 크기였다.[5] 폴리네시아 인들은 기원전 1200년경에는 통가, 사모아 제도의 섬들에 도달했고 마르키즈 제도를 거쳐 이스터 섬에 다다랐다고 한다.

헤위에르달의 직감대로 마르키즈 제도와 이스터 섬의 유사점은 많다. 마르키즈 제도의 어느 섬에는 "격심한 씨족 대립에서 빠져나온 일족이 섬 밖으로 도망쳤다."라는 구전 민담이 남아 있다. 마르키즈의 티키상(像)은 모아이의 원형이라 여겨진다. 초기의 모아이는 작은 규모였고 이스터 섬에 있는 정좌한 모아이는 티키상과 매우 닮았다.

전해지는 이야기에 따르면 이스터 섬에 최초로 도착한 사람은 호투 마투아(Hotu Matua) 수장이 거느린 일족이었다고 한다. 그 수는 아무리 많게 잡아도 200명 정도였을 것으로 추정된다. 그 후의 이주자는 없었으며 있어도 극히 소수였던 것으로 보인다.

섬에 온 시기에 대해 지금까지는 기원후 300~500년경으로 여겨졌으나 캘리포니아 대학교가 최근 실시한 방사성 탄소 분석 결과, 700~1100년경이라는 설이 유력해졌다.[6] 이 설을 따른다면 뒤에 서술할 섬 생태계의 파국은 상당히 짧은 시간에 일어난 일이 된다.

누가 모아이상을 만들었는가?

플렌리가 실시한 꽃가루 분석 등의 연구에 따르면 원래 이곳에는 야자를 포함해 30종가량의 식물이 풍성하게 우거져 있었다고 한다. 이 야자의 근연종이 칠레에 현존하는데 키가 20미터가 넘을 정도로 거대하고 목질이 단단해 모아이의 운반이나 카누의 제작에 최적이다. 남아 있는 뿌리나 꽃가루를 분석한 결과 야자수는 수천 그루에 달했던 것으로 추정된다.

당시 폴리네시아에서 기르던 가축은 닭과 돼지, 개, 폴리네시아 쥐뿐이고 주된 작물이라고 해 봐야 얌, 타로 토란, 빵나무, 바나나, 코코넛, 고구마 정도였다.

이스터 섬에 당도한 사람들은 이 가운데서도 가축은 닭과 쥐, 작물은 고구마와 바나나밖에 갖고 있지 않았다. 빵나무나 코코넛 같은 열대성 식물을 기르기에는 섬의 기후가 몹시 혹독했고 타로 토란이나 얌 역시 생육 한계에 가까웠다. 일찍이 바닷새 30종 이상의 거대한 집단 서식지가 존재했지만 상당히 이른 시기에 다 먹어 치웠던 듯하다. 마실 물도 한 곳의 화구호에서만 구할 수 있었다.

사실 고구마의 원산지는 라틴 아메리카로 기원전 2500년경부터 재배했다고 한다. 역사에 등장한 것은 콜럼버스(18장 참조)가 신대륙에서 스페인으로 가지고 가 유럽에 퍼뜨리면서부터다. 아시아 각지로 전파된 것은 16세기 이후의 일이다. 헤위에르달이나 그의 지지자들은 "시기적으로 봤을 때 아시아에서 전해졌을 리는 없고 섬 주민의 선조가 남아메리카에서 가져왔다."라고 생각했다. 이스터 섬 주민들의 남아메리카 기원설을 뒷받침하는 유력한 근거였다.

그러나 고고학적 자료들에 따르면 콜럼버스 이전인 7~10세기에 이미 폴리네시아에서는 고구마가 널리 재배되고 있었다. 실제로 쿡 제도의 망가이아 섬에서 발굴된 10세기경의 주거 유적에서는 탄화된 고구마가 발견되었다.

고구마는 잉카 제국의 공용어이자 현재도 널리 쓰이는 케추아 어로 쿠마루라 하며 폴리네시아에서는 쿠마라로 불려 양자 사이에 가까운 관계가 있음을 나타낸다. 폴리네시아 인이 남아메리카에서 마르키즈 제도나 소시에테 제도로 가지고 돌아왔고 그것이 북쪽으로는 하와이 제도, 동쪽으로는 이스터 섬, 그리고 뉴질랜드까지 전해졌으리라고 생각된다.

또한 2007년 남아메리카 칠레의 엘아레날 유적에서 약 50점의 닭뼈를 발견했는데 연대 측정을 해 본 결과 콜럼버스가 도달하기 이전인 1204~1424년의 것이라는 사실이 밝혀졌다. 이때까지만 해도 콜럼버스 이전의 아메리카 대륙에는 닭이 존재하지 않았던 것으로 알려져 있었다. 뼈의 DNA를 해석해 보니 통가와 미국령 사모아의 선사 폴리네시아 인 유적에서 나온 닭과 일치했다. 닭의 원종(原種)은 동남아시아산 적색야계이며, 폴리네시아에서 널리 기르고 있었다는 사실로부터 그들이 남아메리카 대륙에 전했다는 것을 확실히 알 수 있다.

최근 몇 년 동안 진행된 연구의 결과로 폴리네시아 인이 남아메리카를 오갔으며 다양한 교류와 교환이 일어났다는 설이 유력해지고 있다. 남아메리카의 태평양 해안에서는 폴리네시아풍의 석기가, 북아메리카의 연안부에서는 하와이에서 출토된 것과 흡사한 낚싯바늘이 발굴되고 있다. 칠레 앞바다의 모카 섬에서는 폴리네시아 인의 특징을 짙게 드러내는 하악골이 발견되었다.[7]

모아이는 자기 발로 걸어왔다

이스터 섬의 인구가 늘어나면서 다른 폴리네시아 지역과 마찬가지로 사회 조직이 확립되어 갔다. 사회의 기본 단위는 대가족이었고 가까운 혈연이 모여 씨족을 형성하고 제례의 핵이 되었다. 고구마가 주식인 단조로운 식사였으나 재배에는 수고가 들지 않았고 시간은 충분했다. 족장들은 얼마든지 제례에 시간을 쏟을 수 있었다. 그 결과 세계적으로 보아도 지극히 특이하고 복잡한 사회가 발달했다.

사람들은 아후라 불리는 돌로 된 제단과 모아이를 건축하는 데 전력을 다했다. 아후는 매장이나 선조 숭배 따위를 위해 사용되었던 것으로 섬 각지에서 313곳의 아후가 발견되었다. 아후는 바다를 등지고 집락을 지킬 수 있도록 배치되었다.

그 가운데 125곳의 아후에는 1~15개의 거대한 모아이가 세워져 있다. 산재해 있는 모아이는 확인된 것만 887개나 된다. 모아이는 라노라라쿠의 채석장에서 채석한 부드러운 응회암을 흑요석제의 돌끌로 깎아 만들었으며 일부의 상에는 별도의 장소에서 잘라 내 온 적색 돌의 머리 장식이 얹히기도 했다. 이것이 2~10톤이나 된다.

모아이는 보통 20톤 전후의 것이 많지만 제일 큰 파로(Paro)라 불리는 모아이는 높이 9.8미터, 무게는 82톤이나 된다. 아프리카 코끼리 10마리분의 무게인 모아이를 몇 킬로미터, 때로는 20킬로미터나 되는 기복이 심한 산길에서 대체 무슨 수로 옮겼을까?

학자들은 채석장에서 아후까지 이르는 길 전면에 통나무를 깐 나무길(코로) 위로 모아이를 미끄러트리면서 운반하거나 나무의 안을 도려내 만든 카누형 사다리에 모아이를 올린 뒤 질질 끌어 옮겼다고 추론해 왔다. 그러나 직접 실험을 해 보면 이러한 방법을 써서 거대 모아이를 사람의 힘으로 운반하는 것은 어려우며 석상이 훼손되기까지 했다.

　당기는 작업에 필요한 튼튼한 밧줄을 만들 재료는 이 섬에서 찾아볼 수 없었다. 심지어 현존하는 모아이에는 거의 상처가 없다. 전설에 따르면 "모아이는 자기 발로 걸어왔다."라고 하며, 잘은 몰라도 어쨌든 완성 시 세워진 상태로 운반했다고 주장하는 연구자도 있다.

　모아이가 어떻게 직립했는지 역시 수수께끼였다. 헤위에르달 일행은 섬 주민들의 전승을 따라서 옮겨 온 모아이 옆에 구멍을 파 석상을 떨어트린 뒤, 밧줄로 당겨 구멍의 가장자리에 자그마한 틈을 만들고 그 사이에 돌멩이를 채워 나가며 조금씩 직립시키는 실험에 성공했다.

　모아이는 1100년경부터 활발히 제작되었고 차츰 그 크기가 커졌다. 씨족끼리 석상의 크기를 두고 경쟁했다고 한다. 1400~1600년경에는 최전성기를 맞았다. 그러나 모아이를 만드는 데는 막대한 노동력과 그들을 부양할 식량, 그리고 목재가 필요했다. 작은 섬의 한정된 자원을 소모해 갈 수밖에 없었다.

　제사 때에는 나무판 위에 상형 문자인 롱고롱고로 쓴 말을 읊었다. 롱고롱고는 폴리네시아 유일의 문자이다. 우경식 서법이라 불리는 특이한 독음법을 취한다. 소로 밭을 갈듯이 좌측 하단을 문장의 첫머리로 하고 가장 마지막 행부터 왼쪽에서 오른쪽으로 먼저 읽고 판을 180도 회전시킨 다음 다시 왼쪽에서 오른쪽을 향해 읽는다. 이 때문에 인더스 문자와의 유사성이 지적된 적도 있다.

　예전에는 다수 존재했던 듯하지만 현존하는 롱고롱고 문서는 28매뿐이다. 그 원인은 선교사들이 악마의 문자라며 처분했다거나 목재

부족으로 널빤지가 궁했기 때문이라고 알려져 있다. 많은 언어학자들이 도전했지만 아직 해독은 되지 않았다. 유럽 인과 접촉하고 난 뒤에 쓰인 것으로 보이는데 섬 주민들이 문자의 존재를 알고 그것을 흉내 내 자기들의 문자를 만들어 냈다는 설이 유력하다.

사람들이 서로 잡아먹다

이야기를 다시 헤위에르달의 탐험으로 돌려 보자. 고고학자들이 섬 주민들이 비상시 숨어 살았다는 동굴을 발굴한 결과, 대량의 물고기 뼈와 조개껍데기, 새와 쥐의 뼈, 거북이 등껍질뿐만 아니라 조리된 인간의 뼛조각과 사람 뼈로 만든 낚싯바늘도 수없이 나왔다. 낭떠러지에 있는 아나카이탕가타의 동굴에서는 둔기로 으깨진 사람의 뼈가 발견되었다.

커다란 동물이 없었음에도 흑요석으로 만든 대형 도끼나 예리한 날붙이도 대량으로 발견되었다. 이것은 어떻게 보아도 무기이며 따라서 인육을 먹는 습관이 있었다는 추론을 해 볼 수밖에 없다. 섬 주민들 사이에도 "물고기나 새를 먹는 것보다 인간을 먹는 게 낫다."라는 말이 구전되고 있었다.

주민들의 전승을 추적하던 헤위에르달 팀은 다음과 같은 사실을 알게 되었다. 과거 장이족과 단이족이라는 두 씨족이 이스터 섬에 살았다. 장이족 사람들은 귓불에 구멍을 뚫고 무거운 귀걸이를 늘어뜨려 귓불이 어깨까지 내려올 정도로 길었다고 한다. 그 특징은 모아이에도 드러나 있다. 정력적인 부족이었던 장이족 사람들은 단이족을 노예처럼 부려 모아이나 아후를 만들었다. 늘 중노동에 시달리던 단이족이 결국은 반란을 일으켰고 양자 사이에 전투가 벌어졌다.

장이족은 한 사람을 빼고 모두 살해당했다. 이 전투를 계기로 모아이를 만드는 일은 중지되었고 단이족은 장이족에 대한 원한으로 모아이를 몽땅 쓰러트렸다. 그 후에도 섬 안에서 싸움이나 식인이 계속되었다.

폴리네시아 사회에서 식인 관습은 상당히 보편적이었다. 18~19세기에는 유럽에서 온 선교사들이 현지인에게 살해당해 그들의 식사가 되는 사건이 잇달았다. 선교사들이 본국에 보낸 보고서에는 "백인의 고기는 삶든지 굽든지 폴리네시아 인의 그것보다 맛이 없다."라는 섬 주민들로부터 들은 이야기가 적혀 있기도 했다.

타히티에 살았던 화가 고갱은 『노아 노아(*Noa Noa*)』[8]에서 마오리 족(폴리네시아 인)처럼 번식력이 왕성한 종족은 좁은 섬에서 인구 폭발이 일어나면 순식간에 식량 위기에 빠져든다고 서술한 앞 단락에 이어 이렇게 말했다.

아마 과도한 인구 증가에 따른 기아야말로 인육식의 원인일 것이다. 이러한 인구 문제에서 다양한 형태를 기원으로 한 인육식이라는 해답이 나타나지 않은 적은 한 번도 없었다고 감히 말할 수 있으리라. 문자 그대로의 의미 또는 상징적인 의미로 이 땅 어디서든지 막장 끝까지 내몰린 인간들은 언제나 서로를 잡아먹었다.

바누아투의 에로망고 섬에는 19세기까지 먹을 목적의 가축으로 인간을 사육했다는 기록이 남아 있다. 섬에 자생하는 향나무과의 백단을 사들이기 위해 그곳에 간 유럽의 상인이 다른 섬에서 납치한 인간을 대금으로 지불했다는 증언도 남아 있다.

유럽 인의 식민지화에 따라 폴리네시아의 식인 관습은 금지되었다. 마르키즈의 히바오아 섬은 육지에서 멀리 떨어져 있었기에 종주국인 프랑스의 식인 금지령을 면했고, 때문에 19세기 말까지 그 풍습이 남아 있었다고 한다.

쇠퇴의 길에 접어들다

로헤벤이 상륙했을 당시의 기록에는 쓰러진 모아이에 대한 언급은 전혀 없기에 그때까지만 해도 파괴는 일어나지 않았던 것으로 보인다. 그는 모아이가 하나의 돌로 만들어져 있다는 사실, 나무나 밧줄이 없음에도 이렇게 무거운 것을 지면에 세웠다는 사실에 깜짝 놀랐다. "밭의 각 구획은 잘 경작되어 있었고, 집의 크기는 지붕으로 보았을 때 길이 15미터, 폭이 3미터나 되었다."라는 언급을 보건대 그는 섬의 풍요로움에 감명을 받기도 했다.

그러나 그로부터 52년 후 쿡이 방문했을 때에는 모아이 몇 개가 바닥으로 끌려 넘어져 있었다. 사람들은 빈곤했고 물도 땔감도 보급되지 않았다. 몇 마리의 닭과 얼마 안 되는 바나나가 손에 넣을 수 있는 식량의 전부였다. 쿡의 기록에 따르면 섬 주민들은 "몸집이 작고 말랐으며, 꾀죄죄한 모습으로 벌벌 떨고" 있었다. 이 18세기 중반, 일거에 파국이 왔을 가능성이 높다.[9] 1825년에 영국 배가 도착했을 때에는 서 있는 모아이가 하나도 없었다.

섬의 당시 모습을 상상해 보자. 전해지는 말로 추정하면 200명 정도 되는 최초의 이주자들이 18세기 초에는 7000명에서 1만 명까지 늘었던 것으로 보인다. 작은 섬에서 인구 대폭발이 일어난 것이다. 인구가 늘어남에 따라 씨족 간의 긴장이 상승했고, 종교 의식에 점점 광적으로 몰두하게 되었다.

씨족 사이에서 우위를 과시하기 위한 모아이 건립 경쟁이 격화되었고 동시에 무거운 모아이를 섬의 이곳저곳에 운반할 때 필요한 방대한 양의 목재가 벌채되었다. 거기다 인구가 증가함에 따라 개간이나 연료, 오두막 혹은 카누를 만들기 위한 나무도 베어 냈다. 꽃가루 분석에 따르면 얼마 안 있어 섬 전체에서 삼림 파괴가 일어났고 1700년경에는 대부분의 나무가 사라졌다고 한다.

섬을 방문한 많은 사람들을 놀라게 했던 달나라 같은 섬의 경관은 이 시대에 완성된 것으로 보인다. 삼림이 망가지자 심각한 환경 악화가 초래되었고 동시에 일상생활 전반에서 극적인 변화가 일어났다.

우선 모아이와 카누를 만들지 않게 되었다. 또 나무껍질에서 섬유를 취해 어망이나 옷, 밧줄을 만들었던 꾸지나무가 사라지는 바람에 고기잡이도 불가능해졌다. 섬을 방문한 어떤 사람들은 현지인들이 인간의 머리털로 짠 아랫도리를 걸치고 있는 모습을 목격하기도 했다.

목재 부족은 오두막을 만들 자재가 사라졌다는 것을 의미했고 사람들은 어쩔 수 없이 동굴에서 생활하게 되었다. 워낙에도 작물에 양분을 공급하는 가축 똥이 부족해서 척박했던 섬의 토양에 식생 파괴는 더욱 심각한 타격을 입혔다. 벌거벗은 땅이 증가하며 토양이 유실되었고 고구마의 수확량이 저하되었다. 바람이나 파도에 잘 버티는 천연 방풍림이었던 야자가 사라지면서 작물이 입는 염해도 확대되었을 것이다.

동굴에서 발견된 야자열매의 99퍼센트에는 쥐에 갉아 먹힌 흔적이 남아 있다. 사람들이 들여온 쥐가 대량 번식해 야자의 열매나 식량을 훔쳐 먹어 식량 부족에 박차를 가한 것으로 보인다. 이 1700년경은 소빙기(15장 참조)의 정점이었고 세계적으로 저온 현상이 일어나 해수의 온도도 낮았다. 농업 수확량과 어획량이 떨어져 기근이나 사회 불안이 확대되었고 이것이 분쟁을 더욱 격화시키지 않았을까.

쓰러진 모아이

환경이 파괴된 섬은 더 이상 인구를 지탱하지 못했고 따라서 섬 주민은 1400~1600년대의 절정기와 비교해 1700년대에는 50~70퍼센트나 줄었다. 이스터 섬의 사회는 쇠퇴를 거듭했고 미개 상태로 되돌아갔다. 고갈되어 가는 한 줌의 자원을 둘러싼 싸움은 날이 갈수록 격해졌고 전승이 말해 주듯 거의 상시적인 전란 상태가 되었다.

고갈되는 자원을 둘러싼 싸움이자 식용 인육을 얻기 위한 싸움이었다. 그들은 전쟁 과정에서 적대하는 씨족을 멸시하기 위해 서로의 모아이나 아후를 파괴했다. 완전히 부수어 버리기에는 너무나 거대했기에 하나도 남기지 않고 전부 그 장소에서 끌어내 쓰러트렸다.

라노라라쿠의 채석장 주변의 150개에 이르는 미완성의 모아이가 그 문화의 갑작스러운 붕괴를 웅변해 주고 있다. 구멍이 뚫린 채 제작이 멈춘 거대한 암반 덩어리, 혹은 조각된 뒤 세워져 마무리 가공을 기다리던 모아이가 눈 없는 멍한 얼굴로 허공을 응시하고 있다. (그림 17-3) 이 광경을 보고 "작업 도중 점심을 먹으러 자리를 비운 장인이 그대로 돌아오지 않았던 모양이다."라고 형용한 사람도 있다.

제러드 다이아몬드(Jared Diamond, 1937년~)는 『문명의 붕괴: 과거의 위대했던 문명은 왜 몰락했는가?(*Collapse: How Societies Choose to Fail or Succeed*)』[10]에서 이스터 섬이 붕괴한 이유를 분석한다. 그러한 그도 "지금까지 방문했던 장소 가운데, 라노라라쿠 채석장만큼 내게 을씨년스러운 느낌을 안겨 준 곳은 거의 없었다."라고 고백했다. 그만큼 씨족 간의 싸움이 위급했던 것이리라.

19세기에 이곳에 당도했던 선교사들은 현재의 이슬람 근본주의자들처럼 배타적이었다. 기독교 말고는 모두 사교라며 그들의 문화나 역사를 철저히 파괴했다. 그 후 인구는 더욱 줄어들었고 주민들의 빈곤은 심해졌다. 여기에 노예 사냥이 더해졌다. 1862~1863년에 온 페루의 배는 남아 있던 주민의 절반에 해당하는 약 1500명을 납치해 구아노(바닷새의 배설물. 비료로 쓰인다. — 옮긴이)를 채굴하는 페루의 업자 등에게 팔아넘겼다. 게다가 포경선 선원 등으로부터 전파된 천연두와 결핵이 태평양 전체로 퍼져 이스터 섬에도 들어온다. (13장 참조) 무균 상태였던 섬 주민들에게 저항력이라고는 전혀 없었고, 1872년 인구는 111명까지 격감했다.

그림 17-3. 제작 도중에 방치된 모아이상

그림 17-4. 복원된 모아이 석상 앞에는, 쓰러져 그대로 누워 있는 모아이가 있다.

20세기 초반에는 망자의 섬이라 불리게 되었다.

이스터 섬은 최종적으로 1888년 칠레 정부에 병합되어 현재에 이른다. 현재 섬의 인구 약 4000명 중 70퍼센트는 본래 섬 주민의 자손들이고 나머지가 칠레 본토에서 건너온 사람들이다. 이들 대부분은 관광에 의존해 생활하고 있다. 일본 기업 등 외부의 지원으로 50개 정도의 모아이가 크레인으로 다시 세워져 관광업 발전에 공헌하고 있다. (그림 17-4)

이렇게 점차 비극적인 결말로 치달은 것은 이스터 섬뿐만이 아니었다. 이스터 섬은 특이한 문화와 유럽 인들이 섬을 찾은 시기까지 섬 주민들이 살아 있었다는 사실 때문에 우연히 유명해졌지만 남태평양 각지에서는 이외에도 누군가 거주한 자취가 남아 있는 무인도가 10여 곳 발견된다. 고고학자들은 미스터리 아일랜드라고 부른다.

가령 이스터 섬에서 가장 가까운 유인도인 핏케언 섬에는 중앙부에 계단식 밭의 흔적이 나타난다. 18세기에 영국인 선원이 반란을 일으키고 도망쳐 오기 전인 15세기경까지 폴리네시아 인이 살고 있었다. 뉴칼레도니아 섬 동해안 앞바다에 있는 무인도인 월폴 섬에서도 기원전 8세기~기원후 1세기경의 석기가 수없이 발굴되어 과거에 원주민이 있었다는 사실을 증명한다. 이들 대부분의 섬들은 이스터 섬과 마찬가지로 자원을 탕진한 끝에 무인도가 된 것이리라.

인류에게 경고하는 섬

헤위에르달은 식인 사실을 발견하면서 이 섬의 비참한 역사에 대해 어느 정도 눈치를 채고 있었던 것 같다. 그러나 최근의 과학적 조사가 들춰낸 진실은 생각보다 충격적이다. 그것은 인간이 겹겹이 쌓아 올린 모든 행위가 환경을 파탄 내고 독특한 하나의 사회를 결국 파멸로 몰아간 모습이었다.

이스터 섬이 처했던 운명은 어쩌면 우리들의 운명일지도 모른다. 이 과정은 1970년 로마 클럽(1968년 서유럽 정계·재계·학계의 지도급 인사들이 로마에서 결성한 미래 연구 기관 — 옮긴이)이 『성장의 한계(*The Limits to Growth*)』에서 기술했던 지구의 위기라는 경고와도 겹친다. 인구 증가로 천연 자원이 소모되고 오염은 그만큼 중대해서 인류가 멸망해 간다는 주장이다. 이스터 섬이 처했던 운명을 세계에 널리 소개한 역사가 클라이브 폰팅(Clive Ponting)은 『녹색 세계사(*A Green History of the World*)』[1]에서 이렇게 경고했다.

이스터 섬과 마찬가지로 지구에는 인간 사회와 그 요구를 충족시킬 수 있는 자원이 제한되어 있다. 섬의 주민들처럼 인류 역시 지구를 떠나서는 살

수 없다.

폴리네시아 연구자인 국립 민족학 박물관의 인토 미치코(印東道子)는 "이스터 섬의 별난 문화 가운데에는 문화의 폭주라고 설명할 수밖에 없는 현상이 적지 않다."라고 지적한다.[12] 우리의 현재 세계를 돌아볼 때 폭주를 넘어 전복 직전까지 와 있다고 느끼는 것이 아마 나뿐만은 아닐 것이다. 이스터 섬은 이제 수수께끼의 섬에서 인류에 경고하는 섬으로 그 존재 위치가 바뀌는 것 아닐까?

지금 세계 각지에서는 인구 급증에 따른 환경 압력이 수용량을 뛰어넘은 결과, 농업 생산이 하락해 정치나 경제를 혼란에 빠뜨리고 나아가 국가의 붕괴까지 초래하는 현상이 확대되고 있다. 특히 섬나라나 내륙의 소국, 산악국 등 천연자원이 한정되어 있고 생태계가 취약한 지역에서 인구 폭발이 일어나면 환경 악화는 단시간에 파국적인 상태로 발전한다.

부족 간의 항쟁으로 수많은 사람이 살상된 아프리카의 내륙국 르완다나 부룬디, 기아와 재해로 붕괴 상태인 카리브 해의 아이티(18장 참조), 좁은 땅에 내몰린 사람들이 빈곤과 환경 파괴로 막다른 골목에 이르러 무장봉기한 멕시코의 원주민 마야 족까지, 모두 인구 폭발이 파멸의 방아쇠를 당긴 사례들이다.

인구 급증과 환경 악화 때문에 국내 혹은 이웃 나라에서 긴장을 일으키고 있는 나라는 이 밖에도 몇 곳이나 꼽아볼 수 있다. 에티오피아, 케냐, 소말리아, 말리, 니제르, 니카라과, 엘살바도르, 볼리비아, 방글라데시, 필리핀 ……, 목록은 해마다 길어지기만 한다.

콜럼버스가 발견한 것

크리스토발 콜론(크리스토퍼 콜럼버스), 『콜럼버스 항해록』[1]

유럽 인으로서 최초로 카리브 해를 탐험하고 또 그 일대를 식민지로 만든 콜럼버스는 대항해 시대의 서막을 올렸으며 유럽이 세계를 지배하는 시대를 열었다. 그 이면에서는 식민지의 수많은 사람들이 빈곤과 고통의 생활을 보내야 했고 자연은 크게 훼손되었다.

『콜럼버스 항해록』줄거리

1492년 8월 3일 콜럼버스가 탄 기함 산타 마리아호와 핀타호, 니냐호의 세 척으로 된 선단에 120명이 승선해 스페인의 팔로스 항을 떠났다. 목적은 지구를 서쪽으로 돌아 인도 항로를 발견하는 것이었다.

콜럼버스는 인도까지의 거리를 4500킬로미터라 예상했지만, 결국 2만 킬로미터 이상의 여정이 되고 말았다. 예상 외의 긴 항해로 식량은 썩어들어 갔고 육지를 볼 수 없게 된 승조원들의 초조감은 극심해졌다. 콜럼버스는 성공 시의 보수를 올리고 실제보다 항해 일수를 적게 기록하는 등 온갖 수단을 동원해 어떻게든 불만을 잠재우려 했다.

그러나 10월 6일 선단은 반란 일보 직전의 상태에 놓였고 "이제부터 3일 안에 육지를 발견하지 못하면 돌아가겠다."라며 콜럼버스를 몰아세웠다. 운 좋게도 그로부터 6일 후에 핀타호의 하급 선원이 바하마 제도 동쪽 끝에서 섬을 발견했다. 섬 주민들이 과나하니라 부르는 섬이었다.

『콜럼버스 항해록(*Journal of Christopher Columbus*)』에는 당시 카리브 해의 자연이 생생하게 묘사되어 있다. 이 섬의 첫인상은 이랬다.

이 섬은 매우 크고 …… 나무들도 짙푸르고 물도 풍부하다. 산은 없고 섬 한가운데는 커다란 호수가 자리 잡고 있다. 섬이 온통 초록색으로 둘러싸여 있어서 보기만 해도 즐겁다.

또한 가까운 산타마리아 섬에서는 바다의 아름다움에 경탄한다.

여기서는 물고기도 우리나라와는 매우 다른 것들이 보이며 …… 1000가지쯤 되는 색으로 칠한 듯한 물고기도 있다. 누구나 그 빛깔에 경탄하며 누구나 거기에 마음을 위로 받는다.

다음 정박지는 원주민들이 콜바라고 불렀던 현재의 쿠바였다. 콜럼버스는 처음에는 이곳이 지팡구(일본)의 일부라고 생각했던 듯하다. 12월 6일에는 히스파니올라 섬(지금의 아이티와 도미니카)에 도착한다.

아주 아름다운 해변이 펼쳐져 있고, 광활한 삼림 지대에는 다양한 나무들이 늘어서 있었다. 모든 나무에 열매가 가득 달려 있었다.

그는 섬의 아름다움에 대해 이렇게 풀어 놓았다.

항구에 적합한 만과 비옥한 토지도 있었기에 그는 신세계에서 스페인 최초의 식민지를 건설하기로 마음을 굳힌 뒤 39명의 부하를 남겨 놓고 귀로에 오른다.

1493년 1월 16일에 출항해 3월 15일에 팔로스 항에 귀환한다. 바르셀로나의 궁정에서 성대한 환영식이 개최되었다. 콜럼버스는 가져온 금을 이사벨 여왕에게 헌상했고 데려온 6명의 원주민에게 찬미가를 부르게 했다.

바다 너머에서 일확천금을 꿈꾸다

이 책은 콜럼버스의 첫 번째 항해에 대한 기록이다. 1492년에 스페인을 출항해 이듬해 귀항할 때까지 224일간의 상세한 항해 일지를, 원주민을 옹호하는 데 힘을 다했던 스페인의 바르톨로메 데 라스카사스 신부(Bartolomé de Las Casas, 1474~1566년)가 발췌, 요약한 것이다. 콜럼버스의 항해 기록으로는 유일하게 현존하는 것이다.

크리스토발 콜론(Cristóbal Colón, 1451?~1506년)은 북부 이탈리아 제노바에서 양모 직조공이었던 부모 밑에서 태어났다. 항해자이자 탐험가였고 상인이었다. 영어 표기로는 크리스토퍼 콜럼버스, 출신지인 이탈리아에서는 크리스토포로 콜롬보, 몸을 담았던 스페인에서는 크리스토발 콜론이라 불린다.

출생지나 경력에 대해서는 밝혀지지 않은 점이 많다. 당시의 제노바는 지중해에 면한 도시 국가로 번성했는데 이곳을 중심으로 교역했던 갤리선은 지중해에서 멀리 떨어져 있는 플랑드르나 영국까지 진출한 상태였다. 많은 젊은이가 범선의 승조원을 꿈꾸었으며 콜럼버스도 10대부터 삼각돛의 범선에 올라타 각지를 항해했다. 국왕이 공인한 해적인 사략선(私掠船)의 항해사였고 이슬람의 배를 약탈한 적이 있었음을 암시하는 서간도 남아 있다.

그는 지구 구체설(球體說)을 주장했던 이탈리아의 지리학자 파올로 달 포초 토스카넬리(Paolo dal Pozzo Toscanelli, 1397~1482년)의 영향을 받은 것과 동시에, 아라비아의 지리서나 마르코 폴로(Marco Polo, 1254~1324년)의 저작을 보고 대서양에서 서쪽을 향해 가면 인도에 도착할 수 있다고 생각하게 되었다.[2] 1477년에 선원으로 아이슬란드에 다녀갔을 때 일찍이 북아메리카 대륙과 왕래하고 있던 바이킹의 이야기를 듣고 대서양 저편에 육지가 있다는 사실을 알고 있었다는 이야기도 전해진다.

당시에는 많은 탐험가나 항해사들이 일본이나 중국, 인도 같은 곳에서 금은보화, 향료, 사치품을 가져오는 일확천금의 꿈을 좇고 있었다. 지구가 둥글다는 사실은 알려져 있었지만 대서양을 가로지르는 서쪽 회전으로 아시아를 목표로 하는 이는 없었다.

당시의 유럽 정세

15~16세기의 유럽 세계는 동쪽이나 남쪽 육상에는 중국과 이슬람이라는 막강한 세력이 앞을 가로막고 있었으나, 대서양이나 인도양으로는 진출할 수 있었다. 유럽에서 최초로 대서양의 동부 해역을 탐험한

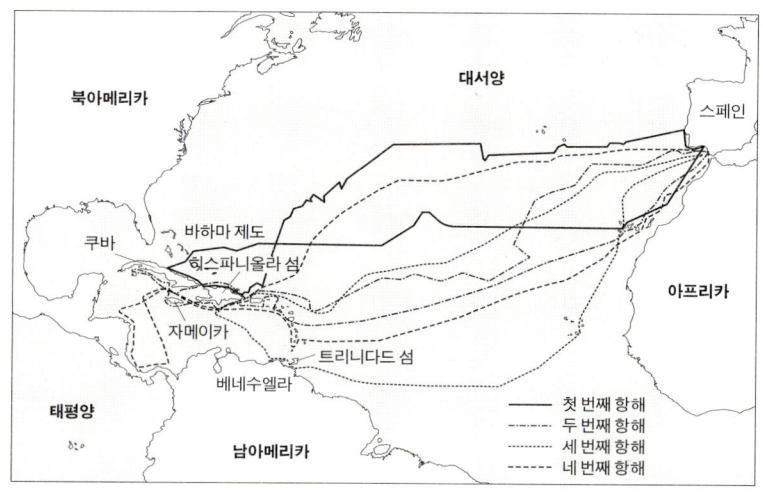

그림 18-1. 네 번에 이르는 콜럼버스의 항해도

나라는 포르투갈이었다. 아프리카 서해안을 따라 남하해 인도양에 이르는 무역 루트를 확립했다. 1491년에는 서아프리카의 베냉에 대규모 요새를 건설했고 "아프리카 서해안에 접근하는 외국선은 격침하겠다."라며 다른 나라를 견제했다.

거기다 포르투갈의 항해자 바스코 다가마가 1498년에 유럽에서 아프리카를 우회해 인도에 이르는 신항로를 개척하면서 포르투갈의 해양 패권은 더욱 확고해졌다.

한편 스페인은 718년 이래 이슬람 점령 하에 놓여 있던 그라나다를 1492년에 함락시켜 국토를 되찾은 참이었다. 스페인은 이 레콩키스타(국토 회복 운동)에 얽매여 인도 항로에서 포르투갈에 뒤처졌다. 대(對)이슬람 전쟁에서 막대한 전비를 쓴 스페인의 이사벨 여왕은 "단시간 내에 신항로를 따라 아시아로 가서 재물과 보화, 향료를 가져오겠다."라는 콜럼버스의 호언장담에 응하게 되었다.

식민지 시대의 막을 열다

그의 첫 번째 항해(1492년 8월 3일~1493년 3월 15일)인 영광의 신대륙 도달은 자주 거론되지만, 그 다음 세 번의 항해(그림 18-1)에 대해서는 별로 알려져 있지 않다. 그 세 번은 첫 번째와는 정반대로 승조원들의 반란과 체포, 허리케인, 표류, 고립된 섬에서의 생활, 병, 원주민과의 전쟁 등 처참한 일화뿐인 항해였다. 특히 마지막 항해에서 콜럼버스가 스페인으로 돌아올 수 있었던 것은 기적이라고 말할 수밖에 없을 정도였다.

첫 번째 항해에서 귀국한 지 겨우 반년 만에 콜럼버스는 두 번째 항해(1493년 9월 25일~1496년 6월 11일)에 나섰다. 이번에는 17척의 배에 성직자, 농민, 광부 등 다양한 직업의 식민지 개척민, 총 약 1200명이 동행한 대선단이었다. 황금과 향신료를 갈망하며 배에 올라타기를 희망한 지원자들이 그만큼 많았던 것이다. 이 항해 중에도 도미니카, 안티과 등 많은 섬들을 '발견'했다.

그런데 히스파니올라 섬에 돌아와 보니 입식지(入植地)는 파괴되어 있었으며, 첫 번째 항해 당시 두고 간 부하들은 전원이 원주민에게 살해당한 후였다. 섬에 남았던 이들은 거역하는 원주민들을 살육했다. 큰 개를 동반하고 말에 올라탄 정복자들은 원주민들을 내키는 대로 쳐부수었고 여성을 강간하고 아이들까지 살해했다. (그림 18-2) 이에 견딜 수 없었던 원주민들이 반란을 일으켰던 것이다.[3]

콜럼버스는 이 입식지를 버리고 내륙으로 130킬로미터 더 들어간

곳에 있는 라이사벨에 새로운 거점을 만들었다. 그런데 이 주변은 소택지로 전염병이 만연했고 순식간에 식량 부족에도 빠져들었다. 원주민과도 싸우지 않을 수 없었다.

이들은 산토도밍고(현 도미니카 공화국 수도)에 총독부를 설립하고 콜럼버스가 총독을

그림 18-2. 원주민들은 스페인에서 온 개척민들에게 학살되고 그들이 들여온 전염병 때문에 다수가 죽었다.

맡았다. 원주민 2000명을 노예로 삼았고 그 가운데 여성들은 부하들의 하사품으로 쓰기도 했다. 일부는 데리고 돌아가 본국에서 농장의 노예로 팔았다.

콜럼버스는 반항하는 원주민을 광장으로 끌어내 코나 귀를 베어버리는 등 잔인하게 통치했다. 절망한 원주민들은 집단 자살했고 때로는 100명 이상이 스스로 목매달아 죽은 것을 봤다는 목격담도 남아 있다.[4] 이러한 통치와 열악한 환경에서의 생활, 만성화된 원주민들의 공격이 겹치면서 개척민들의 불만도 높아졌고 콜럼버스를 비난하는 내용의 편지를 이사벨 여왕에게 써 보내는 이들도 나타났다.

그로부터 약 2년 후, 콜럼버스는 여섯 척의 배로 세 번째의 항해(1498년 5월 30일~1500년 10월 31일)에 나선다. 이번에는 남쪽으로 내려가는 항로를 선택해 트리니다드 섬에 기항했다가 현재의 베네수엘라 오리노코 강 하구에 가까운 파리아 만에 상륙했다. 그는 여기가 남아메리카 대륙의 일부라고는 생각하지 못했다.

그러나 『구약 성서』의 에덴동산을 찾아 헤매던 콜럼버스는 이 파리아 만 일대야말로 지상 낙원이라고 굳게 믿었고 국왕에게 편지를 써 이를 상세하게 보고했다. 에덴동산은 예로부터 많은 이들이 찾기를 갈망해 온 곳이었다. 그곳으로 꼽힌 장소만 해도 중동, 북아프리카, 중국 등 다양했다. 콜럼버스도 카리브의 아름다운 섬들을 보고는 그 울창한 녹음과 흐르는 강, 흔치 않은 과실이 넘쳐 나는 모습이 성서에 쓰인 그대로라고 생각한 것이리라.

마지막 항해

그곳에서 북상해 산토도밍고에 도착하자 약 2년 6개월의 부재 동안 히스파니올라 섬의 식민지는 상황이 한층 더 험악해져 있었다. 금이나 보물은 기대한 만큼 발견하지 못했고 식량은 만성적으로 부족했으며 반란이나 내분은 끊이지 않았다. 급료를 지급하지 않거나 반항하는 부하를 사형시키는 등 콜럼버스의 잔혹한 행위는 여왕에게도 보고되었고 본국에서는 사찰관을 파견했다. 콜럼버스는 체포되어 쇠사슬에 묶인 채 본국으로 강제 송환되었다.

귀국한 콜럼버스는 해명 끝에 그럭저럭 죄를 면했다. 그러나 총독이라는 칭호는 박탈당했고 히스파니올라 섬의 질서 회복과 본격적인 식민지화는 왕실의 손으로 진행되기에 이르렀다.

그럼에도 콜럼버스는 굴하지 않았고 네 번째 항해(1502년 5월 9일~1504년 11월 7일)를 계획했다. 여왕으로부터 받은 원조는 작은 노후선 네 척과 초보 승조원 140명뿐이었다. 통풍에 따른 관절염으로 괴로워하던 51세의 콜럼버스에게는 명예 회복을 건 마지막 기회였다.

그러나 여왕은 히스파니올라 섬에 기항하지 말라는 명령을 내렸다. 대서양을 항해하는 데 익숙했던 콜럼버스는 북동 무역풍을 타고 겨우 21일 만에 카리브 해에 닻을 내렸다.

여기에서 그는 거대한 허리케인을 만나 가까스로 난파를 면하고 온두라스와 코스타리카, 파나마 일대를 탐험하게 된다. 그 사이에 두 척의 배를 잃고, 결국에는 벌레가 파먹어 구멍투성이가 된 두 척의 배만으로 1503년 4월 귀로에 오른다. 그러나 또다시 허리케인이 찾아왔고, 겨우 목숨을 부지한 그가 가까스로 자메이카에 다다랐을 때 배는 좌초된 상태였다.

180킬로미터 떨어진 히스파니올라 섬에 카누를 보내 구원을 요청했으나 새 총독은 모든 지원을 거절한다. 콜럼버스는 1년 가까이 섬에서 표류 생활을 한 끝에야 도착한 구조선을 타고 스페인으로 귀환할 수 있었다. 구사일생으로 스페인에 돌아오기는 했지만 그를 비호해 주었던 이사벨 여왕은 귀국 직전에 사망했고 스페인 왕실은 더욱 냉담해져 있었다.

나머지 인생은 병과의 싸움, 그리고 신세계 발견에 대한 자신의 권익을 되찾기 위한 싸움이었지만 성공하지 못했다. 1506년 5월 20일 스페인 북부 바야돌리드에서 심장 발작으로 55년의 생애를 마쳤다. 그는 죽을 때까지 자신이 아시아를 탐험했다고 믿고 있었다.

그의 유골은 세비야의 수도원에 묻혔지만, 1542년에 산토도밍고의 대성당으로 옮겨졌다. 그 후의 역사적 사건들로 보면 1795년에 히스파니올라 섬이 프랑스에 점령당했을 때 쿠바로 옮겨졌고, 1898년 미국·스페인 전쟁으로 쿠바가 독립하자 다시 세비야로 돌아왔다.

그러나 스페인과 도미니카 두 곳에 그의 묘가 있으며 양쪽 모두 자기 나라의 묘가 진짜라고 주장하며 100년 이상을 대립해 왔다. 2003년 스페인에 매장되어 있던 유골의 DNA를 감정했는데 콜럼버스 동생의 그것과 일치한다는 결과가 나와 결국 스페인 측이 승리 판정을 받았다.

신대륙은 누가 발견했나

콜럼버스는 오랫동안 신대륙을 발견한 영웅으로 불렸다. 그러나 아메리카 대륙에는 몽골로이드 계통의 원주민이 1만 년 이상 전부터 거주했으며 독자적인 문명을 쌓아 왔다. 카리브 해에도 약 5000년 전부터 사람이 정주해 왔다. 발견이라는 말 자체가 유럽 중심의 독선이라는 비판을 받게 되었다.

또한 유럽 인에 의한 최초의 신대륙 도달도 아니었다. 10세기 말 세계적인 온난기에 아이슬란드의 바이킹 '붉은 머리 에리크'가 그린란드에 식민지를 개척했다. 그의 아들인 레이프 에이릭손은 그곳에서 출발해 북대서양 루트로 나아가 서기 1000년경 빈란드(Vinland)에 상륙했다.

그곳은 현재의 캐나다 동해안의 뉴펀들랜드 섬이었으며 이것이 유럽 인 최초의 신대륙 도달이라고 볼 수 있다. 이 항해는 원래 아이슬란드 전승인 「사가」에 남아 있는 이야기였으나 그린란드와 캐나다에서 모두 바이킹의 정착을 증명하는 유적이 발굴되어 이제는 역사적 사실로 인정받고 있다. 이 식민지는 기후의 한랭화와 함께 15세기에 전멸했다.[5]

콜럼버스에 대한 평가를 정확히 하자면 '중부 대서양 항로를 발견한 사람'으로 축소시켜야 한다. 하지만 상호 교류가 전혀 없었던 유라시아와 신대륙을 연결하는 항로를 발견하고 세계의 일체화를 촉진한 공적은 인정해야만 한다.

콜럼버스의 교환

콜럼버스는 신대륙에서 다양한 것들을 갖고 돌아왔다. 역으로 구대륙에서도 많은 것들이 신대륙으로 옮겨 갔다. 작물, 먹을 것, 동식물, 노예, 그리고 병까지 포함한 이것을 콜럼버스의 교환이라 부른다. 이 교환이 세계의 식량과 농업, 문화나 생태계를 크게 바꾸었다.

신세계에서 전해진 감자와 옥수수는 18세기 이후 유럽에서 중요한 작물이 되었고, 만성적이었던 기아를 완화하는 데 큰 공헌을 했다. (11장 참조) 고구마도 아시아와 남태평양이 세계 생산의 90퍼센트 가까이를 점하게 되었고, 주식이 된 지역도 많다. (17장 참조) 또한 땅콩과 카사바(타피오카)도 동남아시아나 서아프리카에서 식용유나 사료의 원료로 수출 작물이 되었다. 그 밖에도 토마토, 호박, 코코아, 고무, 담배 등이 전해졌다.

환영받을 수 없는 교환도 있었다. 각종 질병이 그것이다. 신대륙에서 전해진 병으로는 샤가스(Chagas)병, 복분자종(腫) 등이 있으나, 가장 큰 문제는 매독이었다. 신세계에서 매독을 가지고 돌아온 것 때문에 후에 많은 사람들이 목숨을 잃거나 인생을 망쳤다. (10장 참조)

한편 구대륙에서 옮겨진 병도 있다. 천연두, 홍역, 말라리아, 황열병, 티푸스 등은 신세계 사람들에게는 미지의 병이었다. 유럽 사람들

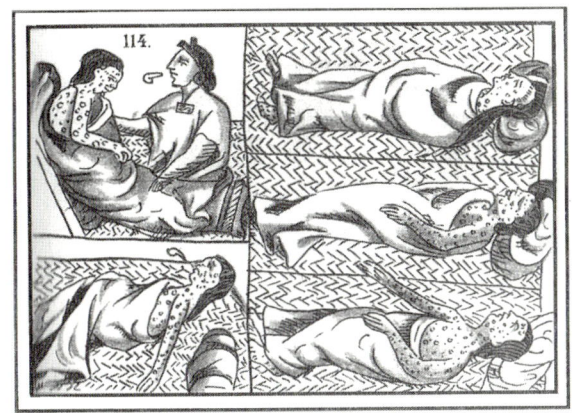
그림 18-3. 천연두를 앓는 원주민들(16세기 동판화)

은 아주 오래전부터 상호 교류가 있었기 때문에 이 병들에 대한 면역이 있었다.

그러나 1만 년 이상이나 격리된 생활을 보냈던 신세계에서는 이들 구세계에서 탄생한 병에 대한 면역이 없었고 따라서 괴멸적인 타격을 입었다. 페루를 중심으로 번영했던 잉카 제국, 멕시코에 꽃피었던 아스텍 문명이 붕괴한 것도 총이나 말이 아니라 외부로부터 전해진 천연두(그림 18-3) 때문이었다.

흡연 습관도 콜럼버스 일행이 유럽으로 가져왔다. 신대륙에서 흡연은 의식이나 의례적인 것이었다. 콜럼버스가 우호의 상징으로 선물을 주면 그들은 답례로 건조시킨 담뱃잎을 주었다. 처음에는 그 의미를 몰랐던 듯하다.

그 씨앗이 스페인에 들어가 유럽에서도 재배가 시작되었다. 담배는 스페인에서 유럽 각지로 퍼져 나갔고 콜럼버스가 귀국한 지 1세기가 지난 뒤에는 유럽 중·남부의 거의 모든 지역에서 재배되었다.[6] 16세기에는 아시아로도 퍼져 나갔는데 남만 무역(1543년 포르투갈 상인이 규슈 다네가 섬에 표착한 것을 계기로 시작되어 일본이 나가사키, 히라도의 항구에서 스페인, 포르투갈과 전개한 무역 — 옮긴이)의 교역품으로 일본에도 전해졌다. 1827년 영국의 약제사 존 워커가 발명한 성냥으로 불 붙이기가 쉬워졌고, 1847년에는 영국의 필립 모리스가 종이 궐련을 팔기 시작했다. 이로서 담배는 일거에 전 세계로 확산되었다.

우리가 콜럼버스를 발견한 것

스페인의 연대기를 편집한 로페스 데 고마라가 "천지 창조에 이은 위업"이라 칭했던 신세계의 발견과 정복은 유럽 인에게는 영광스러운 것이었을지 몰라도 원주민들에게는 비참한 시대의 개막이었다. 콜럼버스가 정복한 카리브 해의 섬들은 무인도가 아니라 원주민인 타이노 족이 살고 있던 곳이었다. 콜럼버스는 그들을 인도인이라 믿고 인디오라 불렀다.

신세계로 건너간 스페인 인들은 기후의 차이, 식량 부족, 병, 원주민의 공격 등으로 괴로워했다. 그중에서도 식량 부족은 심각했고 콜럼버스는 이 문제를 해결하기 위해 원주민들에게 공물을 바치라고 요구했다. 그러나 그들이 거기에 쉬이 응할 리 없었고 스페인 인들은 그들에게 강제 노동을 부과해 이익을 취하려 했다.

1503년 말, 스페인 국왕은 자국 개척민들에게 원주민을 기독교 신자로 만들라는 의무를 지우는 한편 일정 수의 원주민을 노동력으로 부리라는 허가를 공식적으로 내렸다. 이것이 엥코미엔다(Encomienda) 제도다. 그러나 금은보화의 획득에 미쳐 있던 스페인 인들에게 영혼의 구제는 관심 밖이었고 그저 원주민들을 금은 채굴과 진주 채취 등의 강제 노동에 동원했다. 그 결과 많은 원주민들이 죽어 갔다.

콜럼버스가 상륙했을 당시 히스파니올라 섬에는 적어도 50만 명의 타이노 족이 살고 있었다. (10만에서 200만에 이르는 다른 추정치가 있다.) 그들은 아라와크 어족에 속했고 수리남이나 가이아나 등 아마존 지역에서부터 남아메리카 북동부에 걸쳐 정주하고 있었다. 그 후 그들은 카리브 해의 섬들로 이주했고 나무껍질로 만든 카노아로 물고기를 잡고 살았다. 카노아는 카누의 어원이 된 배다. 또한 카사바와 옥수수, 면(綿)을 중심으로 한 농경 생활을 영위했다.

타이노 족의 비극은 스페인과의 접촉으로 시작되었다. 그들의 불행은 히스파니올라 섬에 금광이 있었다는 데 있었다. 금을 갈구하던 스페인 사람들은 인디오를 노예로 삼고 혹사시켰다. 인디오는 도망치면 그들의 손에 죽었고 그렇지 않더라도 완전히 면역이 없는 유럽의 전염병에 감염되어 다수가 죽음에 이르렀다.

식민지가 되고 25년 후인 1517년에 인구는 1만 1000명으로 감소했다. 이듬해에는 천연두가 유행해 3000명으로 줄었고 거기에 혼혈화가 진행되어 40년 후에는 겨우 200~300명이 되었다. 내가 도미니카를 방문했던 1974년에 순수 타이노 족은 극히 소수였다.

라스카사스는 1502년 히스파니올라 섬으로 건너가 식민지화에 종사하는 한편 인디오들의 개종에도 착수했다. 그러던 중 스페인 인이 원주민들을 학대하는 데 분노를 느끼고 『인디언 파괴에 관한 간결한 보고(*Brevísima relación de la destrucción de las Indias*)』[7]나 『인디오스 사

(*History of the Indies*)』를 저술하는 등 원주민의 권리를 옹호하는 일에 생애를 바쳤다. 그는 『인디오스 사』의 35장부터 75장까지를 콜럼버스의 첫 번째 항해에 할애했고 그 가운데 콜럼버스의 항해 일지를 곳곳에 인용했다.

1992년에 콜럼버스의 신대륙 '발견' 500주년을 기념해 아메리카 대륙을 중심으로 다양한 행사가 열렸고, UN도 그 이듬해를 '국제 원주민의 해'로 지정했다. 이때 미국 각지에서는 "우리가 콜럼버스를 발견한 것"이라 쓰인 스티커를 붙인 원주민들의 자동차가 달리고 있었다. 또한 이런 포스터도 볼 수 있었다. "우리의 이름은 인디언이 아니다. 길을 헤매다 인도에 상륙했다고 착각한 바보 같은 백인들이 붙인 이름일 뿐이다."

미국의 10월 두 번째 월요일에 있는 기념일 '콜럼버스 데이'는 유럽인이 원주민 박해를 시작한 꺼림칙한 날이기도 하다. 지금도 매년 이 날 전후에는 아메리카 인디언 운동(AIM, American Indian Movement)이 미국 각지에서 항의 행진이나 데모를 벌이고 있다.

유럽 팽창의 시초

콜럼버스가 이룬 신대륙 항로의 확립은 15세기에 유럽 세계가 개시한 지구 규모 확대의 기폭제였다. 11세기 유럽의 인구는 380만 명 정도로 추정되며 그 땅에는 넓은 삼림이나 원야에 작은 촌락이 산재했을 뿐이었다. 그 절반 가까이가 스페인, 남프랑스, 이탈리아 등 지중해 연안 나라들에 살고 있었다.[8]

이후 인구가 급격히 증가하기 시작했고 12세기에 들어서 5000만 명,

13세기에는 6000만 명, 14세기 페스트가 유행하기 직전에는 8000만 명에 달했다. 3세기 반 만에 20배가 넘게 늘어난 것이다. 페스트가 창궐해(19장 참조) 유럽은 인구의 4분의 1에서 3분의 1을 잃었지만 콜럼버스가 항구를 나섰던 15세기 말에 다시 인구가 페스트 유행 이전으로 돌아와 있었다.

이슬람 국가나 중국으로의 진출을 억제하고 있던 포르투갈과 스페

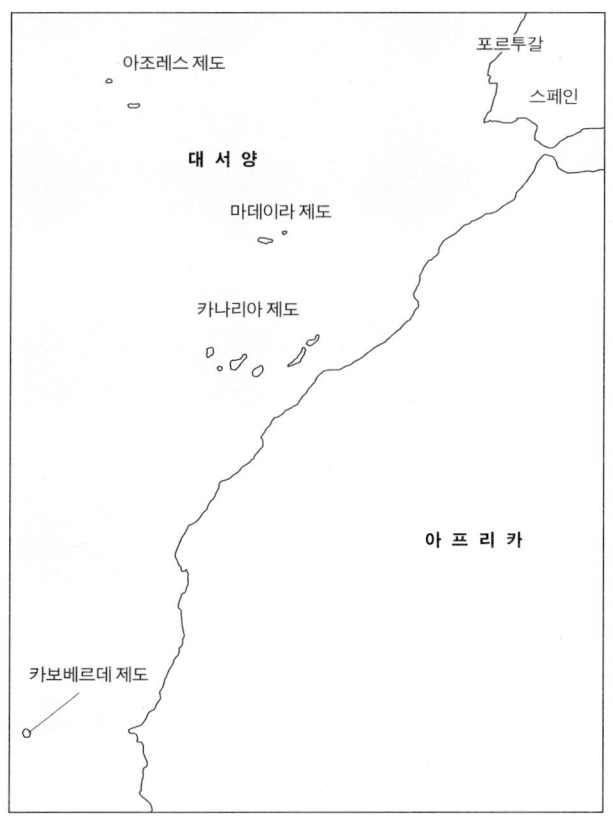

그림 18-4. 최초로 식민지화된 아프리카 서해안 앞바다의 섬들

인 양국은 포르투갈이 아프리카를 경유해 동쪽으로 도는 항로를, 스페인이 대서양을 가로질러 서쪽으로 도는 항로를 열어 세계의 바다로 진출했다.

이 확대 과정에서 양국은 우선 15세기에 아프리카 대륙 북서안 앞바다 부근의 아조레스, 마데이라, 카나리아, 카보베르데 등의 섬들을 지배하에 편입시켰다. (그림 18-4) 14세기 중반 인구 500명 정도였던 농촌 마데이라 제도에, 1420년경 포르투갈의 개척민들이 건너왔다. 당시 섬 전체가 울창한 삼림으로 우거져 있었기 때문에 나무의 섬을 의미하는 이름이 섬에 붙은 것이었다.

1450년대에 들어서자 포르투갈 인들은 플랜테이션 방식을 도입해서 사탕수수와 포도를 재배하기 시작했다. 1494년의 기록을 보면 연간 6000톤이나 되는 목재가 설탕 정제 공장에서 연료로 소비되었다고 한다. 바스코 다가마가 인도 항로를 열었을 당시 이끌었던 네 척의 배 가운데 두 척이 새롭게 만든 배였는데, 기함인 산 가브리엘호는 178톤, 전체 길이 27미터로 당시로서는 상당한 대형선이었다. 포르투갈 본국에서는 배를 만들 자재를 얻을 수 없었기에, 마데이라 제도에서 목재를 옮겨 와 건조했다.[9] 이 섬에서 거목을 얻었기 때문에 포르투갈은 크고 내구성 있는 배를 건조할 수 있었고 해양의 패권을 쥘 수 있었다.

당시 유럽은 목재 부족의 해결책에 골몰했으며 이에 마데이라 제도의 이주민들은 수출을 위해 북아프리카에서 노예를 데려와 대량으로 벌채를 했고 농지 개척을 위해 삼림을 태워 버렸다. 섬은 포르투갈 본국에서 아프리카 본토나 남아메리카를 잇는 항로의 중계지로서도 발전했고, 콜럼버스도 1년 정도 마데이라 제도에 산 적이 있다.

그러나 나무를 마구 베어 내고 난개발이 계속되면서 삼림은 모습을 감추었고 섬의 경관은 완전히 변해 버렸다. 거기다 개척자들이 데려온 돼지나 소가 삼림을 망쳐 놓아 섬의 생태계는 회복 불가능할 정도로 파괴되었다.

포르투갈 인들은 아프리카 서해안에서 더욱 남쪽으로 이동해 1490년대부터는 카보베르데 제도에도 정착을 개시했다. 카보베르데는 초록색의 곶을 의미한다. 이 제도 역시 녹음으로 뒤덮여 있었기에 이런 이름이 붙었다. 그리고 이곳에서도 순식간에 마데이라 제도와 같은 일이 반복되었다.

7개의 주도(主島)로 이루어진 카나리아 제도는 로마 시대부터 그 존재가 알려져 있었다. 1402년 란사로테 섬에 침략을 개시한 스페인은 1496년에 그란카나리아 섬을 마지막으로 제도를 모두 정복했다.[10]

16세기 말 그란카나리아 섬을 방문한 영국인이 "섬은 풍부한 숲으로 가득 차 있으며 나무가 대량으로 벌채되고 있다."라고 기록한 대목으로 보아 목재를 왕성하게 수출하고 있었다는 사실을 알 수 있다. 같은 시기 이 섬에 온 영국 사략선의 선장으로 후에 해군 제독이 되기도 한 프랜시스 드레이크 경은 일기에 "섬의 도처에서 삼림을 태우는 불길이 피어오르고 있다."라고 썼다. 섬에서 난개발이 진행되고 있었다는 사실을 말해 준다.

섬의 운명은 마데이라 섬과 비교해도 더욱 가혹했다. 카나리아 제도에는 원래 북아프리카에서 건너온 관체(Guanche) 인들이 살고 있었는데 정복 당시 그 숫자는 8만 명이나 되었다. 스페인 인은 관체 인을 노예로 쓰는 플랜테이션을 만들어 당시 유럽에서 수요가 크게 늘고 있던 설탕을 생산했다. 그리고 섬에 있던 삼림은 설탕의 원액을 졸이는 연료로 사용되어 빠르게 사라져 갔다.

게다가 스페인 인이 섬에 들여온 토끼가 야생화되고 크게 번식해 어린 나무들을 마구 먹어 치우는 바람에 삼림이 급속하게 황폐해졌다. 노예가 된 원주민들은 중노동과 전염병으로 쓰러져 갔고 인구가 급감해 1600년에는 일부의 혼혈을 빼고 멸족해 버렸다.

그 후로도 완전히 같은 식의 파괴가 세인트헬레나 섬 등 다른 아프리카 서안의 섬들에서 이어졌다. 그 연장선에 콜럼버스가 정복한 카리브 해가 있으며 스페인, 포르투갈이 식민지로 만든 중앙아메리카나 남아메리카가 있다. 파괴는 그 후에도 가속도가 붙어 진행되었고 그 영향은 오늘날까지 꼬리를 물고 있다.[11]

히스파니올라 섬의 운명

식민지가 된 카리브 해의 나라들은 황폐 일로를 걸어 결국 세계의 빈곤 지대가 되었다. 히스파니올라 섬은 그 후 어떻게 되었을까?

1520년경에 스페인 인들은 히스파니올라 섬이 사탕수수 재배에 적합하다는 것을 발견하고 플랜테이션을 만든 뒤 아프리카에서 노예를 들여왔다. 원주민의 인구가 급속하게 줄어 노동력이 부족했기 때문이다. 설탕은 스페인 본국에 풍성한 부를 가져다주었다.

그러나 이 섬에 대한 스페인 인들의 관심은 옅어지고 있었다. 멕시코와 페루, 볼리비아 등 다른 스페인 식민지에서 잇달아 은 광산이 발견되었기 때문이다. 새로운 식민지 쪽은 원주민의 인구가 훨씬 많아

노동력 면에서 곤란할 일도 없었다.

스페인은 히스파니올라 섬 동부에 집중했는데 프랑스의 무역상들은 거기서 멀리 떨어진 서쪽, 즉 현재의 아이티 쪽에 식민지를 세웠다. 거기에 많은 돈을 들이고 노예를 보내 사탕수수의 대규모 재배를 시작했다.

프랑스령 생도밍구라 불린 이 땅은 프랑스의 가장 풍요로운 식민지였으며 한때는 프랑스가 가진 부의 4분의 1을 생산하기도 했다. 그러나 플랜테이션 때문에 삼림이 급속히 축소되었고 토양 침식이 진행되었다.

1789년 프랑스 본국에서 혁명이 일어났다는 소식이 전해졌고 2년 후 흑인 노예들이 봉기했다. 반란군은 백인 지주들을 처형했고 프랑스에 선전 포고를 했다. 나중에 나폴레옹 군에게 진압되기는 했지만 세계 최초로 흑인들이 세운 공화국이자 라틴 아메리카 최초의 독립국이 만들어졌다. 그 나라 이름인 '아이티'는 산이 많은 땅이라는 의미의 타이노 족 단어이다.

19세기 후반 사탕수수 플랜테이션이나 다른 환금 작물 재배를 위해 삼림 남벌에 더욱 속도가 붙었다. 한술 더 뜨듯 20세기 초에는 철도의 침목 제작과 도시화를 위해 나무의 수요가 커졌다. 또한 인구 증가와 함께 땔나무의 수요가 늘어 삼림 벌채의 속도가 빨라졌으며 강기슭에서 개간이 진행되어 강이나 바다로 토사 유입이 심해졌다.[12]

아이티는 지금도 여전히 내전이나 분열, 정치 부패 등의 불안정한 시대를 보내고 있다. 1957년 이후로는 독재 정권이 집권해 혼란이 한층 격화되었고 일찍부터 약체였던 경제는 점점 더 위축되었다.

1960년에 370만 명이었던 아이티 인구는 1000만 명에 달하며 인구 밀도는 1제곱킬로미터당 356명으로 라틴 아메리카에서는 바베이도스에 이어 두 번째로 높다. 서반구의 최빈국이며 인구 1명당 국내 총생산은 700달러에 불과하다. 국민 4명 가운데 1명이 심각한 수준의 영양 부족에 시달리며 식량의 반 정도는 외국의 원조에 의존하고 있다.[13]

수도 포르토프랭스에는 거대한 슬럼가가 점점이 존재한다. UNDP의 인간 개발 지수, 즉 국가의 종합적인 개발 수준으로 보았을 때 세계 179개국 가운데 148번째다. 어느 NGO가 매긴 세계 정치적 투명도의 랭킹에서는 180개국 가운데 177번째를 차지했다. 전기, 상하수도, 의료, 교육 등 기본적인 사회 자본도 크게 뒤떨어진다.

현재 아이티에 남아 있는 삼림은 겨우 3.4퍼센트다. 도미니카의 28.4퍼센트에 비해서도 훨씬 적다. 아이티에서는 목재 부족뿐만 아니라 토양의 침식과 발전용 댐으로의 토사 유입 등 다양한 파괴가 진행되고 있다. UNEP는 세계적으로도 생태계를 가장 많이 유실한 나라 중 하나로 아이티를 꼽는다.

이런 탓에 자연재해가 일어날 때마다 대형 피해가 발생하고 있다. 2010년 1월 수도 포르토프랭스를 중심으로 리히터 규모 7.0의 강한 지진이 발생했다. 나무를 잃고 벌거숭이가 된 산의 표면이 무너져 내려 사망자는 31만 6000명에 달했다. 또한 2004년 9월 허리케인 '진(Jeanne)'이 아이티에 상륙했을 때는 약 1900명이 사망하고 약 900명이 행방불명되었으며 약 30만 명이 피해를 입는 대참사가 일어나기도 했다.

로빈 후드의 싸움

하워드 파일, 『로빈 후드의 모험』[1]

잉글랜드의 숲은 누구의 것일까? 원래는 그곳에 사는 주민들의 것이었다. 숲은 건축 자재, 연료, 식료, 약초 등으로 그들에게 많은 혜택을 베풀었다. 하지만 얼마 지나지 않아 영주나 왕과 제후가 숲을 점유하면서 주민들은 이곳에서 쫓겨난다. 이에 과감하게 저항한 로빈 후드는 서민들이 오랫동안 기다린 영웅이었다.

『로빈 후드의 모험』 줄거리

이야기는 "오래전 헨리 2세가 통치하던 시절"에서 시작한다. 헨리 2세의 재위 시기(1154~1189년)로 보았을 때 12세기 후반의 잉글랜드가 그 무대인 셈이다. 노팅엄 마을 근처에 있는 셔우드 숲 속에 로빈 후드라 하는 이름 높은 범법자가 살았다. 활쏘기의 명수로 140여 명의 범법자들을 이끌고 숲 속에서 활개 치는 인물이다. 로빈은 노팅엄에서 열리는 활쏘기 대회에 참가하기 위해 궁으로 향하던 중 삼림 감독관의 도발 탓에 활 솜씨를 증명하려다 왕의 사슴을 쏘게 된다. 감독관들이 이를 추궁하자 시비 끝에 감독관 한 사람을 사살한다. 때문에 셔우드 숲으로 도망쳐 온 것이다.

굶주림을 견디다 못해 왕실의 사슴을 사냥하다 쫓기게 된 자나 물려받은 집과 농장이 귀족이나 대지주에게 빼앗겨 쫓겨난 자들이 로빈의 밑으로 모여든다. 덩치 큰 몽둥이의 명수 리틀 존, 활을 잘 쏘는 월, 방앗간지기 미지, 술을 밀조하다 발각되어 패거리에 들어온 수도사 터크 등 모두 호쾌한 친구들이다. 그들은 약한 자들을 위해 힘을 모으고 귀족이나 신분 높은 사제, 악랄한 부자들을 응징하며 이름을 널리 알린다.

어느 날 헨리 2세의 셋째 아들인 리처드 1세(재위 1189~1199년)가 로빈 패거리의 이야기를 듣고 변장한 모습으로 셔우드 숲을 찾는다. 그는 제3차 십자군 전쟁(1189~1192년)에서 활약해 사자왕 리처드라 불리고 있었다.

리처드 왕은 로빈을 런던으로 데려와 헌팅턴 백작이라는 작위까지 수여한다. 로빈은 셔우드 숲을 떠나 왕과 함께 전쟁에 투신한다. 그리고 전쟁에서 왕이 죽고 나서야 다시 숲으로 돌아온다. 그러나 로빈을 싫어했던 후계자 존 왕(재위 1199~1216년)은 그에게 추격자를 붙이고, 그 무리들과 로빈 일당 사이에서 피비린내 나는 전투가 벌어진다. 그는 셰익스피어의 역사극 『존 왕의 삶과 죽음(*King John*)』의 주인공이기도 한 영국 역사상 가장 악명 높은 왕이다.

로빈은 싸움에서는 이겼으나 심적인 번뇌로 병에 걸리고 만다. 수도원에서 응급 치료를 받지만, 원장의 음모로 죽음에 이른다. 죽기 직전에 화살 하나를 쏘아 그것이 떨어진 곳에 자신의 묘를 만들어 달라고 부탁하고 숨을 거둔다.

고흐도 감탄했던 일러스트레이터

하워드 파일(Howard Pyle, 1853~1911년)은 미국 델라웨어 주 윌밍턴의 유복한 모피상인 부모 아래서 태어났다. 필라델피아의 미술 학교에서 그림을 배웠고 이야기에 자작 일러스트를 넣은 아동서로 독자적인 작풍을 개척했다. 특히 1883년에 출판한 이 책『로빈 후드의 모험(The Adventures of Robin Hood)』이 오늘날까지 사랑받고 있다.

대표작으로『은 손 오토(Otto of the Silver Hand)』,『환상의 시계(The Wonder Clock)』,『철의 사나이들(Men of Iron)』,『후추와 소금(Pepper and Salt)』등이 있다. 만년에는 하워드 파일 일러스트레이션 아트 스쿨(Howard Pyle School of Illustration Art)을 설립했는데, 이곳에서 수많은 저명한 일러스트레이터가 배출되었다. 세계적으로 명성이 자자했고, 화가 고흐는 동생 테오에게 보낸 편지에서 "미국 잡지에서 본 파일의 일러스트가 감탄스러워 아무 말도 할 수 없더군."이라 쓴 적도 있다.

이 책은 다양한 로빈 전설의 정수를 엮어 완성한 것이다. 만화가 없던 시절에 그의 세밀한 일러스트는 화제와 인기를 독차지했다. 원문은 고어의 철자를 사용하거나 옛날이야기의 어투를 흉내 내는 등 중세 시대의 분위기를 전하는 데 충실하다. 이런 바탕 위에 셔우드 숲을 무대로 권력에 굴하지 않고 자유롭게 살아간 로빈과 그 일행들, 그들에게 갈채를 보냈던 서민들의 모습이 되살아난다.

로빈 전설은 600년 이상에 걸쳐 연극, 산문시, 오페라, 소설, 동화로 거듭 다루어졌다. 일본에서도 1910년에 곤도 도시사부로(近藤敏三郎)가 지은『로빈 후드 이야기』가 출판되었다. 20세기 이후에만 애니메이션을 포함, 10편 정도의 영화가 각국에서 제작되었다.

의적 로빈 후드의 등장

동서고금 많은 나라에 의적이 존재했으나 인기로 봤을 때 로빈 후드를 능가할 자는 없을 것이다. 우에노 요시코(上野美子)는 『로빈 후드 이야기(ロビン フッド物語)』[2]에서 시대에 따라 다양한 모습으로 등장하는 로빈을 추적한다. 초기의 전승에서는 1066년의 노르만 정복(Norman Conquest) 이후 지배 계급인 노르만 인들에게 저항하는 앵글로색슨계 귀족으로 등장한다. 그 후로 이 책처럼 리처드 1세 시대에 등장해 그의 동생 존 왕의 폭정에 반항한 인물로 묘사되고 있다.

영국에서는 로빈 후드의 이름이 나오는 문헌을 철저하게 조사해 왔다. 재판 기록 등을 추적한 결과 1225~1377년 사이 로빈 후드로 보이는 인물이 8명 발견되는데 모두 다 무법자다. 로빈은 특정 인물이 아니라 압정에 고통 받던 서민들의 울분이 그때그때 시대의 사건들에 따라 채색되어 만들어진 하나의 상(像)이라는 해석이 유력하다.[3]

그 원형은 15세기경에 만들어진 발라드(ballad, 담시)로 각지를 방랑하는 음유 시인들이 널리 퍼뜨렸다. 발라드(ballad)는 발라드(ballade)와 달리 이야기나 알레고리가 있는 노래를 말한다. 역사 이야기, 무용담, 로맨스, 사회 풍자 따위가 그 주제였다. 그 외에도 로빈 후드 이야기는 연극으로, 음악극으로, 팬터마임으로, 시나 소설로, 동화에서 영화와 축제에 이르기까지 수없이 많이 만들어졌다.

정리된 형태의 최초의 책은 1495년경에 출판된 『로빈 후드의 후드 무용담』이라 전해진다. 그 후 다른 책이 속속 나옴에 따라 이야기의 줄거리도 정리되었고 단어도 다듬어져 이윽고 산문으로 된 이야기로 탄생했다.

전설이 숨쉬는 셔우드 숲

셔우드 숲은 잉글랜드의 노팅엄에서 차를 타고 북쪽으로 40분 정도 거리에 있다. 현재 이곳은 공원인데 근처의 오래된 마을 교회에는 "로빈과 처 마리안은 이 교회에서 결혼했다."라고 쓰여 있다.

이 일대는 이 외에도 로빈 전설에 얽힌 전시관이나 관련 물품을 파는 기념품 가게, 활 쏘는 로빈상, 다리 위에서 리틀 존과 몽둥이로 대결 중인 브론즈상(그림 19-1)처럼 로빈 이야기를 이용한 상술이 넘쳐흐른다. 매년 여름이 되면 로빈 후드 축제가 개최되는데 등장인물로 분장한 가장행렬이나 로빈 인형극 등이 벌어지고는 한다.

로빈 일행이 활약했던 당시에는 국왕의 사냥터로 동서 20킬로미터, 남북 30킬로미터에 이르는 광대한 삼림이었다. 그러나 벌채와 개간, 광산 개발과 도시화에 밀려나 거듭 축소되었고 남은 것은 1.8제곱킬로미터 정도의 토막 땅이다. 주변은 개간한 밭이 차지하고 있다.

관광객의 시선이 머무는 곳은 메이저 오크(Major Oak, 그림 19-2)라는 이름의 높이 20미터, 줄기 둘레 10미터 정도나 되는 거대한 졸참나무다. 나무의 나이는 800~1000세 정도로 추정되며 로빈 일당의 은신처였다는 전설이 전해진다.

그러나 영국의 자연유산으로 지정되기도 한 이 전설의 나무는 커다랗게 뻗은 가지가 철제 기둥에 지탱된 채 겨우 서 있는 모습이 애처로울 지경이다. 공원 내에 997그루의 졸참나무 대목이 남아 있으나 건재한 것은 450그루뿐이고 나머지는 쇠약해져 시들고 있다. 15개의 자연 보호 단체가 협력해 이 숲의 보호 운동을 진행하고 있는 참이다.

그림 19-1. (위) 로빈과 리틀 존의 싸움
그림 19-2. (아래) 로빈 일당의 은신처였다고 전해지는 메이저 오크

영국의 숲을 로마 제국이 없앴다?

빙하기 당시 스코틀랜드 북부는 얼음이나 눈으로 뒤덮여 있었고 다른 지역 대부분도 툰드라 지대였다. 약 1만 년 전 빙하기가 막을 내리자 육지로 이어져 있는 유럽 대륙에서는 자작나무와 소나무, 오리나무, 졸참나무, 느릅나무 등이 분포 범위를 넓혔다. 그 후 온난기가 수천 년 넘게 이어지면서 많은 수종이 세력을 확대했고 영국은 원시림으로 뒤덮였다.

나무의 뒤를 쫓듯 인간들도 이주해 왔고 기원전 4000년경에는 농업이 시작되었다. 신석기 시대부터 사람들은 돌도끼를 이용해 삼림을 개간했다.[4] 기원전 1700~기원전 500년 청동기 시대 동안에는 삼림의 개발이 진행되었고 특히 기원전 800년대 말에 철기와 말을 동반한 켈트 족이 도래하면서 개간이 가속화된다.

1세기부터 4세기 사이에 이어진 로마 지배로 영국의 삼림은 크게 변한다. 로마의 지배는 웨일스와 잉글랜드를 넘어 북쪽으로도 세력을 확대해 갔다. 빈틈없이 통나무를 깔아 놓은 나무 길의 유적으로 보았을 때 스코틀랜드 동부의 북해에 면한 파이프(Fife) 인근까지 지배하고 있었다. 로마 치하에서 인구는 2배로 증가했고 잉글랜드와 웨일스의 저지대 숲은 개간되었다. 농·목초지로 변한 그곳은 이제 로마 제국을 위한 곡물 생산 기지였다.

철제 쟁기를 도입하면서 무거운 점토질의 토지도 경작할 수 있게 되었다. 로마 인들은 잉글랜드의 남부와 웨일스를 생산성 높은 농업 지대로 바꾸어 놓았다. 이 밖에도 목재의 수요는 증가해 삼림은 줄어들기만 했다. 로마 인들은 주택이나 군사용의 건축물, 구조물의 자재로 또는 제염, 채광, 제철, 벽돌 제조 등을 위한 연료로 나무를 아낌없이 베어 냈다.

로마 제국에는 삼림 보호라는 개념이 없었다. 5세기에 로마 인이 떠났을 무렵, 원래는 국토의 77퍼센트를 뒤덮었을 것으로 추정되는 삼림 비율이 15퍼센트쯤으로 줄어들어 있었다. 오늘날까지 영국이 서유럽에서 가장 삼림이 적은 나라 중 하나인 이유는 이처럼 로마 시대까지 거슬러 올라가야 알 수 있다.

삼림의 숨통을 끊은 일격은 늑대의 절멸이었다. (11장 참조) 목축과 왕가, 귀족들의 수렵이 활발해지면서 가축이나 사슴을 노리는 늑대는 없애야 할 동물이 되었다.[5] 잉글랜드에서는 에드워드 1세(재위 1272~1307년)가 1281년에 왕국 내의 모든 늑대를 뿌리째 없애도록 명했고 15세기에는 완전히 몰아냈다. 한편 스코틀랜드에서는 1743년까지 늑대를 목격한 기록이 남아 있다.[6]

천적인 늑대가 사라지자 붉은 사슴이 급증했다. 사슴은 수목의 열매나 새싹, 때로는 나무껍질까지 먹어 치우며 나무를 메마르게 했고 따라서 삼림 재생이 어려워졌다. 늑대가 사라지자 사람들은 목장을 넓혔고 그 면적이 급속히 늘자 삼림은 줄어 갔다.

정복왕 윌리엄의 사슴

로마 인이 떠난 뒤에도 영국에는 평화가 찾아오지 않았다. 주트 족, 색슨 족, 데인 인, 바이킹이 각지에 침입하여 정착했다. 침입자들은 주로 로마 제국 시대에 수출용 작물을 재배하던 농지에 자리를 잡았던 듯하다. 로마 제국은 사라졌지만 대신 제후들이 농민으로부터 공물

을 착취했다. 그 권리를 둘러싸고 제후들은 몇 세기 동안이나 싸움을 계속했다.

1066년에 영국을 정복한 '정복왕 윌리엄(재위 1066~1087년)'은 처음으로 상세한 국부 조사를 행해 「둠즈데이 북(Domesday Book)」으로 잘 알려진 국세 대장을 작성했다. 조사의 목적은 왕의 재산이 어느 정도 있으며 지출이 필요할 경우 귀족들에게 어느 정도의 상납을 기대할 수 있는가를 밝히는 데 있었다.

말하자면 농업 센서스이자 삼림 조사였으며 세금의 사정(査定)이기도 했다. 이 대장에는 경지, 삼림, 방목지, 입회지, 미개간지 등 토지의 상황이 파악되어 있어서 이를 토대로 11세기 당시 삼림의 확대에 대해 어느 정도 추정할 수 있다. 당시의 환경을 알기 위해서도 귀중한 자료다.

가령 삼림 면적은 명시되어 있지 않지만 도토리나 너도밤나무 열매의 생산량으로 보아 숲에서 방목 가능한 돼지 마릿수의 상한선을 알 수 있고, 그 권리에 대해 매년 지불해야 하는 세금이 드러나 있다. 당시의 농민들에게 돼지는 중요한 단백질원이었다. 가을에 숲 안에 풀어 나무 열매를 먹게 하며 살찌웠고, 먹이가 궁해지면 순서대로 잡아 죽여 소금 절임이나 햄 등의 보존 식량으로 가공했다.

이 마릿수 제한을 단서로 당시의 삼림 면적을 추산해 보면 잉글랜드 남동부의 경우 삼림이 거의 남아 있지 않았다는 사실을 알 수 있다. 케임브리지 주변의 삼림도 그즈음 대부분 자취를 감춰 버렸던 것 같다. 한편 잉글랜드 남서부의 윌트셔 등지에는 여전히 삼림이 남아 있어서 「둠즈데이 북」은 돼지 2000마리를 기를 수 있을 정도의 숲에 둘러싸여 있던 마을의 존재를 기록하고 있다.

사냥을 즐긴 윌리엄 왕은 토지 점유화(어포리스테이션, afforestation)를 도모했던 것으로 유명하다. 오늘날 어포리스테이션은 맨땅에 나무를 심어 새로운 숲을 만드는 조림(造林)을 의미하지만 이 시대에는 삼림의 유무와 관계없이 국왕이 어느 토지를 어렵림(御獵林)으로 점유하는 것을 의미했다. 일단 포고되기만 하면 특별법인 어렵림법과 삼림 재판소가 관할하게 되어 해당 지역의 민중은 숲의 이용에서 배제되었다. 영국 법제사상 최악의 법이라 불리는 까닭은 여기에 있다.[7]

윌리엄 왕은 광대한 삼림을 어렵림으로 지정했을 뿐 아니라 어렵림법의 적용 범위를 확대해 농지나 농가에서 황무지에 이르기까지 드넓은 땅을 수렵 보호 구역으로 지정했다. 그곳에서는 사슴이나 멧돼지 등 동물의 수렵이 금지되었음은 물론이요 나무를 베거나 개간하는 일도 제한되었다. 그 이전까지 야생 동물은 누구의 소유물도 아니었고 그 토지를 정복한 자의 재산으로 하는 것이 관습이었다.

사슴 고기는 왕후 귀족들이 특히 즐기는 음식이었고 소금에 절여 보존되거나 산 채로 궁정으로 보내졌다. 때문에 사슴은 엄중한 보호 하에 놓여 사슴을 죽인 자나 사슴을 쫓다 살상한 개의 주인은 사람을 죽인 죄 못지않은 중벌을 받았다. 14세기 초 영국에는 3200개의 사냥터가 있었다. 그만큼 서민의 생활권이 좁아졌다는 이야기다.

어렵림법은 국왕이 정한 특별법으로, 어길 시 공정한 재판도 생략한 채 팔다리를 자르거나 눈을 멀게 하거나 끝내 사형을 선고하기도 했다. 로빈 일당은 왕의 사슴을 가로채면서 그 악법에 도전한 것이다. 애초에 로빈 후드가 숲으로 도망쳐 온 계기도 '왕의 사슴을 죽인' 일

그림 19-3. 17세기 영국의 숯을 태우는 광경

이었다. 또한 리틀 존이 왕의 사슴을 죽여 교수형을 선고받은 세 아들을 책략을 꾸며 구하는 장면도 나온다.

당시의 서민들에게 삼림은 중요한 생활 자원을 획득하는 장이었다. 연료나 건축 자재부터 식량, 약초에 이르기까지 삼림에 의존했다. (그림 19-3) 사슴이나 토끼나 들새, 식물의 뿌리나 열매 등으로 만성적인 식량 부족을 보완했다.

시대가 흐름에 따라 어렵림법도 점차 완화되었다. 최종적으로 에드워드 1세(재위 1272~1307년)가 삼림 조례를 공포해 지정되어 있던 어렵림 대부분을 해제했다.

삼림을 둘러싼 왕과 귀족의 전쟁

존 왕의 폭정은 멈추지 않았고 그 후에도 프랑스와의 전쟁에서 연패했으며 교황과 대립해 파문당했다. 전쟁 자금 조달을 위해 증세를 추진했기 때문에 귀족이나 시민들은 반발하며 그의 퇴위를 요구했다. 이를 회피하기 위해 1215년 왕이 한발 물러서듯 승낙한 것이 칙허장인 마그나 카르타(대헌장)였다.

존 왕은 이 논란이 최고조에 이른 1216년에 병사해 버렸다. 왕의 측근 귀족들은 즉시 그의 후계자인 어린 헨리 3세에게 마그나 카르타를 준수할 것을 약속 받았고 대폭 삭제·수정된 내용이 1225년에 다시 공포되었다. 이것은 많은 나라의 헌법에 영향을 미쳤고 17세기의 청교도 혁명이나 미국 독립 운동의 이론적인 지주가 되기도 했다.

포함하는 내용은 광범위하다. 관습화되었던 봉건법을 성문화했고 국왕이나 공무원의 직권 남용 금지, 교회의 자유 존중, 귀족들의 봉건적 특권의 존중, 부당한 벌금 및 자유민에 대한 비합리적 체포의 금지, 도시나 상인의 특권 확인 등을 정하고 있다. 또한 템스 강에 허락 없이 장치된 어살의 철거나 수렵에 관한 규정 등 자원 보호도 다루고 있다.

마그나 카르타의 기본적인 조항 중 몇 개는 삼림과 관계가 깊다. 그 때까지도 삼림의 권리를 둘러싸고 왕과 측근 귀족들의 싸움은 끊이지 않았다. 마그나 카르타의 재공포에 따라 우위에 선 측근 귀족들은 그들이 가장 중요시했던 삼림 칙허장(Charter of the Forest)에 왕이 서명토록 했다.

삼림 칙허장은 왕실의 숲을 어렵림법 소관에서 벗어나게 한 것뿐만 아니라 사냥용 짐승을 살해한 데 대한 처벌을 대폭 완화했다. 어렵림법의 목적은 원래 처벌보다는 수입을 얻는 데 있었다. 왕실의 숲 안에서 연료재나 목재의 벌채, 가축의 방목, 농지의 개간, 채석이나 제탄 등 다양한 행위를 인가하는 대가로 농민에게 돈을 징수해 왕의 중요 재원으로 삼았던 것이다.

따라서 왕실이 임야를 독점했을 때 측근 귀족들이 가장 곤란했던 것은 수입원이 끊긴 데 있었다. 어렵림 지정 탓에 벌금이나 과금을 징수하는 귀족의 특권을 왕에게 빼앗겼고 자신의 토지에서 수렵이 불가능하게 되었으며 목재를 베어 내는 일이나 개간의 권리도 제한되고 말았다.

그런 까닭에 측근 귀족들은 자기 토지를 이용할 권리를 지키려는 일환으로 마그나 카르타의 재공포와 함께 삼림 칙허장의 승인을 왕에게 요구한 것이다. 이렇듯 삼림의 권리를 둘러싼 분쟁이 유럽의 다른 나라들에 비해 이른 13세기에 일어난 것은 그만큼 삼림 감소가 빠르게 진행되어 삼림 자원이 희소해졌기 때문이었다.

반격에 나선 삼림

12~13세기는 기후의 온난기에 해당해 유럽의 다른 나라들과 마찬가지로 영국에서도 식량 생산이 순조로웠고 인구도 늘어 경제가 안정적으로 성장한 시대였다. 12세기 말부터 100년 동안 영국의 인구는 거의 2배에 달하는 720만 명으로 증가했다. 수공업이 발달했으며 지방과 중앙을 잇는 교역이 확대되었고 지역의 시장도 번성했다. 인구나 경제 규모가 확대되면서 삼림의 개간도 진척되었다.

그러나 14세기는 상황이 완전히 바뀌어 암흑의 시대[8]를 맞았다. 1315년 5월 하순부터 내린 호우는 유럽 각지에서 가을까지 이어졌고 보리니 목장이니 할 것 없이 괴멸시켰다. 이듬해에도 비의 기세는 시들지 않았고 1322년까지 유럽 북부를 중심으로 단속적인 흉작과 대기근이 발생해 수백만 명이 아사했던 것으로 추정된다. 영국에서는 그 후 1351, 1369년에도 재차 기아가 발생했고 범죄나 유아 살해가 만연했다. 이런 이상 기후가 소빙기의 시작으로 간주된다. (15장 참조)

당시 기록을 보면 "사체가 길을 메웠고 악취로 가득 차 있었다."라는 증언이 있다. 태어난 해와 죽은 해를 확실히 기록하는 영국 왕족들의 평균 수명만 보아도 대기근 전에는 35.8세였던 것이 기근 시대에는 29.8세까지 내려왔다. 서민의 수명은 당연히 훨씬 더 짧았다.

1347년에는 이탈리아에서 페스트가 대유행했고 유럽 전역에 번져 인구가 급감했다. 이것은 1353년에 저술된 이탈리아 작가 조반니 보카치오(Giovanni Boccaccio, 1313~1375년)의 『데카메론(*Decameron*)』의 배경이기도 하다. 페스트의 유행을 피해 빠져나온 10명의 남녀가 심심풀이 삼아 매일 교대로 총 100개의 재미있는 이야기를 주고받는 형식을 취하고 있다.

잉글랜드에서는 1349년 들어 페스트 감염이 확산되었고 소작인들이 죽거나 토지를 버리고 도망쳐 노동력 부족이 심각한 수준에 이르렀다. 왕족의 평균 수명은 17.3세까지 줄어들었다.

한편 영주나 지주들은 소작인들을 농촌에 붙잡아 두려 했으므로 양자의 긴장은 극에 달했다. 농노 신분으로부터의 해방, 지대의 고정 등을 요구하며 1381년에 잉글랜드에서 일어난 와트 타일러의 난은 그 전형이었다.

대기근과 페스트로 많은 농촌에서 인구가 급감했고 삼림은 일거에 회복되어 갔다. '삼림의 역습'이라 불리는 시대다. 유럽의 환경사 가운데 근대에 이르기까지 삼림이 부활했던 유일한 시기였다.

철이 숲을 먹어 치우다

18세기까지 영국을 비롯한 유럽의 거의 모든 지역에서 동력원은 인력, 축력, 수력, 풍력의 다양한 조합으로 이루어졌다. 연료원은 18세기 전반에 석탄으로 대체되기까지는 신탄과 가축의 똥이 주력이었다. 나무는 모으기도 옮기기도 용이해 어디서나 쓸 수 있고 건조시키면 잘 탔으며 많은 경우 공짜로 손에 넣을 수 있었다. 목탄은 철을 정련하고 맥주를 양조하고 유리나 벽돌을 만드는 데 최고로 중요한 에너지원이었다.

목재는 집을 짓는 것 외에도 성채나 교량 등 건조물의 자재가 되었고 나무통과 같은 생활 용구, 조선 등의 산업에서도 빼놓을 수 없었다. 중세 잉글랜드에서 중간 규모의 집을 세우려면 졸참나무 12그루가 필요했고 14세기에 10년에 걸쳐 건설한 윈저 성에는 4000그루 이상이 쓰였다고 한다.

이 중에서도 가장 커다란 영향을 끼친 것은 제철업이었다. 16세기에 들어서자 영국과 프랑스, 네덜란드 등 대륙 열강들 사이에 긴장이 계속되어 언제 전쟁이 일어나도 이상하지 않은 상태가 되었다. 공업 지대였던 플랑드르(프랑스 북서쪽 끝에서 벨기에 서부까지의 지역)에서 무기가 수입되지 않자 영국은 위기감을 품었고 헨리 8세(재위 1509~1547년)의 명을 받아 자급자족 정책으로 전환했다.[9]

군수품 생산의 중심이 된 곳은 남부의 서식스 지방이었다. 제철업이 발달하면서 대포나 포탄, 총의 생산이 개시되었다. 이곳이 선택된 이유는 철의 광맥이 있으며 영국에서 으뜸가는 거대한 졸참나무 숲이 우거져 있어 연료 조달에 곤란을 겪지 않기 때문이었다. 당시 삼림을 소유하고 있던 수도원들이 잇달아 폐쇄되면서, 토지나 삼림을 깜짝 놀랄 만큼 싼 값에 손에 넣을 수 있었다.

이렇게 연료로 벌채된 숲 가운데 애시다운 숲이 있었다. 밀른의 동화 『곰돌이 푸(Winnie-the-Pooh)』(1926년), 『푸 모퉁이의 집(The House at Pooh Corner)』(1928년)의 무대가 된 숲이다. 현재 우리가 볼 수 있는 숲은 유명한 푸 다리(Poohsticks Bridge)를 지을 때 함께 재건된 것이다.

정부는 제철업자들에게 고액의 지원금을 주어 철제 대포나 포탄을 만들게 했다. 1549년 서식스 지방에서 가동되는 제철 공장은 53곳에 이르렀다. 이 지방의 삼림 자원 덕분에 영국은 군비 확산 경쟁에서 우위를 지킬 수 있었다.

쇠막대 1톤을 생산하는 데 필요한 목탄은 통상 1.3세제곱미터 정도였다. 각각의 제철소에서는 수십 명의 나무꾼들이 붙어 연료를 공급하고 있었다. 1540년대 서식스 지방의 제철 산업은 매년 3500세제곱미터 이상의 목탄을 소비한 것으로 추정된다.

순식간에 이 일대에서 삼림이 모습을 감추었다. 기본적인 생활에 필수적인 숲의 소멸은 주민들에게 사활이 걸린 문제였다. 공황 상태에 빠진 주민들이 들고 일어나기 시작했다. 이때 귀족 계급으로서는 드물게 서민들의 빈궁한 상황에 대한 이해가 있었던 섭정 서머싯 공작이 서식스에 조사 위원회를 파견해 주민들로부터 청취 조사를 벌였다.

그 결과 제철소가 조업을 개시한 이래 땔감 가격이 크게 올랐으며 심지어 제철업자들이 일반 시민들보다 높은 가격으로 대량의 목재를 매점하고 있었다는 사실이 밝혀졌다. 필요한 목재를 손에 넣기 어려운 주민들은 생활에 곤란을 겪고 있었다.

그러나 현실에서 어떤 개선도 보이지 않자 주민들은 제철소를 공격했고 이를 계기로 역시 목재 부족에 시달리던 사람들이 많은 주에서 반란을 일으켰다. 하지만 곧 무력으로 진압되었다. 그리고 서머싯 공작은 주민들을 선동하고 폭력과 반란을 일으킨 기반을 만들었다는 이유로 체포되어 섭정에서 해임당했고 결국 참수형에 처해지고 말았다.[10]

정부 내에서는 앞으로 일어날지 모를 반란을 미연에 방지하기 위해 삼림 자원의 보전이 필요하다는 의견이 강하게 제기되었고 즉시 삼림 보호 법안이 의회에 상정되었다. 법안 내용 가운데는 "식림 확대와 삼림 보호", "도시 근교 40킬로미터 이내에서 제철소 금지" 등이 있었지만 결국 하나도 의회를 통과하지 못했다.

해군의 위기

유럽에서 목재 부족을 알리는 최초의 징후는 조선업에서 나타났다. 중세 시대 유럽에서 최강의 해군력을 자랑했던 베네치아(23장 참조)는 1590년경이 되자 목재 고갈에 빠져 아드리아 해 연안의 식민지인 달마티아에서 선박 자재를 수입해야 하는 상황에 이르렀다. 한편 그들과 적대 관계에 있던 제노바도 목재 부족 때문에 조선에 드는 비용이 올라 괴로움을 겪었다.

포르투갈은 대항해 시대 초기부터 선재 부족을 겪었고 16세기에는 거의 모든 배를 식민지의 목재로 건조해야만 했다. (18장 참조) 스페인 역시 심각한 목재 부족에 직면했고 1580년대 펠리페 2세가 무적함대를 건조할 당시에는 폴란드에서 목재를 수입했다.

영국에서는 1620년대 대(對)프랑스 전쟁의 최고조에서 목재 부족이 문제가 되었다. 17세기 중반에는 국산의 선재, 특히 돛대를 만들 재료의 부족이 심각해졌다. 가령 대포 120문을 갖춘 일급 함선의 경우 길이 36미터, 두께 1미터 이상의 메인마스트가 필요했다.

당시의 군함에는 방대한 양의 목재가 사용되었다. 영국이 스페인과 프랑스의 연합 함대를 격파한 트라팔가르 해전(1805년) 당시 넬슨 제독의 기함이었던 빅토리호를 건조하는 데는 3500그루의 졸참나무가 필요했다. 19세기 초 영국에 6곳이 있었던 왕립 조선소에서는 연간 5만 3000톤의 선재를 소비했다.

북아메리카의 새로운 식민지들은 영국 해군의 중요한 목재 공급지가 되었다. 미국 뉴잉글랜드 지방에서 돛대용의 소나무를 처음 베어 넘어뜨린 것이 1652년이었는데 1696년 이후부터는 군함의 본체 역시 미국에서 건조하게 되었고 18세기에는 전 군함의 약 3분의 1을 그곳에서 만들기에 이르렀다. 미국 독립 전쟁(1775~1783년)이 시작되자마자 영국 해군은 주요한 공급원이 끊겨 심각한 선재 부족에 시달렸다.

그리고 나폴레옹 전쟁 시대에 또 다시 목재 확보의 어려움에 빠졌고 이번에는 캐나다에 의존했다. 목조선을 1860년대 중반 철로 된 장갑함으로 대체하기까지 영국 해군은 이런 식으로 전 세계에서 재목을 그러모을 수밖에 없었다.

목재는 초기 식민지에서 유럽으로 보냈던 가장 중요한 생산품 중 하나였다. 영국령 온두라스(현 벨리즈)는 유럽 시장으로 출하하는 양질의 가구재인 마호가니 나무를 사들이던 업자가 건설한 식민지이기도 했다.

19세기 초반 영국은 인도 남서안의 말라바르 해안가에 펼쳐진 티크(teak) 삼림을 거의 모조리 베어 냈기에 새로운 공급지를 찾아야만 했다. 1826년 이들이 버마(현 미얀마)를 식민지로 만든 가장 큰 이유는 아직 개발되지 않은 원시림의 존재 때문이었다. 벌채가 시작된 지 20년이 채 못 되어 남부 일대에서 티크 숲은 벌거숭이가 되어 버렸다. 1852년 이후부터는 이라와디 강의 델타 지대에 펼쳐져 있는 광대한 삼림이 표적이 되었고 19세기 말까지 4만 제곱킬로미터에 이르는 삼림이 벌채되었다.

목재 부족과 가격 상승이 점차 심각해지자 영국에서는 18세기부터 19세기에 걸쳐 지주 귀족층을 중심으로 투자의 일환인 조림이 유행했다. 도야마 시게키(遠山茂樹)의『숲과 정원의 영국사(森と庭園の英国史)』에 따르면 1760~1835년에 어림잡아도 최소한 5000만 그루의 나무를 심었다고 한다.[11]

동남아시아의 고급 재목을 전부 베어 버린 영국은 갓 문을 연 숲의 나라 일본으로 눈을 돌렸다. 특히 홋카이도산 물참나무는 최고급 재질로 높은 평가를 받았고, 가구나 위스키 통을 만들 양질의 오크재를 손에 넣지 못해 발을 동동 구르던 영국으로 왕성하게 수출되었다.

이 수출 일을 맡았던 인물이 영국 출신의 블래키스턴(9장 참조)이었다. 도마코마이 주변의 물참나무 대목을 벌채하여 유럽으로 대량 수출했다. 아울러 조류(鳥類)를 채집해 표본을 만들기도 했다. 그는 혼슈와 홋카이도에 서식하는 조류나 포유류의 종류가 다르며 그 분포의 경계선이 쓰가루 해협이라는 사실을 발견해 블래키스턴 선

(Blakiston's line)이라는 이름으로 발표했다. 그는 조류 표본 1338점을 개척사에 기증했는데 이 표본은 현재 홋카이도 대학교 농학부 부속 박물관에 소장되어 있다.

현대 영국의 삼림 문제

제1차 세계 대전(1914~1918년)의 군수 물자 조달을 위해 나무를 대량으로 베어 낸데다가 전쟁으로 수입도 끊겨 영국의 목재 부족은 한층 더 가속화되었다. 국토의 삼림 피복률은 5퍼센트로 내려갔다. 전쟁 이후에는 안정적인 목재 수급의 보장이 국가적 문제로 발전했다. 영국 정부는 이듬해인 1919년에 새롭게 삼림법을 제정했고 행정 조직으로 임업 위원회를 창설했다. 그리고 긴급 시 목재의 자급자족을 가능케 하는 체제를 정비하기 위해 삼림 조성을 위한 보조금이나 융자를 새롭게 만들었다.

그러나 삼림 조성이라는 목표는 달성하지 못한 채 제2차 세계 대전이 시작되었고, 또다시 목재 부족에 직면하고 말았다. 이 전쟁이 끝난 후 영국은 목재의 전략적 비축을 목적으로 임업 위원회가 조림에 적합한 지역을 사들여 숲을 만들도록 했고 민간에 대한 적극적인 장려 정책을 펼쳤다. 이것이 성과를 얻었는지 1959년 위원회 창설 40주년에 "두 번의 대전으로 파괴된 삼림 벌채지의 재생은 착실하게 진행되고 있다."라는 내용의 보고서를 낼 수 있었다.

이러한 정책도 1960년대부터는 점차 수그러들게 되었다. 이 무렵을 경계로 도시의 인구가 농촌으로 이동하는 인구 역류 현상이 두드러졌는데 도시에서 귀농한 중산 계층들이 자연 보호를 요구하게 된 것이 큰 이유였다. 1968년에는 전원법이 제정되어 삼림의 휴양 기능의 강화, 자연과 쾌적함의 보전 등을 내세웠다.

1979년 보수당의 대처 정권이 탄생해 공공 부문의 규모와 역할을 축소하는 정책들을 펼쳤다. 따라서 국유 임야 사업은 축소되고 민간 소유의 숲 조성이 강화되었다. 그 결과 삼림 면적이 1970년에 1만 7400제곱킬로미터, 2000년에 2만 4000제곱킬로미터를 넘을 정도로 회복되어 갔다.[12]

그렇기는 하나 현재 영국의 삼림 비율은 겨우 10.6퍼센트밖에 안 된다. 일본의 68퍼센트, 미국의 32퍼센트, 독일의 30퍼센트, 프랑스의 27퍼센트 등과 비교해 보면 현격히 적다. 연간 목재 생산량은 일본의 30분의 1인 820만 세제곱미터, 목재 자급률은 겨우 15퍼센트다. 어떻게 보이든 상관없다는 듯 목재 수입에 열을 올리는 영국은 현재 세계 최악의 위법 목재 수입국으로 세계적 비판을 받고 있다.

20장

아테네의 철학자, 자연 파괴에 탄식하다

플라톤, 『크리티아스: 아틀란티스 이야기』[1]

과거 그리스에는 비옥한 토양으로 가득 찬 평야가 펼쳐져 있었고, 산에는 숲이 풍성히 우거져 있었으며 도처에 샘과 천이 있었다. 그러나 지금은 삼림이 모습을 감추었고 비옥한 토양은 유실되었으며 있는 땅이라고는 모두 말라 비틀어져 버렸다. 이것은 2400여 년 전 고대 그리스의 철학자인 플라톤의 한탄이다.

『크리티아스』 줄거리

플라톤(Platon, 기원전 427~기원전 347년)이 탄식한 고대 그리스의 자연 환경은 이야기의 앞뒤가 바뀌어 있으므로 재구성해서 소개하겠다. 이야기는 우선 아테나이(아테네의 옛 이름) 남서부의 언덕 아크로폴리스의 상황이 옛날과 상당히 달라지고 말았다는 데서 시작한다.

하룻밤 사이에 엄청나게 내린 폭우가 토사를 씻어 내 아크로폴리스를 벌거숭이로 만들고 동시에 지진과 함께 …… 대홍수가 일어나 그곳을 지금과 같은 황량한 꼴로 만들어 버린 것이지.

대홍수가 여러 차례 일어나고 그 기간 내내 고지대에서 토사가 흘러내리는 재해를 겪다 보니 흙이 다른 지방처럼 이렇다 할 만한 퇴적층을 이루지 못한 채, 언제나 소용돌이치듯 돌면서 흘러내려가 깊은 바다 속으로 사라져 버렸던 거야.

그리하여 당시와 달리 지금은 비옥하고 부드러운 토양이 모조리 유실되어 마치 병든 몸의 뼈마냥 앙상한 땅 덩어리만 남게 된 것이네. 작은 섬에서나 있을 법한 일이 일어난 것이지.

플라톤은 이렇게 자연이 황폐해지기 전의 그리스를 다음과 같이 회고한다.

(아티카의) 경계선에 둘러싸인 이 땅은 그 어떤 땅보다도 비옥했고 바로 그 때문에 당시 농사일을 면제받고 있던 대부대(部隊)까지 먹여 살릴 수 있었다더군.

그때는 지금처럼 빗물이 벌거숭이 땅에서 바로 바다로 흘러가 없어져 버리는 일이 없었네. 오히려 토양이 두터웠던지라 빗물을 받아들여 담수가 잘 되는 점토로 된 땅에 저장했다가 그 흡수된 물을 고지대에서 계곡들로 흘려보내 모든 지역에 풍부한 샘물 줄기와 강물 줄기를 제공했다네. 이전에 그 물줄기에서 솟아나는 샘들이 있었던 자리에는 아직까지도 신전들이 남아 있는데 그것이 지금 이 땅에 관해 이야기한 내용이 옳다는 증거라 하겠네.

당시는 재해를 입지 않은 상태라 산들은 개간하기 좋은, 높은 구릉 지대들을 가지고 있었고 오늘날 돌흙 평야라고 이름 붙여진 곳 또한 비옥한 땅으로 가득 채워져 있었으며, 산들은 숲이 울창했네.

아티카의 산들 중에는 …… 가장 큰 집의 덮개로 쓰이는 나무들을 거기서 베었고 그것으로 만든 지붕들은 아직도 건재하거든. 그리고 그 밖에도 키가 큰 과일 나무들이 많아 가축들에게 무진장으로 사료를 제공해 주었네.

환상의 대륙, 아틀란티스

『크리티아스(*Kritias*)』는 플라톤이 만년에 아테나이에서 집필한 것으로 생각된다. 플라톤의 이름을 모르는 사람은 없겠지만 그의 저작을 읽은 사람은 그렇게 많지 않을 것이다. 그 가운데 가장 많이 읽힌 것으로 알려진 저작이 바로 이 책이다. 부제에도 나오듯 환상의 대륙이라 불린 아틀란티스에 대해 쓰여 있다는 것이 그 가장 큰 이유다.

이 책에서 아틀란티스 대륙의 전설은 아테나이의 정치가 솔론(기원전 639?~기원전 559년?)이 이집트의 신관에게 전해 들은 이야기로 등장한다. 그는 정치 개혁으로 알려진 그리스 7현인 중 하나이다.

그 문서가 플라톤가(家)에 전해졌고 그의 증조부에 해당하는 이 책의 주인공 크리티아스가 문서의 내용을 소크라테스와 또 다른 두 사람의 친구에게 이야기하는 형태를 띠고 있다. (플라톤의 가계도에는 크리티아스라는 이름이 3명 등장하는데 이 책의 크리티아스는 플라톤과의 연령 차로 보았을 때 다른 사람이라는 설도 있다.)

아틀란티스 대륙은 9000년도 넘은 과거에 아테나이가 지휘하던 폴리스(도시 국가) 연합군이 강대한 군사력과 고도의 기술을 자랑하는 아틀란티스 대제국을 상대로 싸워 승리했다는 일화로 역사에 등장한다. (다른 저서인 『테마이오스』에서도 이것을 다루고 있다.)

이 대륙은 실재했던 것일까? 만약 그렇다면 어디에 있었을까? 사실은 산토리니 섬(테라 섬)이었다는 주장의 지중해설, 카나리아 제도 쪽이었다는 대서양설이 뒤섞여 풍성한 논쟁이 지금까지도 이어지고 있다.[2] 나치의 간부들은 아틀란티스 대륙을 아리아 민족의 발상지로, 자신들을 그 자손이라고 믿었다 한다.

아틀란티스와의 전쟁에서 승리한 아테나이는 약 2만 명의 강대한 군사력을 보유하고 있었다. 그만큼 많은 자원을 필요로 했으며 군선이나 무기 등의 제조, 연료나 목재를 위한 벌채, 식량 증산을 위한 개간 등의 이유로 자연 파괴가 심화되었다고 생각해 볼 수 있다.

아틀란티스 논쟁이라는 그늘에 가려졌지만 이 책은 세계 최고(最古)의 환경서라는 평가도 받고 있다. 삼림 손실로 토양 유실이 초래되었으며, 그것이 농업 생산을 떨어트리고 자연재해를 불러왔다는 인과 관계를 이 시대에 지적한 플라톤의 혜안에 탄복할 수밖에 없다.

몇 번이나 그리스를 방문한 적이 있지만, 아테나이의 영광을 전하는 수많은 고대 유적에서 바라보는 경치는 바위산 천지로 황량하기만 했다. 그가 말한 돌흙 평야를 직접 볼 때마다, 『크리티아스』의 뛰어난 묘사를 떠올리게 된다.

나무를 잃고 쇠퇴한 에게 해 문명

에게 해(그림 20-1)의 크레타 섬은 기원전 2700년경에 그리스 문명의 선구자 격인 미노아 문명이 발흥한 곳이다. 미궁으로 알려진 크노소스 궁전(그림 20-2) 등 청동기 시대의 최대급인 유적이 네 곳에서 발굴되었다. 무역으로 이집트나 페니키아와도 교류했고 고도의 공예품을 생산했다. 세 종류의 문자가 쓰였다는 사실이 알려졌는데, 그중 하나인 선문자B를 1950년대에 영국 아마추어 연구자인 마이클 벤트리스의 연구진이 해독한 바 있다.

꽃가루 분석으로 기원전 2000년경까지 크레타 섬은 떡갈나무나 졸참나무, 소나무 등으로 뒤덮여 있었다는 사실이 알려졌다. 영국의 고고학자 아서 에번스가 발굴한 크노소스 궁전의 유적을 보면 거대한 기둥과 대들보에 거목을 넉넉하게 사용하고 있다. 지하 저장고에는 올리브유나 곡물을 저장하는 대형 옹기들이 늘어서 있고 선박 제

그림 20-1. 에게 해 지도

그림 20-2. (위) 발굴된 크노소스 궁전
그림 20-3. (아래) 역동적인 벽화들이 많이 발굴되었다.

조용의 청동제 도구가 대량으로 발견되었다. 또한 유적에서 발굴된 벽화에는 다양한 동물(그림 20-3)이 그려져 있어 당시의 풍부한 자연을 말해 주고 있다.

이 고도의 문명은 기원전 15세기에 갑자기 붕괴했다. 그 원인을 북쪽으로 120킬로미터 정도 위에 위치한 산토리니 섬에서 일어난 거대 분화(2장 참조)라 보는 설이 제기되어 왔다. 대형 쓰나미나 대량의 화산재 낙진으로 섬이 괴멸적인 타격을 입은 흔적이 섬 각지에 남아 있기 때문이다.

그러나 근년 나이테 연대학* 방법에 따른 분석은 다른 결과를 나타냈다. 화산재 속에 묻혀 있던 올리브 나무 등의 나이테를 측정한 결과, 화산이 분화한 연대는 기원전 1629년부터 기원전 1628년이라는 설이 유력해졌다. 영국, 독일, 스웨덴, 미국 등에서 실시한 나이테 분석에서도 이 해의 나이테 폭이 이상하게 좁아 분화 당시 저온화(15장 참조) 현상이 동반되었음을 시사하고 있다.[3] 이것이 사실이라면 문명의 붕괴는 화산이 분화하고 상당히 시간이 흐른 뒤의 일이 된다.

존 펄린(John Perlin)은 『숲의 서사시(A Forest Journey)』에서 "미노아 문명을 붕괴로 이끈 근본 원인은 화산의 분화가 아니라 삼림 자원의 고갈이었다."라고 주장한다.[4] 금속을 정련하고 토기를 굽고 거대 건축물을 쌓아 올리는 데는 많은 목재가 필요했지만 효고 현 크기 정도로 작은 나라의 삼림 자원으로는 한계가 있었다. 섬의 나무를 모조리 베어 내 목재 수입국으로 전락했고 주변국들에 손을 벌려야만 했다.

삼림 자원의 고갈로 건축재뿐 아니라 토기나 청동기를 만들 연료

---

* 나이테 연대학[5] : 온대·한대 등 연간 기후의 변화가 분명한 토지에서 자라는 나무에는 매년 나이테가 형성된다. 나이테의 폭은 기온이나 강수량 등 환경 요인에 따라 크게 변한다. 이미 연대가 파악된 수목의 나이테 폭이 해마다 어떻게 변화했는지를 장기간에 걸쳐 정리해 표준 나이테 곡선을 만들고, 여기에 수목 시료(試料)를 대조·확인해 연대를 측정하는 방법이다. 유럽과 미국에서는 1만 년 전후의 나이테 곡선이 완성되어 있으며 고고학, 건축사, 지질학 등에서 실용화되고 있다. 일본에서도 도다이지 니오(仁王) 상의 제작 연대 파악이나 호류지 재건설(일본 나라 현의 사찰인 호류지의 금당이 창건되었을 당시 그대로의 건물이라는 비(非)재건설과, 현재의 금당은 670년경에 일어난 화재 이후 700년경 재건한 것이라는 재건설 간의 논쟁이 있다.—옮긴이)의 보강 작업, 또 진위 논쟁이 자주 발생하는 엔구부쓰(円空佛)의 감정 등에서 그 위력을 발휘하고 있다.

역시 형편이 부족해졌고 그것을 수출할 배마저 만들 수 없게 되었다. 숲의 파괴는 토양의 열화로 이어져 곡물 생산성이 저하되었다. 이런 현상이 크레타 섬의 미노아 문명을 멸망시킨 가장 큰 원인이었다고 보는 것이다. (그림 20-4)

멸망한 문명을 대신해 기원전 1450년경 지중해의 새로운 패권으로 등장한 것이 펠로폰네소스 반도의 미케네와 티린스이다. 미노아 문명과 마찬가지로 지중해 교역으로 발전해 크레타 섬을 정복한 것으로 생각된다. 꽃가루 분석으로 이곳에도 소나무 숲이 풍성하게 우거져 있었다는 사실이 파악되었다.

삼림 자원을 배경으로 토기나 청동기를 생산했고 멀리 떨어진 남부 이탈리아나 시리아, 이집트까지 수출을 했다. 이들 지역에서는 미케네에서 생산된 공예품이 발굴되고 있다. 또한 군선이나 이륜 전차도 다수 건조되었다. 미케네는 10명 정도의 병사가 탑승할 수 있는 군선을 100척 이상 보유했다고 한다.

그림 20-4. 숲을 잃은 크레타 섬

경제 규모가 확대되자 기원전 13세기에는 인구가 급증했고 산업이나 민생용의 연료 수요가 증가했다. 농·목축지나 거주지를 위해 삼림을 베어 내고 개간하는 일이 진행되었고 따라서 삼림은 급격하게 줄어들었다. 발굴 조사의 결과로 홍수나 토사 재해가 늘어 갔다는 사실도 파악되었다. 연료가 부족해지자 토기나 청동기의 생산도 궁지에 몰렸던 것 같다.

미케네는 식량과 목재를 구하기 위해 나라 밖으로 발을 내딛었다. 에게 해를 사이에 두고 반대편 해안에 있었던 트로이(트로이아)는 상업 도시였지만 그 배후에는 풍부한 삼림이 있었다. 미케네를 중핵으로 하는 그리스의 연합군이 아시아의 강국 트로이에 맞섰던 트로이 전쟁이 이 자원을 둘러싸고 벌어진 것이라는 설도 있다. 호메로스(Homeros)가 서사시 『일리아드(Iliad)』[6]에서 그린 그 전쟁 말이다.

신화 속에서는 대신(大神) 제우스가 인간의 약탈 때문에 황폐해진 대지를 슬퍼하며 이것을 회복하려면 과도한 인구를 줄이는 방법 밖에 없다고 결의해 전쟁을 일으켰다는 이야기가 나온다.

19세기 말에 하인리히 슐리만(Heinrich Schliemann, 1822~1890년)이 트로이 일대의 유적을 발굴하는 데 성공한 이래로, 이 전쟁이 실재했느냐 아니냐의 논쟁이 계속되고 있다. 트로이의 발굴이나 히타이트 유적에서 발견된 점토판 문서로 이곳에서 대규모 화재나 파괴가 있었다는 사실은 증명되었다.

그러나 현실 속에서 영화를 떨치던 미케네 문명은 삼림을 잃고 자멸하는 모양으로 쇠퇴하고 있었다.

아테나이의 황금시대

기원전 2000년경부터 발칸 반도의 남단 그리스 일대에 아카이아 인, 이오니아 인, 도리아 인이 남하했다. 그들을 통틀어 그리스 인이라 부른다. 기원전 750~기원전 550년이 되자 에게 해의 섬들에서 시칠리아 섬이나 남부 이탈리아, 현재의 마르세유, 동쪽으로는 아나톨리아 반도의 서해안, 흑해의 동쪽 해안 등에 이르는 넓은 영역에 걸쳐 폴리스가 세워졌다.

폴리스는 서로 동맹을 맺거나 싸우면서 분립해 갔다. 폴리스의 정체(政體)는 지역에 따라 아테나이처럼 전 시민이 참가하는 직접 민주정부터 스파르타와 같은 왕정 국가까지 다양했다.

그리스의 번영을 의식한 이웃 나라 페르시아가 두 번에 걸쳐 침공을 계획하지만 마라톤 전투와 살라미스 해전에서 패배한다. 이 전쟁 때문에 아테나이의 마을들이 전부 타 버리기는 했지만 시민들 사이에서는 마을을 재건해 대국에 걸맞은 도시로 만들자는 기운이 높아졌다. 재건을 위해 막대한 양의 목재와 자재가 투입되었고 아테나이의 마을들은 건축 열풍에 휩쓸렸다.

그중에서도 최대 공사는 전쟁으로 파괴된 파르테논 신전의 재건이었다. 기원전 447년에 착공해 기원전 438년에 완공되었다. 당시로서는 매우 참신한 설계로 내부에는 금과 상아로 장식한 높이 11미터나 되는 여신상을 안치했다.

지금은 대리석 부분만 남아 있지만, 원래 파르테논 신전에는 천장이나 지붕을 떠받치기 위한 도리나 마룻대의 들보 등에 거목이 풍부하게 사용되었다. 건축에는 무거운 대리석이나 재목을 들어 올리는 목제의 윈치가 쓰였다. 윈치 한 대를 만드는 데 대목 2~3그루는 필요했는데 신전 건설을 위해 이러한 윈치가 몇백 대나 설치되었다.

함선 건조나 신전 건축에 필요한 막대한 비용은 아테나이 남쪽의 라우리온 은광에서 캐낸 은으로 주조한 화폐로 조달했다. 은을 함유한 방연광(方鉛鑛)을 고온에서 녹여 은을 추출했다. 2000개가 넘는 수직 갱도의 흔적이 현재도 남아 있다. 이 공정의 연료로 대량의 목탄이 필요했다.

당시의 기록을 보면 이 정련 공정에서 유황 산화물이 배출되어 근처 산의 수목이 고사했고 기원전 5~기원전 4세기에는 경관마저 완전히 바뀌어 버렸다고 한다. 고대판 아시오 구리 광산이었던 셈이다. 주민들의 고충이 커서 배출된 연기를 확산시키기 위한 고층 굴뚝도 세웠다고 한다.[7] 그것은 고대 로마에서도 마찬가지였다. 스트라본(Strabon, 기원전 64?~기원후 23년?)은 『지리서(*Geographika*)』에서 대기오염이 발생하자 굴뚝을 높게 만들어 매연을 확산시키는 것으로 대처했다고 기록했다.

이쯤에서 떠오르는 것은 1914년 이바라키 현의 히타치(日立) 광산에 높이 155.7미터로 세워진 세계 제일의 고층 굴뚝이다. 히타치 광산의 해로운 연기로 주변 산림이나 수목, 농산물에까지 피해가 확대되었고 이에 주민들이 항의하면서 매연의 분산을 꾀하기 위해 건설되었다.[8] 영국에서 고층 굴뚝으로 오염을 확산시킨 결과 산성비를 북유럽까지 퍼뜨린(12장 참조) 일도 마찬가지다. 2000여 년이 흘러도 발상은 바뀌지 않았다.

기원전 4세기, 목재 부족이 심각해지자 라우리온 은광의 기술자들은 연료를 손에 넣을 수 없게 되었다. 그들은 수입 자재에 의존하게 되었고 따라서 정련 공장을 수송이 편리한 해안 부근으로 옮겼다. 또 연료 절약을 위해 정련 공정에 드는 목탄의 양을 줄이는 방법도 고민하게 되었다.

이곳의 은으로 만든 주화는 그리스 세계의 공통 통화였다. 아테나이는 이 은화를 군비 증강에 투입해 신형 군선을 건조했으며 최신 장비로 무장한 3000명의 장갑 보병을 보유할 수 있었다.

이러한 건설 열풍과 목탄의 대량 소비 등의 결과로 아테나이가 있던 아티카 지방의 삼림은 모습을 거의 감추어 버렸다. 기원전 5세기 중반의 자료에 따르면 당시 아티카 지방의 목재나 탄의 가격이 높이 뛰었는데 이것으로도 삼림이 파괴되고 있었다는 사실이 증명된다.

아테나이는 그 대책으로 타국의 영토에 야심을 불태우기 시작했다. 아테나이는 에게 해 북쪽 끝에 있던 암피폴리스 지방을 노렸고 기원전 465년 이 지역에 1만 명의 개척민을 보낸다. 목재 확보가 그 목적이었다.[9]

삼림을 빼앗길 수 있다는 위기감을 느낀 암피폴리스의 주민들은 아테나이의 개척민을 모두 죽여 버린다. 그로부터 30년 후 펠로폰네소스 전쟁이 시작되자마자 아테나이는 군을 파견해 암피폴리스를 점령하는 데 성공한다.

아테나이와 스파르타의 대결

펠로폰네소스 전쟁(기원전 431~기원전 404년)은 아테나이를 맹주로 하는 델로스 동맹과 스파르타를 중심으로 하는 펠로폰네소스 동맹 간의 싸움이었다. 그리스 최대의 해군력을 가진 아테나이와 최강의 지상 병력을 자랑하는 스파르타의 대결이기도 했다. 그러나 아테나이가 우위를 점한 함선을 유지하기 위해서는 배를 만들 재료가 반드시 있어야 했다.

스파르타는 이 약점을 노리고 개전 후 즉시 아티카에 침공해 남아 있던 나무들을 전부 베어 버렸고 올리브 농장을 모조리 파괴했다. 생태계 파괴를 노렸던 베트남 전쟁의 고대 버전이었다고 할 수 있다.

펠로폰네소스 동맹군의 아티카 공격에 대항해 아테나이는 농성 작전에서 철수하고 우위를 점하고 있던 해군으로 상대의 요충지를 공격하는 작전에 나섰다. 그러나 농성 때문에 인구 밀도가 높아졌던 성 안에서 전염병이 발생해 시민의 3분의 1이 사망하는 최악의 결과를 불러왔다. 인플루엔자였다는 설도 있고 천연두라는 설도 있는 이 전염병으로, 전쟁을 주도한 아테나이의 지도자 페리클레스도 목숨을 잃었다.

비록 해전에서는 아테나이군이 우세했지만 전세는 스파르타에 유리하게 흘러갔고 양 동맹 간 화평이 성립했다. 그러나 그 직후 또 다시 전투가 개시되었고 결국에는 페르시아의 지원을 얻은 스파르타가 승리를 거둔다.

잇단 전쟁으로 삼림의 파괴나 토양의 열화가 진행되었다. 어떤 지주가 남긴 기록에 따르면 큰 비가 내리기만 하면 빗물은 엄청난 기세로 길을 따라 흘러갔고 길이 막히면 그 진흙물이 근처의 농지로 넘쳐 토지를 떠내려가게 했다. 나중에는 자갈 정도밖에 남지 않게 되었다.

명문가에서 태어난 플라톤은 4세 때 펠로폰네소스 전쟁을 맞이했다. 전쟁의 혼란 속, 그는 주변에서 환경의 참상을 목격하며 자랐다. 소크라테스로부터 가르침을 받았고 스승의 처형을 계기로 철학의 길을 걷기 시작했다. 당시 사람들은 전란에 고통 받고 있었으며 국토는 그야말로 황폐해 있었다. 이런 상황에서 플라톤은 오래전 아틀란티스의 이야기를 꺼내며 번영과 인간의 어리석음에 따른 비극을 말하려 했던 것이라는 이야기도 있다.

그리스 세계는 만성적인 내전 상태에 빠져들었고 서서히 쇠퇴했다. 기원전 4세기 중반쯤 되자 변경에서 반쯤 이민족 취급을 당하던 마케도니아 왕국이 세를 키워 갔고 기원전 338년에는 아테나이 연합군을 격파하고 그리스를 통일했다. 그 후 마케도니아는 페르시아도 정복하고 이집트에서 인도에 이르는 대제국을 쌓아 올린다. 폴리스는 독자성을 잃어 갔고 기원전 2세기 이후 로마의 지배하에 놓인다.

그리스 땅에서 무슨 일이 일어났을까?

그리스는 국토의 70퍼센트가 산악 지대로, 석회암 산에서 양질의 대리석이 산출된다. 이 대리석이 그리스의 웅장하고 아름다운 조각과 건축물의 밑바탕이 되었다. 그러나 한편으로 석회암은 비에 녹아 토양 침식을 받기 쉽다는 결점이 있다. 애초에 이곳에는 졸참나무, 너도밤나무, 소나무 등으로 이루어진 낙엽수와 상록수의 혼합림이 무성했다. 그러나 오랜 기간에 걸친 벌채와 토양 침식 탓에 현재 그리스에서 나무를 보는 것은 어려운 일이 되었다.

그리스는 여름에 건조하고 겨울에 비가 집중되는 지중해성 기후에 속해 있다. 생장기인 여름에 비가 적기 때문에 수목에는 가혹한 기후

로, 베어 낼 경우 재생되는 데 긴 시간이 걸린다. 농업도 올리브, 포도, 오렌지 등 건조 기후에 잘 견디는 과수가 중심이며, 여름에는 목초도 자라지 않기 때문에 가축을 산으로 이동시킨다.

현재까지 역사 속 가장 오래된 보리의 재배종은 약 1만 500년 전 중동의 '비옥한 초승달 지대'에서 시작되었다고 알려져 있다. 그 재배 지역이 서쪽으로 확장되어 그리스 본토로 전해진 것은 약 6900년 전이라 추정된다. 엠머밀이나 렌즈콩 같은 작물과 가축화된 양이나 염소, 돼지 등도 거의 같은 시기에 그리스로 전해졌다.

생산되는 곡물의 대부분은 겨울의 강우를 이용하는 가을 파종의 보리로, 밀은 일부의 겨울밀 생산을 제외하고 전부 수입에 의존해 왔다. 경작지가 적어 대부분의 폴리스에서는 식량 자급률이 30~40퍼센트에 불과했고 나머지는 이집트나 시칠리아, 흑해 연안 등에서 수입했다. 밀에 대한 높은 해외 의존은 고대 그리스가 식민지를 노리고 팽창한 이유 중 하나이기도 했다.

토지가 빈약하고 큰 하천도 별로 없었기 때문에 해마다 휴한기를 두는 이포식(二圃式)의 건조지 농업이 이루어졌다. 그렇게 해도 재배가 시작되고 약 500~1000년 후부터는 토양의 침식을 피할 수 없었던 듯하다. 인구가 늘어나자 연료, 건축 자재, 선재 등으로 사용하면서 삼림이 감소했고 방목한 동물들이 어린 나무를 먹어 치워 침식은 심해져만 갔다.

기원전 7세기경부터 대규모 자연 파괴의 징후가 나타나기 시작했다. 『크리티아스』에 묘사되어 있듯, 과거에는 풍성했던 삼림이 베어져 나가 산의 표면에서는 침식이 진행되었다. 지금은 암석이 드러나 있는

벌거벗은 토지가 예전에는 보리밭이나 방목지였다는 사실이 유적의 발굴 조사로 밝혀지기도 했다.[10]

기원전 700년경의 그리스의 시인 헤시오도스(Hesiodos)는 『일과 날(Opera et Dies)』[11]이라는 제목의 저작을 남겼는데 여기서 일은 농업을 의미하며, 계절을 따르는 농업이 신들의 뜻에 맞는다는 주장을 담고 있다.

세계 최초의 농사력(農事曆)으로 여겨지는 이 시가는 후세에도 커다란 영향을 끼쳤다. 읽다 보면 땀 흘리며 산의 경사면을 경작하는 그리스 농민의 모습이 그려진다. 무엇보다 "굶주림을 어떻게 막을지 생각하자."라고 지겨울 정도로 강조하며 집의 들보나 짐수레, 농구나 망치, 쟁기의 제조법, 산에서 베어 낸 목재의 이용 따위에 대해서도 상세히 서술하고 있다.

『크리티아스』에도 이름이 나오는 솔론은 기원전 590년경의 아테네에서 "토양 유출이 너무 심하므로 급사면에서의 농업은 금지해야 한다."라고 주장했다. 단 올리브만은 제외였다. 올리브 나무는 석회암 속으로까지 깊게 뿌리를 내리기 때문에 토양 침식이 격심한 땅에서도 자랐고 심지어는 침식을 막기도 했다. 아테나이의 전제 군주 페이시스트라토스(Peisistratos, 기원전 600?~기원전 527년?)는 올리브를 심는 농민에 대한 장려금 제도를 도입하기도 했다.

소크라테스의 제자로 알려진 군인 크세노폰(Xenophon, 기원전 427?~기원전 355년?)도 『가정론(家政論, Oeconomicus)』에서 농장 경영론을 설파했다. 이처럼 시인이나 군인까지 농업에 커다란 관심을 가졌던 배경에는 인구의 증가와 자연의 황폐화에 따른 농업의 침체가 있었던 것으로 보인다. 아테나이 인이 예술이나 과학, 교역에서 뛰어났던 것은 농지가 부족해 농업 이외의 것으로 수입을 내야만 했기 때문이라는 설명도 있다.

그 후 그리스의 삼림 파괴는 더욱 심해졌고 숲의 보호를 위한 법률이 잇달아 시행되었다. 그 가운데 3개는 아티카 지방의 숲을 대상으로 하는 법률이었다. 라우리온 은광의 주변에서 나무를 베는 것은 금지되었고, 나무를 훔치다 붙잡힌 자는 처벌받았다. 금령을 어긴 이들 대부분은 생활 연료가 필요했던 항구 주변의 가난한 시민들이 아니었을까.

아티카 지방의 또 다른 숲에서도 잔가지 하나 빼 오는 것까지 엄하게 금지했다. 이를 어길 경우 노예는 50번의 채찍형, 자유민은 50드라크마의 벌금형에 처해졌다.

아테나이의 패권을 지탱한 나무들

기원전 6세기에 들어서자 플라톤이 기술한 대로 고대 그리스의 삼림은 괴멸하고 만다. 계속된 전쟁으로 조선용 목재의 벌채가 급증한 것이 가장 큰 원인이었다. 당시의 목재는 현재의 철이나 석유를 합친 정도의, 최고로 중요한 자원이었다. 그리스 세계는 점점 목재를 손에 넣기 위한 전쟁의 장이 되어 간다.

당시 주력함이었던 삼단노식(三段櫓式) 군선은, 구조는 간단한 데 비해 배를 움직이는 데 가해지는 하중은 높았기 때문에 수명이 짧았다. 대부분의 군선이 건조 후 10년도 버티지 못한데다가 해전에서의 소모율도 높았다. 함대를 유지하기 위해서는 매년 많은 군선을 건조해야만 했다.

아티카 지방의 삼림만으로는 군선의 건조에 빠트릴 수 없는, 줄기 지름이 30센티미터 이상인 침엽수를 거의 손에 넣을 수 없었고 에게 해의 섬들이나 소아시아의 도시 국가 등 아테나이의 동맹국에서 수입도 불가능했다. 이 나라들도 마찬가지로 목재 부족에 시달리고 있었기 때문이다.

해군국의 최대 관심사는 선박 자재를 어떻게 확보하느냐에 있다. 에게 해의 패권을 다투었던 페르시아와의 대결도 애당초 배의 재료로 쓰일 목재를 둘러싼 싸움이기도 했다. 그리스 북방과 소아시아 전역이 페르시아에 지배당하고 있었기에 아테나이는 목재의 입수에 곤란을 겪었다. 시칠리아 섬에도 거목이 무성한 삼림이 있었으나 이곳을 지배하던 겔론 왕은 페르시아 쪽으로 기운 정책을 취했고 아테나이에 대한 목재 제공을 거부했다.

페르시아의 기본 전략은 그리스의 폴리스들이 군수 물자인 목재를 손에 넣지 못하도록 방해하는 데 있었다. 기원전 492년에 아테나이의 집정관이 된 군인 테미스토클레스(Themistocles, 기원전 524?~기원전 460년?)는 취임 즉시 200척의 군선을 건조해 아테나이를 그리스 최대의 해군국으로 만들었다. 이 재료들은 대부분 풍부한 숲으로 둘러싸여 있던 그리스 북부의 테살리아와 마케도니아에서 수입되었다.

테미스토클레스는 이 거대한 함대를 이끌고 대외 전쟁에 임했고 기원전 480년 살라미스 해전에서 국왕 크세르크세스(Xerxes, 기원전 ?~기원전 465년)가 이끄는 페르시아 해군을 격파했다. 제해권을 장악한 아테나이는 아군과 적군을 묻지 않고 해군력으로 압력을 가했고 교역로를 장악해 국력을 키워 갔다. 막대한 부가 흘러들어 왔고 아테나이는 그리스의 패권을 움켜쥐었다.

인류의 발자국

기원전 4세기의 그리스에서는 열악한 환경에서 살아남기 위한 새로운 기술에 관심이 집중되었다. 크세노폰은 『가정론』에서 숲의 파괴와 토양의 침식으로 약해진 지력을 회복하고 생산성을 높이기 위한 방법을 논하고 있다. 그는 당시 그리스 토양을 늙은 소에 비유해 "늙은 소가 송아지에게 젖을 주고 제대로 길러 내는 일이 어려운 만큼 피폐한 땅에서 질 좋은 밀을 대량으로 수확하기는 어려운 일이다."라고 설명했다.

아리스토텔레스는 가정 난방에 사용하는 땔감을 줄이는 방법을 제안했다. 그만큼 땔감의 가격이 올랐다는 의미다. 그는 "집을 쾌적하게 만들려면 겨울에는 양달을 잘 이용해 북쪽에서 오는 한기를 막아야 한다."라고 말했다. 기원전 4세기 그리스 세계의 많은 지역에서는 태양열을 담아 둘 수 있도록 집의 방향이나 차양의 각도를 고려한 가옥이 널리 이용되었다. 오늘날 말하는 패시브 하우스인 셈이다.

이후 그리스의 자연은 바위투성이의 황량한 경관이 계속되고 있다. 그리스에 인류가 나타나기 이전 국토의 삼림 비율은 84퍼센트였다고 추정되지만 FAO의 『삼림백서 2007년 판』에 따르면 이제 삼림은 29퍼센트밖에 남아 있지 않다.

고대 이집트에서 시작해 에게 해의 섬들, 그리스, 이탈리아 반도, 소아시아, 시리아, 레바논, 팔레스타인, 튀니지 등 ……. 지중해 지역에 이룩되었던 숱한 고대 문명들, 그들은 숲을 먹어 치우며 번영을 누렸고 또 쇠퇴해 갔다. 버넌 길 카터(Vernon Gill Carter)와 톰 데일(Tom Dale)이 갈파한 것처럼 "인류는 지구의 표면을 걸어가며 그 발자국 뒤로 황야를 남겼다."[12]

제철이 망쳐 버린 숲

시바 료타로, 『가도를 간다 7: 고카와 이가의 길, 사철의 길 외』[1]

문명의 원동력 중에 하나만 꼽으라면 철이라는 답이 나오지 않을까. 무기나 농기구의 성능이 비약적으로 향상되었고 교통 기관부터 토목건축, 일상용품까지 우리들은 생활의 모든 것을 철에 의존하고 있다. 그러나 철을 만들기 위해 우리는 무엇을 잃어야만 했을까. 필자는 독특한 역사관으로 그것을 말하고 있다.

『가도를 간다 7』 줄거리

내용은 고대의 제철과 그것을 위해 잃어야 했던 숲의 역사다. 필자는 제철 기술의 발명이 인류 발전의 원동력이 되었다고 말한다. 철제 도끼로 삼림의 벌채 속도가 비약적으로 상승해 농지가 늘었으며 농기구나 조리 기구의 성능이 좋아지면서 식량 공급이 안정되었기 때문이다. 게다가 철제 무기를 이용한 무력 제압으로 대국이 성립할 수 있었다고 말한다. 그러나 한편으로 제철 기술의 보급은 인류 스스로의 목을 조를 정도로 환경을 파괴해 버렸다고 지적한다.

고대부터 유럽이 광석에 의존한 것과 달리 동아시아에서 제철은 주로 사철에 의존했다. 사철은 화강암이나 석영 조면암이 있는 곳이라면 어디에나 있었다. 문제는 그것을 녹일 목탄이었다. …… 고대에 비해 열효율이 좋았던 에도 중기의 제철법에서도 사철에서 1200관(貫, 무게의 단위. 한 관은 3.75킬로그램에 해당한다. ─ 옮긴이)의 철을 얻는 데 4000관이나 되는 목탄이 쓰였다. 4000관의 목탄은 산 하나를 벌거숭이로 만들 만큼 나무를 베어야 하는 양이다.

제철은 틀림없이 한반도에서 전해졌으리라고 생각된다. 한반도 제철의 역사는 …… 황허 유역의 한(漢) 족의 그것과 같을 만큼 오래전에 시작된 것으로 보인다. 7세기에 신라가 3국을 통일하기까지 한반도의 높은 문화 수준은 현해탄을 사이에 둔 섬나라와는 도저히 비교될 수준이 아니었다.

동아시아에서 일본은 철기의 후진 지대였다. 그저 철기의 도래가 늦은 것뿐만 아니라 청동기 시대마저 경험하지 못했다. 요컨대 이 섬에 사는 사람들은 야금(冶金, 광석에서 금속을 골라내는 일 혹은 골라낸 금속을 정제·합금하여 목적에 맞는 금속재를 만드는 일 ─ 옮긴이)으로 강력한 생산력을 가질 수 있다는 사실도 모른 채 오랜 세월을 보냈던 것이다.

중국 대륙과 비교하면 믿기 어려울 정도의 격차가 있었다. 중국에서는 청동 기술이 은·주 시대에 이미 오늘날의 기술자들마저 경탄할 정도로 발달해 있었으며 은 말기경(기원전 1100년 전후)에는 이미 철이 나타나고 있다. 기원전 3세기 이후에는 광범위하게 보급되었다 하니 일본에서의 보급은 엄청나게 뒤처졌던 셈이다.

철과 인류의 관계에 천착하다

시바 료타로(司馬遼太郎, 1923~1996년)의 본명은 후쿠다 데이이치(福田定一)이며 오사카 시에서 태어났다. 필명은 '사마천을 따라잡기에는 요원하다(司馬遷遼に及ばず)'라는 뜻이다. 산케이신문사 재직 중 『올빼미의 성』으로 나오키상을 수상했고 이듬해 퇴직해 작가 생활에 들어갔다.

대표작으로 『료마가 간다』, 『언덕 위의 구름』, 『나라 훔친 이야기』, 『나는 것처럼』, 『유채꽃의 바다』 등이 있으며 전국 시대, 도쿠가와 바쿠후 시대, 메이지 시대를 다룬 작품이 많다. 또한 『가도를 간다』를 비롯한 많은 에세이에서 문명에 대한 비판을 활발히 전개했다. 그의 저작은 장편, 단편, 희곡, 에세이 등 다방면에 걸쳐 있다.

나는 시바의 저작 곳곳에 묻어나는 해박한 지식 속에서 환경사에 관한 부분을 찾아내는 일을 즐거움으로 여겨 왔다. 그 가운데 압권은 철과 사람의 관계를 묘사한 대목들이다. 원재료로서의 소비는 그 비중 면에서 플라스틱에 앞자리를 내주었지만, 철은 여전히 중후장대(重厚長大)형 산업에서 가장 중요한 소재이며 오늘날에도 여전히 첨단 기술의 보고이다.

시바는 '디딜풀무 제철'의 고향인 이즈모(出雲) 지방을 직접 걸으며 철을 모시는 신사나 철 기념관을 방문해 인류가 철과 어떻게 관계 맺어 왔는가를 종횡으로 논한다. 그는 철과 문명이라는 테마에 대단히 관심이 높았다. 이 책에서도 그는 다음과 같이 고백한다.

정말이지 내게 사철이란 최근 몇 년 간 마음 한구석에서 떠나지 않는 주제다. …… 사철을 씨앗으로 내 상상 속에는 고대 아시아의 세계가 경계도 없이 펼쳐지는데 가령 ……『관자(管子)』(중국 전국 시대에 만들어진 정치 사상서)에 나오는 문장이 그렇다. "산목을 베어, 산철을 일으킨다."

이 짧은 문장 속에서 철의 생산 과정이 선명하게 떠오른다. 산에서 사철을 캐내 철을 만드는 일은 우선 나무를 베어 내는 것에서 시작된다. 산철을 일으킨다는 것은 풀무로 바람을 내는 동작을 말하는 것 같다.

그는 『가도를 간다 7: 고카와 이가의 길, 사철의 길 외(街道をゆく7: 甲賀と伊賀のみち, 砂鐵のみちほか)』 외에도 고대의 철을 둘러싼 주제들에 대해 많은 책을 써서 남겼다. 『가도를 간다 21: 고베·요코하마 산보, 겐비의 길(街道をゆく21: 新戸·橫浜散步, 藝備の道)』[2] 중 「겐비의 길」 장에 나오는 '간나나가시(鐵穴流し, 에도 시대 주고쿠·산인 지방에서 대규모로 행해졌던 사철 채집 방법. 하천이나 물의 파쇄력으로 암석 가운데 토사와 사철을 분리해 내서 비중 차를 이용해 사철만 채취하는 방법 — 옮긴이)', 『16개 이야기(十六の話)』[3] 중 「수목과 사람」, 『이 국가의 형체 5(この國のかたち 五)』[4] 중 '철'에 대해 쓴 5장, 『역사와 풍토(歷史と風土)』[5] 중 「유목 문화와 고조선」, 홋타 요시에(堀田善衛)·미야자키 하야오(宮崎駿)와의 3인 좌담집인 『시대의 풍음(時代の風音)』[6] 중 「지구인에게 보내는 처방전」 장 등이 있다.

일본 제철의 역사

처음 대륙에서 일본으로 철이 도입된 것은 기원전 4~기원전 3세기 야요이 시대 중기로, 당시의 것으로 보이는 쇠도끼의 머리 부분이 후쿠오카 현 유적에서 발견되었다. 벼농사 기술과 같은 시기에 전해진 것으로 생각된다. 일본 열도에서 철 생산이 개시된 시기에 대해서는 야요이 시대설과 고분 시대(대략 3세기 중반부터 7세기 말까지 지배자의 권력을 과시하는 큰 규모의 봉분을 가진 무덤이 만들어진 시대 — 옮긴이)설로 나뉜다.『고사기』나『일본서기(日本書紀)』에도 제철에 관련된 기술이 남아 있다.

어떤 설을 따르든 야요이 시대에는 철이 들어와 있었다. 이를 재료로 국내에서의 철기 생산이 시작되었다. 2008년에는 아와지(淡路) 섬 북부에 있는 가이토(垣內) 유적에서 기원후 2~3세기 야요이 시대 후기의 대규모 철기 공방 터가 발견되었다. 한반도에서 들어온 철 소재를 화살촉이나 도끼 따위로 가공하고 있었던 듯하다.

시바는『역사와 풍토』에서 제철로 삼림을 잃어 가망이 없다고 판단한 한반도의 제철공이 대거 일본으로 건너왔다는 설을 전개한다.

경주 근처 영일만에서 배를 출발해 시마네, 돗토리, 그리고 아메노히보코(天日槍,『고사기』,『일본서기』에 나오는 신라의 왕자 — 옮긴이) 전설이 있는 다지마(但馬, 일본의 옛 지명. 현 효고 현 북부 — 옮긴이)의 다케노(竹野) 해안 부근으로 온 것이 아닐까요. …… 500명에서 1000명 정도 되지 않았을까 싶습니다. 조직화되어 있었으므로 개척지에 건너왔을 때 군사적으로도 토착민에 비해 매우 강했을 거라고 생각됩니다.

이러한 이주 기술자들이 작은 규모나마 제철을 개시했고 5~6세기의 고분 시대 후기에 본격화되었을 것이다. 일본은 제철 원료인 철광석은 매우 부족한 나라지만 화산국인 덕에 질 좋은 사철을 쉽게 얻을 수 있었다. 사철을 불살라 쇳덩이를 정제하는 제철 기술이 발달했다. 이 기술은 다다라 제철이라 불린다. 디딜풀무를 뜻하는 일본어 다다라(タタラ)는 『일본서기』 가운데 「하늘의 바위굴에 숨다(岩窟隠れ)」 부분에 등장하는 단어다.

> 이시코리도메(石凝姥, 일본 신화에 나오는 신. 돌로 된 주형으로 거울을 만드는 늙은 여인이라는 뜻—옮긴이)가 대장장이를 맡아 사슴의 가죽을 통째로 벗기고 하늘의 풀무를 만들어 아마노카구 산(天の香山, 일본 신화에 등장하는 산—옮긴이)의 금을 취해 태양의 창을 만들고······.

이 하늘의 풀무가 제철을 위한 다다라라는 사실을 바로 알 수 있다. 『일본서기』에는 진무 천황의 황후인 히메다다라이스즈노히메노미고토(媛蹈鞴五十鈴姫命)의 이름이 나온다. 이 공주는 이즈모의 신, 고토시로누시노미고토(事代主命)의 딸이라 추정되는데 철의 주요 산지인 이즈모 출신의 공주 이름에 다다라(蹈鞴)가 붙어 있는 것은 흥미로운 일이다.

다다라는 본래 제철에 필요한 공기를 운반해 주는 송풍 장치인 풀무 자체를 의미한다. 그러나 넓은 의미로는 다다라 제철의 설비 전체를 가리킨다. 다다라 제철은 철광석을 원료로 하는 제철에 비해 경도와 유연성 면에서 앞서는 질 좋은 철을 만들어 냈다. 농기구, 공구, 생

활 용구 등 고품질의 철제 용품이 만들어졌다.[7]

유황이나 인(燐) 등의 불순물이 함유된 철광석과 달리 사철은 원료 단계에서 불순물을 제거할 수 있었다. 다다라 제철로 만든 쇳덩어리는 현재의 제철 기술로도 따라잡지 못할 정도로 순도가 높았으며 이것으로 일본도를 만들어 냈다. 쇼와 시대 호류지의 해체 수리나 복원에 참여했던 궁대공(宮大工, 신사나 절 등의 건축을 전문으로 하는 목수— 옮긴이) 니시오카 쓰네카즈(西岡常一)는 『나무에서 배우자: 호류지·야쿠시지의 아름다움(木に學べ: 法隆寺·藥師寺の美)』[8]에서 다다라 제철로 만들어진 아스카 시대의 못은 두드려 치면 사용할 수 있었지만 가마쿠라 시대 이후의 것들은 전혀 그렇지 않았다고 말했다.

그러나 사철을 원료로 한 철은 총이나 대포를 주조하는 데는 적합하지 않았다. 철의 끈기를 높이는 망간의 함유량이 적었기 때문이다. 전국 시대, 아즈치모모야마(安土桃山) 시대(오다 노부나가와 도요토미 히데요시가 정권을 장악한 시대로 쇼쿠호 시대와 같은 시기를 이른다. — 옮긴이) 이후 다이묘들이 경쟁적으로 총을 제조하게 되자 중국이나 인도로부터 지나철, 남만철이 각각 수입되었다. 바쿠후 시대에는 군함의 건조나 대포의 주조를 위해 철이 대량으로 필요해졌고 서구에서 반사로 정련(천장의 열 반사로 가열하는 노(爐)를 이용해 금속을 제련하는 방식 — 옮긴이)과 용광로 제철이라는 근대적 기술이 도입되었다.

철의 양산 체제가 더욱 안정된 메이지 시대에 들어서자 생산성 낮은 다다라 제철은 차츰 사라졌다. 단 시마네 현의 히타치 금속 야스키(安來) 공장에서는 오늘날까지 다다라 제철 기술을 계승해 '야스키 강철'이라는 상품명의 특수 강철 생산을 이어 오고 있다. 이 특수 강철은 세계 굴지의 품질로 정평이 나 있다.

다다라 제철의 작업 공정

다다라 제철 작업은 다음과 같은 공정으로 진행된다. 먼저 산을 무너뜨리거나 개울 바닥을 파헤쳐 원료가 되는 사철을 채취한다. 원래는 야외에서 직접 구멍 뚫기로 채취했으나, 근세 초기 철의 수요가 늘어 화로의 개량이 진행되면서 위에서 설명한 간나나가시 방법이 채용되었다. 시바는 『가도를 간다 21: 고베·요코하마 산보, 겐비의 길』에서 히로시마 현 미요시 시에 사적으로 등록되어 있는 간나나가시 유적을 방문하기도 한다.

이것은 사철을 함유한 토사를 수로로 떨어트린 뒤 휘둘러 그 과정에서 다시 비중이 높은 철분만 걸러 내는 방법이다. 마침 도쿠가와 바쿠후의 쇄국령으로 인도에서 들어오던 지금철(地金鐵) 수입이 끊겼던 터라 주고쿠의 산지는 당시 일본 최대의 제철업 지대로 발전했다.

정련 과정을 보자. 먼저 노상(爐床)을 깊게 만들어 돌과 숯을 층층이 채우는 방식으로 가마의 토대가 되는 상(床)을 세운다. 다음으로 점토로 만든 다다라 화로를 설치한다. 벽돌도 돌을 배치하는 기법도 없었던 당시의 일본으로서는 숯과 재로 노를 만들어야 했기 때문에 나무를 태운 뒤 굳혀 불에 잘 견디는 노를 만드는 데는 고도의 건축 기술이 필요했다.

그리고 연료는 목탄이다. 대량의 수목을 산에서 베어 숯장이들이 목탄을 만들었다. 다다라 화로로 사철과 목탄을 교대로 지피고, 풀무로 바람을 불러들이며 1500도 이상의 고온을 유지시킨다. (그림 21-1)

그림 21-1. 에도 시대의 다다라 제철의 조업 풍경. 중앙에서 풀무를 밟으며 공기를 보내고 있다.(『게이슈가케스미야데쓰잔 두루마리 그림(芸州加計隅屋鐵山繪卷)』에서)

한 번의 작업에는 최저 10명의 인원이 투입되었고 3일 밤, 약 70시간에 걸친 가혹한 노동이었다. 잠도 휴식도 없이 노를 태우면서 바람을 계속 보내면 사철이 녹아내려 쇳덩이가 되었다.[9]

가부키나 연극에서 발을 헛디디는 동작을 '다다라를 밟는다.'라고 표현하는 것은 다다라 제철을 하던 당시 바람을 보내 주는 풀무를 다리로 밟는 동작과 매우 닮았기 때문이라고 한다.

통상 철이라 불리는 것은 함유한 탄소량에 따라 성질이나 용도가 크게 변한다. 일반적으로 탄소량이 늘어날수록 딱딱하지만 약해지는 성질이 있다. 야금학적인 분류로는 탄소량 0.02퍼센트 이하를 철(순철), 2.1퍼센트 이상을 선철, 그 중간을 강철로 구별한다. 선철은 녹기 쉽고 주조하기 쉽기 때문에 주물의 원료로 쓰였는데 오늘날에는 대개가 강철의 원료로 사용되고 있다. 강철은 단련이나 열처리에 따라 끈기나 단단한 정도를 바꿀 수 있으며 다양한 모양으로 성형할 수 있기 때문에 용도의 범위가 대단히 넓다.

다다라 제철로도 탄소량이 상이한 다양한 철을 만들 수 있었다. 일본도의 원료가 되는 옥강(玉鋼)의 경우 일급품의 탄소량은 1~1.5퍼센트, 이급품은 약 0.5~1.2퍼센트였고 날붙이를 만드는 데 쓰는 호쵸테쓰(包丁鐵)에는 0.1퍼센트 정도의 것이 사용되었다.

다다라 제철이 소비하는 막대한 목탄

다다라 제철이 왕성하게 이루어졌던 에도 시대 후반 오쿠이즈모(奧出雲)에서는 한곳의 다다라에서만 연간 60회가량 조업이 이루어지기도 했다. 화강암이나 석영 조면암의 용적을 기준으로 했을 때 사철에는 철분이 0.5~2퍼센트 정도의 미량밖에 함유되어 있지 않다. 그것을 목탄을 태운 열로 추출해야만 하는 것이다.

앞서 인용한 것처럼 사철에서 1200관(약 4.5톤)의 철을 얻는 데 4000관(약 15톤)의 목탄이 사용되었다. 철 제조에서 가장 중요한 조건은 목탄을 보급하는 힘이었다.

15톤의 목탄을 만들기 위해 18~30제곱킬로미터에 이르는 삼림이 필요했다. 당연한 수순이지만 다다라 제철은 대규모의 삼림 파괴를 불러왔다.

시바는 "세토의 해안선 대부분은 벌거숭이산뿐이었다. 말할 것도 없이 제철은 고열을 필요로 하고, 그 연료인 목탄을 공급하기 위해 모든 산의 나무가 죄다 벌채되었다. 주고쿠 산맥의 삼림만으로는 부족했기에 세토 내해의 섬들에 있는 나무마저 베어 버린 것이다. 세토 내해에서 번성했던 제염 역시 대량의 목탄을 사용했기에 지금과 같은 벌거숭이산이 나오게 되었다."라고 말했다.

그뿐 아니라 자연 파괴는 사철의 채굴 단계부터 시작되었다. 사다가타 노보루(貞方昇)의 『간나나가시에 따른 주고쿠 지방의 지형 환경 변모(中國地方における鐵穴流しによる地形環境變貌)』[10]에 따르면 파헤쳐져 무너진 것으로 보이는 간나나가시의 유적지가 시마네, 돗토리 등 주고쿠 산지 일대에 널리 분포하고 있다. 각각 모두 두께 수 미터에서 10미터 정도 채굴지가 붕괴되어 있었고 그 합계 면적은 무려 190제곱킬로미터에 이른다고 한다.

근세 초기에 철의 대량 생산이 진행됨에 따라 소모되는 산지의 규모가 커졌고 막대한 양의 폐토가 생겨났다. 하천에 폐기된 토사는 농업용수로를 가로막았고 강바닥을 높여 홍수를 불러일으켰으며, 논에 흘러들어 벼에 해를 입혔다.

사다가타에 따르면 시마네 현의 히이(斐伊) 강은 하구가 신지 호(宍道湖) 쪽으로 약 4킬로미터나 전진해 있다. 같은 현의 히노(日野) 강 하구의 경우에는 앞서 바다로 유출된 모래가 다시 연안류나 파랑에 의해 밀려들어 유미가하마(弓ヶ浜) 사주를 커다랗게 살찌웠다. 하구에 토사가 퇴적되며 평야를 넓혔고 간척을 용이하게 만들어 새로운 농지의

그림 21-2. 벼농사가 보급되면서 계단식 논의 개간이 점차 산허리 위쪽으로 올라가게 되었다.(1912년경 시가 현 야스 시)

개발을 돕는 결과를 낳았다.

이처럼 다다라 제철의 입지 조건은 풍부한 물과 나무였다. 간나나가시, 철의 냉각 공정, 제품의 수송에 편리한 물 근처가 아닌 이상 성립할 수 없었다. 이와 함께 연료인 목탄을 제공할 삼림이 필수적이었다. 일본은 급류라는 좋은 환경으로 둘러싸여 있는데다가 사철도 풍부했기에 독자적인 다다라 제철 기술이 탄생할 수 있었다. 수준 높은 일본 공업 기술의 뿌리라고 말해도 좋을지 모른다.

그러나 이것은 동시에 자연 파괴의 시작이기도 했다. 최근의 환경사 연구는 야요이 시대 이후 벼농사가 전국으로 확대되면서 숲이 급격하게 줄어들었다는 사실을 명백히 보여 준다. (그림 21-2) 또한 삼림 재생에 유리한 조엽수림 지대에서도 제철의 보급과 함께 숲이 감소해 갔다. 철이 숲을 먹어 치웠던 것이다.

다다라 제철과 모노노케 히메

시바의 『이 국가의 형체 5』는 제철 이야기에서 시작해 신화로 거슬러 올라간다. 이즈모 신화는 『고사기』에 수록되어 있는데, 그 신화의 시작에 등장하는 영웅신이 스사노오노미고토(須佐之男命)이다. 스사(須佐)는 사나움(荒)을 의미한다. 『고사기』, 『일본서기』에 이 신이 야마타노오로치(八岐大蛇)라는 괴물을 퇴치하는 대목이 있다. 시바는 이렇게 상상한다.

예로부터 시마네 현의 향토사가들은 이 괴물의 묘사가 고대 제철 집단의 우악스러움과 닮았다고 지적해 왔다. 야마타노오로치의 눈은 꽈리처럼 빨

갖다. 이 지점에서 제련할 때 다다라로 산소를 공급하는 순간의 빨갛게 잘 피어오른 잉걸불을 떠올리게 한다.

거기다 이 오로치는 8개의 머리와 8개의 꼬리를 갖고 있는데, 그 몸에서 노송나무나 삼나무가 자라며, 몸이 장대하여 그 전체가 8개의 골짜기와 8개의 봉우리에 걸쳐 있다. 배는 언제나 피로 짓물러 있다고 하니 제철 현장 이곳저곳에 사철로 붉게 녹슨 물이 흐르는 광경을 연상시킨다.

요컨대 사철을 채광하면서 산을 파헤쳐 무너뜨리고 간나나가시로 강의 유로를 바꾸며 나무를 마구 베어 내는 등의 무지막지한 사나움은 이전의 일본인들이 영위하던 일로는 보이지 않았던 셈이다. 평지에 사는 벼농사 농민들에게 자연재해를 불러일으키는 다다라 업자들이 눈엣가시였다는 사실을 상상하기 어렵지 않다.

스사노오노미고토는 늙은 농민 부부의 호소를 듣고 야마타노오로치를 퇴치했고 그 부부의 딸 구시나다히메(奇稻田姬)를 아내로 맞는다. 이 이름은 영묘한 논의 여신이라는 뜻이다.

제철의 역사를 논할 때 반드시 등장하는 이 신화는 에도 시대부터 다양하게 해석되었다. 모토오리 노리나가(本居宣長, 1730~1801년, 에도 시대의 국학자. 1798년에 35년간 몰두한 『고사기전』을 완성했다. ─옮긴이) 나 아라이 하쿠세키(新井白石, 1657~1725년, 에도 중기의 무사·유학자 겸 정치인 ─옮긴이) 등도 각각 자신만의 설을 주장했다.

구보타 구라오(窪田藏郞)는 한반도에서 오로촌 족 등의 제철 민족들이 도래하자 노부부가 자신들의 사철 광구를 빼앗길까 봐 스사노

오노미고토에게 의뢰해 침략자를 물리치고 광구를 지킨 이야기라고 해석한다.[11]

야마타노오로치가 나타난 시마네 현 야스키(安來) 시의 야마나카(山中)나 센쓰우(船通) 산 주변을 근원으로 하는 오로치 하천군에서는 다다라 제철이 성행했다. 이 야스기 시와 그 주변에는 퇴치된 야마타노오로치가 묻힌 장소에 여덟 그루의 삼나무가 심겼다는 전승이 남아 있다. 여덟 그루의 삼나무를 뜻하는 야스기(八杉)가 야스키(安來)의 어원이라는 설도 있을 정도다.

세계적으로 인기를 끌고 사회 현상이 되기도 했던 미야자키 하야오의 애니메이션 영화 「모노노케 히메(もののけ姫)」[12]는 다다라 터를 배경으로 전개된다. 배경은 전국 시대로, 에미시 일족의 후예이자 변방에 숨은 마을의 소년 아시타카가 주인공이다. 마을을 습격한 다다리가미(재앙신)의 저주에 걸린 아시타카는 저주를 풀기 위해 여행을 떠난다. 거기에서 그는 숲을 파괴하는 다다라 제철 집단과 인간의 횡포에서 숲을 지키려는 짐승들 사이의 장렬한 싸움을 목격한다. 인간과 숲 속 짐승들의 싸움으로부터 사람과 자연의 공생이라는 본연의 모습에 대해 질문을 던지는 작품이 바로 「모노노케 히메」이다.

철, 전 세계의 숲을 먹어 치우다

제철과 삼림 파괴를 보는 시바의 시야는 세계로 확대된다. 일본에 철과 제철을 전해 준 중국이나 조선은 삼림 자원이 빈곤한데다가 강수량이 적어 삼림의 재생력이 낮았기 때문에 머지않아 제철업이 쇠퇴했다.

중국이나 조선에서 야금 시대가 시작되기 전인 고대의 어느 시점까지는 이 지역들에도 울창한 대삼림이 무성하게 땅을 뒤덮고 있었을 것으로 상상된다. 한족 문명이 발흥한 황허 유역도 청동기를 만든 정도의 시대까지는 아마 지금처럼 수목이 적은 광야는 아니었을 것이다.

최근 민둥산이 특징적인 풍경이라 여겨지는 한반도도, 원래는 그렇지 않았을지도 모른다. 한반도의 민둥산은 겨울철 온돌에 쓸 땔감을 너무 많이 베어 버린 까닭에 그렇게 된 것이라 전해지나, 고대 한국의 수준 높은 금속 문화를 생각하면 반드시 난방에 쓰기 위한 벌채만이 그 원인은 아니리라고 본다.

중국이나 조선만의 이야기라 할 수 없다. 철을 생산하는 곳이면 어디서든 삼림 파괴가 심각했다. 서유럽의 토지는 비교적 삼림 재생력이 높기 때문에 근세에 이를 때까지 버틸 수는 있었지만, 16세기 말 무적함대의 건조를 비롯해 강대한 군을 보유하고 있었던 스페인은 대량의 철을 필요로 했다. 그러자 워낙 비가 적어 건조한 토지였다는 원인이 겹쳐 이윽고 국토의 대부분이 민둥산이 되어 버렸다. 현재까지도 스페인의 녹음은 회복되지 않고 있다.

『16개 이야기』에는 영국의 사정이 쓰여 있다. (19장 참조) 영국에서도 17세기 이후 철 생산 때문에 삼림이 파괴되었다. 산업 혁명에는 기계가 필요했고 그 기계를 만들기 위해 철 생산을 늘려야만 했다. 습윤한 기후여서 스페인처럼 사막화되지는 않았지만 산림 자원의 부족은 심각해져 갔다. 그런 가운데 1735년에 석탄을 쪄서 태운 코크스(cokes, 해탄)가 실용화되었다. 코크스의 보급으로 제철은 목탄에서 벗어났고 목재 자원의 제약이 사라지자 철의 생산량은 극적으로 뛰어올랐다.

프랑스도 개간 탓에 급속하게 삼림이 감소했고 13세기 한 세기동안 삼림 면적의 3분의 1을 잃었다. 여기에 더한층 타격을 가한 것이 바로 제철이다. 삼림이 급감하자 프랑스 정부는 16세기에 국내 460곳의 제철소에 목탄 소비량을 6분의 1이하로 줄이라는 포고령을 내렸다. 그러자 1789년의 조사에서 실제로 철 생산량이 최전성기의 14퍼센트까지 떨어졌다. 1400년 유럽의 철 생산량은 연간 약 3만 톤으로 추정되었는데 그로부터 300년 후에는 20만 톤으로 늘었다. 그만큼 삼림이 급속도로 축소되었다는 이야기다.[13]

이러한 외국 여러 나라와의 비교에 기반을 두고 시바는 다음과 같이 지적한다.

조엽수림 지대는 온난 습윤한 기후이기 때문에 삼림의 회복이 빨랐다. 그렇기에 근세까지의 제철공들은 베어 낸 만큼 나무를 심고 그 사이에 장소를 옮겨 벌채하고 30년 후 다시 자라난 나무를 베어 내는 식으로 순환적인 삼림 이용을 할 수 있었다.

결국 삼림 자원이 풍부했던 시마네 현, 히로시마 현, 돗토리 현 등이 주고쿠 산지였기 때문에 이 다다라 제철은 지속될 수 있었던 것이다. 그럼에도 나무 심기가 베어 내는 속도를 따라잡지 못했고 각지에는 벌거숭이산이 남게 되었다.

철에 지배당한 농민

철의 보급과 함께 못이나 바늘이 만들어지면서 건축이나 의복도 크게 변했다. 무엇보다 철제 농기구의 보급으로 논농사를 비롯해 농업 생산이 크게 증가했다. 철 도끼로 숲을 베어 냈고 철제 농기구로 논을 조성해 갔다.『이 국가의 형체 5』에 그 사정이 나와 있다.

고대에 철이 국산화되었다고는 해도 농민들도 철제 괭이를 살 수 있을 정도로 싼 값이 되기까지는 족히 500년은 걸렸을 것으로 본다. 8세기 초 야마토 조정은 중국의 율령제를 받아들여 토지·인민을 공지(公地)·공민(公民)으로 하고 전국에 국사(國司), 군사(軍司)를 두었는데 이 경우 철로 만든 쟁기나 괭이는 국사나 군사의 관아만이 소유했던 듯하다.

농민들은 매일 아침 군사 등 관청으로부터 철제 농구를 빌렸고 매일 저녁 그것을 닦아 반납했을 것이다. 물론 그들도 개인용의 쟁기·괭이를 갖고 있기는 했지만 그것들은 보통 날끝이 나무로 되어 있었으리라. 나무 쟁기로 땅을 일궈도 능률은 오르지 않는다.

결국 우량 농지와 효율성 높은 철제 농구는 정부의 소유였고 중세 일본의 귀족들은 이러한 철 소유권을 이용해 멀리 떨어진 장원을 관리했던 것이다.

인간의 욕망까지 바꾼 철

11세기 즈음부터 철의 생산량이 늘어남에 따라 철의 가격도 내려갔고, 개인의 철제 농구 소유가 가능해지자 농지의 개간이 가속화되었다. 농민은 새롭게 개간한 논밭에 대해 소유권을 주장하게 되었다. 그때까지 소유권을 쥐고 있던 중앙 귀족과의 전쟁이 발발했고 농민끼리의 싸움도 빈번하게 발생했다.

농민이 철기로 무장하게 되자 무사가 탄생했다. 아시아의 다른 벼농사 문화권과 비교해 보아도 일본의 철제 농구가 이룬 발달은 매우 다양하다. 그 기술은 그대로 무기 제조로 전용되었다. 철제 무기의 개인 소유는 귀족 정치의 붕괴를 초래했고 무사들이 지배하는 가마쿠라 바쿠후 시대의 개막으로 이어졌다.

유럽이 르네상스를 꽃피웠던 16세기에 일본은 전국 시대를 맞았다. 그러나 혼란을 의미하는 단어와는 정반대로 이 시기 일본은 농공업의 대약진을 달성했다. 우선 철제 농구가 보급되었고 관개와 배수 기술이 널리 퍼져 나갔으며 비료의 투입량이 늘었다. 새로운 경작지 개척과 노동력 집약화로 경작지가 넓어졌다.

『대지에의 각인(大地への刻印: この島国は如何にして我々の生存基盤となったか)』[14]에 따르면 전국의 경지 면적을 놓고서 15세기 중반의 무로마치(室町) 바쿠후 시대와 18세기의 에도 바쿠후 중기를 비교하면 그 사이에 3.5배나 증가했다.

농업의 발달이 무사, 상인, 예술인, 승려 등 비농업인을 낳는 역할을 해 사회는 한층 다양해졌다. 상품 경제가 공전의 성황을 이루었고 생활용품들도 풍부해졌다. 『시대의 풍음』의 대화 속에서 시바는 이렇게 말한다. "제철 초기의 일본인들은 호기심이 매우 강해서 철로 여러 가지 물건을 만드는 민족성이 발흥했다고 본다."

공업이 진보했다는 사실은 화승총의 대량 생산으로도 상상할 수 있다. 총이 어떻게 전파되었는지에 대해서는 여러 설이 있으나, 통설에 따르면 1543년에 다네가(種子) 섬에 표착한 중국 배에 타고 있던 포르투갈 인들로부터 전해졌다고 한다. 영주 다네가시마 도키타카(種子島時堯)가 두 자루를 사들였는데 고작 1년 후에 국산 제1호 총포를 완성했다.

전국 시대라는 배경이 바람을 일으켜 사카이(堺, 오사카), 사이가(雜賀)·네고로(根來, 와카야마), 구니토모(國友, 시가) 등에서 대량 생산이 시작되었고 눈 깜짝할 새에 총포가 확산되었다. 일본도를 제조하던 수준 높은 철 가공 기술과 도공 기술자들이 이를 가능케 했다.

총포는 전쟁의 주역으로 뛰어올랐고 총을 얼마나 준비해 어떻게 쓰는가가 전쟁의 승패를 결정하게 되었다. 1575년 나가시노(長篠) 전투에서 오다 노부나가는 총포를 대량으로 쓰는 전법으로 기마대가 주력이었던 다케다 가쓰요리(武田勝賴)의 군에 대승을 거두었다. 이때 쓰인 총포는 오다 군의 것만 해도 3000정이라고 전해진다. (숫자에는 여러 가지 설이 있다.) 총은 다른 이들보다 먼저 그것의 위력을 눈치채고 대량으로 배치한 오다 노부나가가 일본 통일을 거의 완수할 수 있었던 원동력이기도 했다.

일본 국내의 총은 세키가하라 전투에서 5만~10만 정까지 늘었는데, 당시 전 세계 총포 수의 반에 달한다는 추정도 있다.[15] 단 두 자루가 들어온 지 겨우 57년 만에 세계 최대의 총포 생산국으로 뛰어 오른 것이다. 어쩐지 일본의 자동차 생산이 떠오른다.

시바는 철이 인간의 욕망까지 바꾸어 놓았다고 말한다.

목기뿐이었다면 인간의 욕망은 제한되어 욕심이 없고 온화해졌을 것이다. 나무 막대기로 지면에 구덩이를 만들어 참마 묘목을 심거나 목제 주걱으로 땅을 긁어 벼를 키우는 등, 몇 안 되는 자기 가족들이 먹고 살 것을 생각하는 게 고작이므로 타인의 땅까지 빼앗거나 황무지를 개간하려는 생각은 좀처럼 들지 않았을 것이다. 말하자면 목기에는 그러한 바람을 갖게 할 힘이 없다. 철기의 풍요로움이 있었기에 인간은 욕망과 호기심이라는, 사납기 그지없는 마음을 길렀던 것이 아닐까.

일본 숲의 복원력

『이 국가의 형체 5』에서 시바는 철, 숲, 사람의 관계를 다음과 같이 풀어내고 있다.

한반도의 경우 지질학적으로 산이 노쇠한데다가 기후도 일본 열도보다 건조한 탓인지 산림을 지속적으로 베어 내면 암석들이 드러나고 이윽고 민둥산이 되는 일이 많았다. 산이 벌거숭이가 되자 그들이 이즈모로 건너왔다는 것이 나의 추정이다.

채광, 선광, 제련, 목탄 제조, 산림 벌채 등 모든 분야에 농민의 숫자까지 합해, 건너온 이들과 가족의 인원수를 상상해 보면 단체별로 1000명이 넘는 규모였으리라 추측할 수 있다. 그들이 수 세기에 걸쳐 도래해 주고쿠 산맥의 봉우리와 골짜기에 뿌리를 내리고 철을 만들었다. 다행스럽게도 주고쿠 산맥의 수목들은 무한이라 해도 좋을 정도로 복원력이 있었다. 이것이 일본사에 영향을 주었다.

시바는 일본의 삼림이 복원되는 데 걸리는 햇수를 약 30년이라 보고 있는데, 이 복원력의 차가 일본 열도와 한반도의 철 생산량에 큰 영향을 미쳤다고 추정하고 있다. 철의 대량 생산은 괭이나 쟁기 등의 농기구, 혹은 톱이나 끌 등 대공(大工) 도구의 발달로 이어졌으며 무기의 강도를 높였다. 따라서 이후의 일본사에 적지 않은 영향을 미쳤다는 사실은 틀림이 없다.

그들은 왜 이집트를 탈출했을까

모세, 「출애굽기」

『구약 성서』에 등장하는 10계와 10재(災). 전자는 예언자 모세가 신으로부터 부여 받은 10개의 계율이며, 후자는 모세가 이집트 왕에게 이스라엘 인의 해방을 청했을 때 신이 그에게 일으키게 한 협박과 같은 10개의 재이(災異)를 이른다. 이것은 단순한 신화일까, 아니면 근거 있는 이야기일까.

「출애굽기」 줄거리

「출애굽기(Exodus)」는 『구약 성서』에서 「창세기」 다음에 등장한다. 신의 명을 받은 예언자 모세(Moses)가 이집트에 붙잡혀 노예 상태에 있던 이스라엘 인을 구해 내는 이야기다.

모세는 어느 날 신(여호와)이 자신을 부르는 소리를 듣는다.(한국어판 『개역개정 성경』의 번역을 따랐다. ─ 옮긴이)

나는 네 조상의 하나님이다. 이집트에 있는 내 백성들의 고통과 부르짖음, 근심을 알고 있다. 그들을 그 땅에서 구해 젖과 꿀이 흐르는 땅, 곧 가나안

의 땅으로 인도하라. (「출애굽기」 3장 6~10절)

"왜 제가 그 일을 해야 하나이까." 모세는 저항하지만 결국은 받아들인다. 그는 이집트의 파라오에게 해방을 요구하지만 완고하게 거부당한다. 민족의 집단 탈출은 이집트의 위신과 관계되는 일이며 막대한 수의 노예를 잃는 것은 심각한 경제적 손실이기도 하기 때문이다. 여기서 신은 파라오에 대한 중대한 결의를 굳힌다.

내가 내 손을 애굽(이집트)에 뻗쳐 여러 큰 심판을 내리고 내 군대, 내 백성 이스라엘 자손을 그 땅에서 인도하여 낼지라. (「출애굽기」 7장 4절)

주는 모세에게 이렇게 명한다.

바로(파라오)의 마음이 완강하여 백성 보내기를 거절하는도다. 아침에 너는 바로에게로 가라. …… 그에게 이르기를 히브리 사람(이스라엘 사람을 말함)의 하나님 여호와께서 나를 왕에게 보내어 이르시되, "내 백성을 보내라 그러면 그들이 광야에서 나를 섬길 것이니라" 하였으나 이제까지 네가 듣지 아니하도다. …… 이(재앙)로 말미암아 나를 여호와인 줄 알리라. (「출애굽기」 7장 14~17절)

신은 파라오가 뼈저리게 무서움을 느끼도록 다음과 같은 10개의 재앙을 차례로 꺼내 든다.

피의 재앙, 개구리의 재앙, 파리매의 재앙, 등에의 재앙, 전염병의 재앙, 악성 종기의 재앙, 우박의 재앙, 메뚜기의 재앙, 흑암(어둠)의 재앙, 처음 난 것의 죽음의 재앙이다.

영원한 베스트셀러, 구약 성서

『구약 성서』는 유대교 및 기독교의 정전이다. 유대교에서는 '히브리어 성서'라 부르며 유일한 성서로 여긴다. 신이 7일간 세상을 창조하고 에덴동산에 남자와 여자를 살게 했다. 그러나 인간은 뱀의 유혹에 넘어가 금기를 깼고 낙원에서 추방되었다. 『구약 성서』는 이렇게 천지 창조와 인간의 타락으로부터 시작한다.

여기에는 이스라엘 인(유대 인)들의 전설, 신앙과 제사, 일상의 규범 및 민족의 역사 따위의 모든 전승이 집대성되어 있다. 유대교의 정전으로 굳어진 것은 기원후 90년대에 유대교 랍비들이 개최한 얌니아 회의에서다. 그 중요성을 막스 베버(Max Weber, 1864~1920년)는 저서 『고대 유대교(Ancient Judaism)』[2]의 서두에서 지적하고 있다. "유대 민족의 종교적 발전이 세계사적 의의를 갖는 근거는 …… 『구약 성서』를 창조한 일에 있다."

『구약 성서』는 그냥 이야기로 읽어도 재미있다. 금단의 과실을 먹은 아담과 이브, 형제간 살인으로 묶인 카인과 아벨, 대홍수와 노아의 방주, 바벨탑, 악덕의 도시 소돔과 고모라 ……. 유혹, 쾌락, 추적, 배신, 음모, 불륜, 근친상간 등이 소용돌이치는 로망 전기(傳奇)이기도 하다. 영원한 베스트셀러이며, 수많은 소설, 그림, 영화의 모티브가 되어 왔다.

「출애굽기」는 그중에서도 파란만장하다. 주인공 모세는 이집트로부터 핍박받던 이스라엘 인 가정에서 태어났다. 파라오는 이스라엘 인 사내아이가 태어나면 나일 강에 던져 버리도록 명했기 때문에 그의 부모는 모세를 파피루스 바구니에 태워 갈대밭에 숨긴다. 마침 미역을 감기 위해 나와 있던 파라오의 왕녀가 구출해 왕녀의 아이로 성장한다. 그 후 신으로부터 이스라엘 인들을 이집트에서 이끌고 나오라는 사명을 받게 된다.

모세는 실존 인물인가?

모세는 실존 인물일까? 실존했다면 그 시대는 언제쯤인가? 『구약 성서』 이외에 그의 존재를 밝히는 명확한 증거가 없고 이집트 측에도 확실한 문헌이 없기 때문에 다양한 설이 복잡하게 뒤얽혀 있는데다가 역사학자에 아마추어들까지 가세해 오랜 기간 논쟁이 계속됐다.

그림 22-1. 아스완 하이 댐 건설로 이설된 아부심벨 신전. 이 상을 포함하여 일대를 신전이라 부른다.

실존 인물이라고 본다면 이집트 사에서도 가장 유명한 파라오인 람세스 2세(재위 기원전 1279~기원전 1213년) 시대의 인물이라는 설이 유력하다. 『구약 성서』에 관련된 이야기나 해설서의 다수는 이 설을 채택해

왔다.³

　람세스 2세는 건축왕이라 불릴 정도로 수많은 거대 건조물과 전승 기념비를 남긴 것으로 유명하다. 아부심벨 신전(그림 22-1) 이외에도 카르나크 신전, 람세스 2세 장제전 등 장대한 건축물을 남겨 오늘날까지 관광객들을 모으고 있다. 이들 건축에 이스라엘 인 노예들이 동원되었다고는 하나, 이 사실을 드러내 줄 확실한 증거는 없다.

　이집트 측의 비문을 읽는 방법에 따라서는 이스라엘 인의 집단 탈주가 일어난 시점이 람세스 2세의 아들인 메렌프타(Merenptah, 재위 기원전 1213~기원전 1203년) 대라고 하는 의견도 있다. 이 비문은 '메렌프타의 이스라엘 비석'이라 불리는 왕의 전승비로 1906년에 발견되었다. 거기에는 "가나안은 약탈당했고 이스라엘은 황폐하며, 그 자손들은 뿌리째 뽑혀 버렸다."라고 쓰여 있다. 이집트 탈출을 이룬 이스라엘 백성들이 약속의 땅 가나안에 다다라 그곳의 원주민을 쫓아낸 것으로도 해석할 수 있다.

프로이트의 장대한 가설

다만 발굴된 자료 등으로 볼 때 람세스 2세 대에서 200년이나 거슬러 올라가는 투트모세 3세(재위 기원전 1479~기원전 1425년경) 대부터 아들인 아멘호테프 2세(재위 기원전 1427~기원전 1400년) 대에 걸친 시대라는 설도 있다. 군사적 수완이 뛰어난 투트모세 3세는 이집트 사상 최대의 왕국을 세웠다. 이 설을 취한다면 모세를 구해서 기른 것은 투트모세 3세의 의붓어머니에 해당하는 핫셉수트 여왕이었을 가능성이 도출된다.

투트모세 3세설의 근거 가운데 하나는 나일 강 연안의 엘아마르나에서 발견된 「아마르나 문서」에 있다. 중부 이집트의 엘아마르나에서 1887년에 우연히 발견된, 설형 문자로 쓰인 점토판이다. 아멘호테프 2세에서 4세에 걸쳐 이웃 나라의 왕들이 보낸 가장 오래된 외교 문서이다. 기원전 14세기의 국제 정세를 알기 위한 매우 귀중한 자료로 쓰이고 있다.[4]

이 가운데 예루살렘의 왕이 이민족의 공격을 받고 있다며 파라오에게 군사 지원을 요청하는 대목이 있다. 이 이민족이 이집트를 떠난 이스라엘 인이라고 해석한다면, 「출애굽기」는 투트모세 3세부터 아멘호테프 2세의 시대라는 이야기가 된다.

아멘호테프 3세를 잇는 아멘호테프 4세(재위 기원전 1351~기원전 1334년?)와 그 아들(혹은 아우)인 스멘크카레가 파라오였던 시기는 혼란의 시대였다. 아멘호테프 4세는 종래의 다신교를 폐지하고 유일신 아톤(Aton, 혹은 아텐)만을 기리는 일신교를 국교로 하는 종교 개혁을 단행했다. 최고(最古)의 일신교였다.

아멘호테프 4세는 그 자신도 '아텐 신에게 사랑받는 자'라는 뜻의 아케나톤으로 개명했다. 그는 미녀로 이름 높은 네페르티티를 왕비로 두었다. 종래의 다신교를 지키려는 구세력과의 분쟁이 계속되었고 스멘크카레의 뒤를 이은, 아멘호테프 4세의 아들인 투탕카멘 왕(재위 기원전 1333~기원전 1324년경)은 기존의 아멘 신 신앙을 부활시키고 아케나톤의 기록을 모두 말소했다.

유대 인이었던 오스트리아의 정신분석학자 지그문트 프로이트 (Sigmund Freud, 1856~1939년)도 이 논쟁에 가담했다. 저서 『모세와 일신교(*Moses and Monotheism*)』[5] (1939년)에서 그는 모세는 유대 인이 아닌 이집트 인이라고 단정하고, 아케나톤의 시대를 '출애굽'의 시기라고 보아야 한다고 썼다.

모세는 아케나톤의 신관 중 한 명이며 이집트 탈출을 달성했을 때 이 일신교를 기반으로 유대교의 기초를 다졌다고 하는 내용의 가설이다. 이를 믿는다면 출애굽은 민족의 집단 이동이 아니라 종교 공동체의 집단 도망이 된다. 그러나 고대 세계에서는 이단이었던 일신교에서 유대교가 탄생했고, 거기에서 세계 종교가 된 기독교가 파생된 것을 생각해 보면 자못 장대한 가설이기는 하다.

서아시아의 가뭄과 민족들의 이동

왜 이스라엘 인 다수가 이국인 이집트에서 노예가 되어 노역을 하고 있었을까. 기후 변동 역사의 연구에 따라 기원전 2200년을 전후해 서아시아 일대에서 기후의 한랭화와 함께 건조화가 심해지고(23장 참조) 흉작이 이어져 기아가 확대되었다는 사실이 밝혀져 있다.[6] 이 한랭화의 원인은 캄차카 반도에서 일어난 거대 분화일 가능성이 높다. (15장 참조) 이 분화의 흔적은 그린란드의 빙상이나 안데스 고산의 빙관(氷冠, 산의 정상 부분을 뒤덮고 있는 빙하―옮긴이) 코어에 남아 있다. 분화와 동시에 약 300년에 걸친 가뭄이 시작되었고 지중해 동부에서 서아시아의 광대한 지역으로 영향을 미쳤다.

겨울철 강우량은 격감했고 티그리스·유프라테스 강의 수량이 급감해 범람하지 않았다. 가뭄은 일찍이 비옥했던 유프라테스 강 연안 북부의 하부르 평원을 사막에 가까운 상태로 바꾸어 놓았다.

이 시대에는 세계적으로 한랭화나 건조화가 찾아왔다. 그리스 인이 발칸 반도로 남하했고(20장 참조), 메소포타미아 등 서아시아, 중국의 양쯔 강 주변에서 고대 문명이 쇠퇴했다. 일본에서도 종래의 조몬 인을 보는 관점을 크게 바꿀 정도로 고도의 문화를 쌓았던 아오모리 시의 산나이마루야마(三內丸山) 유적에서 당시 촌락이 방기된 흔적이 나왔다. 한랭화 탓에 주식인 밤이 자라지 않았기 때문인 것으로 보인다.

서아시아 각지에서 대규모 기근이 발생했고 물과 식량을 구하기 위한 사람과 가축의 대이동이 시작되었다. 유목민들이 농경지로 침입하면서 민족 간 항쟁이 격해졌다. 특히 가뭄과 기아에 시달리던 많은 셈계 민족이 나일 강 삼각주로 이주했다. 상당히 복잡한 민족 이동이 있었다는 사실은 「아마르나 문서」나 1906년에 터키에서 발굴된 「보가즈쾨이(Bogazköy) 문서」 등의 기록도 증명한다.

당시의 이집트는 나일 강이 정기적으로 범람하며 운반해 온 기름진 퇴적물을 이용해서 풍족한 농업 생산을 자랑했으며 비축된 식량도 충분했다. 게다가 이 삼각주는 이집트의 변경지로 아직 개간하지 않은 토지가 펼쳐져 있었다. 그리하여 난민들이 이주해 온 것이리라.

이 가운데서도 힉소스(Hyksos) 족은 강대한 군사력으로 이집트에 침입해 정복 왕조인 15·16왕조(기원전 1570~기원전 1542년)를 세웠다. 이들은 시리아·팔레스타인 지방에 기원을 둔 몇 개의 셈계 민족 집단이었다고도 추측된다. 이스라엘 인들도 이러한 서아시아에서의 민족 이동의 일부로서, 가뭄이나 기근을 피해 이집트로 이주한 것으로 보인다.

「창세기」 12장 10절에는 "(이스라엘 인들이) 그 땅(네게브 지방)에 기근이 들었으므로 애굽에 머물려고 그리로 내려갔으니"라고 쓰여 있다. 이것은 기원전 1700~기원전 1600년경의 일로 여겨진다. 처음 도착했을 때 이스라엘 인들은 후한 대접을 받았다. 「출애굽기」(12장 40~41절)에는 이스라엘 인이 이집트에서 430년간 살았다고 쓰여 있다.

이집트의 모세

이 사이 이스라엘 인의 인구는 급격하게 증가했다. "이스라엘 자손은 생육하고 불어나 번성하고 매우 강하여 온 땅에 가득하게 되었더라."(「출애굽기」 1장 7절) 이것이 이집트 인들에게 위협을 느끼게 했다. 그런데 같은 서아시아계로서 이스라엘 인을 후하게 대접하던 힉소스 왕조가 기원전 16세기 중반에 무너졌다. 이집트가 아모시스 18왕조의 시대에 들어서자 이스라엘 인에 대한 박해가 시작되어 그들을 노예로 삼았다고 볼 수 있다.

> 그가 그 백성에게 이르되 이 백성 이스라엘 자손이 우리보다 많고 강하도다. 자, 우리가 그들에게 대하여 지혜롭게 하자 두렵건대 그들이 더 많게 되면 전쟁이 일어날 때에 우리 대적과 합하여 우리와 싸우고 이 땅에서 나갈까 하노라 하고. (「출애굽기」 1장 9~10절)

파라오는 이렇게 불안을 고백했다. 외적의 침입에 위협받아 온 이집트가 서아시아와의 접경 지역인 나일 강 삼각주에 수없이 모여든 이스라엘 인에게 경계심을 강화했다는 사실은 어렵지 않게 상상할 수 있다.

최근 독일이나 프랑스 등 유럽에서 다양한 논란을 불거지게 한 외국인 노동자 문제와 비슷한 구도이다. 중동이나 아프리카에서 이주해 온 노동자들이 높은 출산율로 인구를 늘리고 현지에 동화되지 않은 채 모여 살면서 사회적인 알력이 발생하고 있다.

파라오의 불안은 유대 인에 대한 히틀러의 시기심과 기묘할 정도로 일치한다. 히틀러의 연설 가운데는 「출애굽기」에 언급된 "민족에게도 인간처럼 성격이 있다. 유대 인은 영원히 반사회적이며 세계를 지배하고자 하는 욕망이 있다."라는 대목도 있다. 결국 유대 인들을 강제 수용소에 몰아넣고 강제 노역으로 혹사시켰으며 급기야 민족 말살의 길로 돌진했다.

그러나 『구약 성서』에 따르면 이스라엘 백성은 학대받을수록 민족적인 단결을 강화했다. 그러자 파라오는 강경책으로 나갔다. 그는 히브리 인 조산사를 불러 이렇게 명한다. "너희는 히브리 여인을 위하여 해산을 도울 때에 그 자리를 살펴서 아들이거든 그를 죽이고 딸이거든 살려 두라."(「출애굽기」 1장 16절)

모세의 부모가 생후 3개월 된 그를 갈대밭에 숨긴 것도 이러한 포고 때문이었다. 그러나 조산사들이 이 포고를 지키지 않았기 때문에 이스라엘 인의 증가는 멈추지 않았고 그에 비례해 파라오의 초조감도 더해 갔다.

어느 날 모세는 동포가 중노동으로 괴로워하다가 감독하던 이집트 인에게 채찍으로 매질당하는 광경을 목격하고 만다. 그는 감독자를 죽이고 사체를 숨기지만 사실이 폭로되어 파라오의 귀에 들어간다. 하릴없이 종적을 감추고 도망친 모세는 아카바 만 동해안의 미디안에서 어느 제사장 밑으로 들어간다. 제사장의 딸과 결혼해 아이도 낳고 평화롭게 살고 있었다.

10개의 재앙

성서는 신화적 혹은 전설적인 요소가 강하다. 그래서 10개의 재앙이 실제로 있었던 일인지는 알 수 없다. 그러나 그 재앙이 무엇을 의미하는가를 두고 다양한 과학적 해석이 시도되어 왔다. 1940년대 말에서 1950년대에 걸쳐 진행된 카르나크 신전의 발굴 조사에서 "때를 모르는 폭풍우와 어둠, 우레가 일어난 것은 위대한 신의 화 때문이다."라고 해석할 수 있는 비석의 단편이 나왔다. 이것이 10개의 재앙의 증거라고 주장하는 연구자도 있다.

기독교 원리주의가 활개를 치는 미국에서는 학교에서 진화론을 가르치는 대신 『구약 성서』의 「창세기」를 가르쳐야만 한다고 주장하는 세력이 뿌리 깊게 존재한다. 전미 TV 네트워크인 CBS가 2004년에 행한 여론 조사에 따르면 미국인 중 55퍼센트는 신이 인간을 만들었다고 믿으며 27퍼센트는 진화의 과정에 신이 관여했다고 믿는다고 답했다. 신과는 관계없다고 답한 사람은 13퍼센트에 지나지 않았다. 10개의 재앙을 과학적으로 해석하려는 시도에는 그러한 신의 기적을 믿는 근본주의에 대한 저항이라는 측면이 존재한다.[7]

첫 번째 재앙: 피의 재앙

여호와께서 명령하신 대로 행하여 바로와 그의 신하의 목전에서 지팡이를 들어 나일 강을 치니, 그 물이 다 피로 변하고 나일 강의 고기가 죽고 그 물에서는 악취가 나니, 애굽 사람들이 나일 강 물을 마시지 못하며 애굽 온 땅에는 피가 있으나 …… (「출애굽기」 7장 20~21절)

이것은 물꽃이라 불리는 적조 현상으로 설명되고는 한다. 플랑크톤의 이상 증식을 의미하는 적조는 바다에서 일어나는 경우가 많으나 담수역에서도 종종 발생한다. 이 피의 재앙은 그 색으로 보았을 때 와편모조류(Dinophyta)의 이상 발생으로 물이 적갈색을 띠게 되는 담수 적조일 것이다. 일본에서도 1970년대부터 빈번하게 발생해 왔다.

참고로 홍해(Red Sea)는 적조가 자주 발생하는 데서 그 이름이 붙었다. 이 이상 발생에 방아쇠를 당긴 것은 주변 사막에서 날아드는 모래 먼지다. 모래 먼지에 함유된 철분이 조류의 대량 발생을 촉진시켜 적조를 만든다.[8]

두 번째 재앙: 개구리의 재앙

다음으로 강에서 무수히 많은 개구리가 기어올라 파라오의 침실은 물론이고 신하와 백성들의 집까지 쳐들어가는 등 이집트 전체를 습격했다. 그 개구리들의 시체를 무더기로 쌓아 올리자 나라 전체에 악취가 가득 찼다. (「출애굽기」 7장 25절~8장 10절)

적조 탓에 개구리의 알이나 올챙이를 포식하는 물고기가 줄어든 것, 거기다 죽은 물고기가 해안으로 밀려 올라와 개구리가 좋아하는 먹이인 파리가 크게 늘어난 것이 개구리의 대증식을 초래했던 것이 아닐까. 이집트의 상형 문자에서 10만이라는 숫자는 왕성한 번식력을 의미하는 개구리의 그림으로 표현되고 또한 생식의 여신 헤케트는 개구리의 머리를 하고 있다. 그러니까 이때만 해도 이집트에서 개구리의 대량 발생은 그다지 드문 일이 아니었을지도 모른다.

이 사태가 발생하자 결국 파라오는 "개구리를 퇴치하면 이스라엘 백성을 떠나게 하겠다."라고 모세에게 타협을 요청한다. 그러나 개구리가 절멸하자 파라오는 그 말을 뒤집고 백성의 해방을 용인하지 않았다.

세 번째 재앙 : 파리떼의 재앙

신은 약속을 깬 파라오에게 파리떼(蚋)의 재앙을 내린다. 신은 모세에게 "네 지팡이를 들어 땅의 티끌을 치라 하라, 그것이 애굽 온 땅에서 파리떼가 되리라."라고 명한다. 파리떼는 온 땅으로 퍼져 나가 사람과 가축을 습격한다. (「출애굽기」 8장 16절)

파리떼는 먹파리라 불리는 경우가 많지만 당시에는 흡혈 이와 모기 따위를 포함해 사람을 찌르는 곤충을 뒤섞어 파리떼로 통칭하고 있었다. 먹파리는 무리를 짓지 않기 때문에 여기에는 해당하지 않는다. 다만 아프리카에서는 먹파리가 옮기는 계상충의 일종이 원인인 회선사상충증(onchocerciasis)이 하천 유역에서 유행하고 있다. 먹파리에게 물리면 감염되고 실명에 이르기 때문에 사람들이 두려워하는 병이다.

만약 파리때를 모기라 해석한다면 그 첫 번째 후보는 쌀겨모기일 것이다. 몸길이가 1밀리미터에서 수 밀리미터 정도로 작아 쌀겨처럼 작은 모기라는 의미에서 이름이 붙었다. 여름의 물가 둥지에서 한 덩어리가 되어 날아다닌다. 몸이 작아 방충망을 빠져나와 집 안으로 침입하기도 한다. 물리면 부기와 가려움이 일어나며 작은 물집이 생기는 경우도 있다.

네 번째 재앙: 등에의 재앙

네가 만일 내 백성을 보내지 아니하면 내가 너와 네 신하와 네 백성과 네 집들에 등에 떼를 보내리니 애굽 사람의 집집에 등에(파리) 떼가 가득할 것이며 그들이 사는 땅에도 그러하리라. (「출애굽기」 8장 21절)

모세가 파라오에게 이렇게 신의 말을 전하자 커다란 등에 떼가 파라오의 왕궁과 신하들의 집에 쳐들어왔고 그것은 이집트 전역에 미쳤다. 파리, 개이파리라고 번역되는 경우도 있다. 등에(虻)와 파리(蠅)는 그 종류 가운데 매우 닮은 것이 있으며 등에는 대량으로 발생하지 않으므로 파리일 가능성이 있다. 만약 파리라면 인간과 가축에게 불쾌감을 주는 첫 번째 후보는 침파리일 것이다.

수 밀리미터 정도의 작은 파리로 외양간이나 양계장에서 자주 대량으로 번식해 가축과 인간을 습격한다. 위의 경우에는 물고기나 개구리의 사체 더미 탓에 크게 증가한 것이리라. 나도 아프리카에서 이

커다란 침파리 무리에게 습격당해 손과 발을 물린 적이 있는데 그 가려움은 모기나 이에 비할 바가 아니었다. 그러나 등에가 사라지자 파라오는 이번에도 약속을 뒤집고 말았다.

다섯 번째 재앙: 전염병의 재앙

다음으로 신은 모세를 통해 이렇게 선언한다. "여호와의 손이 들에 있는 네 가축, 곧 말과 나귀와 낙타와 소와 양에게 더하리니 심한 돌림병이 있을 것이며"(「출애굽기」 9장 3절) 그 결과 이집트 인들의 가축은 전부 죽었고, 이스라엘 인들의 가축은 한 마리도 죽지 않았다.

가축들이 감염되고 사망률이 높다는 대목에서 탄저병 유행을 상기시킨다. 탄저균은 탄저병을 불러일으키는 독성 높은 생물 병기로서 각국 군사 기관의 연구 대상이었다. 옴 진리교(1980년대 일본에서 창설된 신흥 종교 단체. 1995년 4월 도쿄의 지하철에서 사린 가스를 살포해 13명을 사망에 이르게 한 테러 사건을 일으킨 것으로 유명하다. — 옮긴이) 신자들이 옥상에서 뿌린 사건이나 2001년 동시다발 테러 직후 미국에서 이 균이 들어간 봉투가 정부 기관 등으로 발송되어 5명이 사망한 테러 사건으로도 알려진 물질이다.

세계 각지의 가축들 사이에서 발생하고 있지만 아프리카에서 중동에 걸친 곳은 탄저 벨트라고도 불리는 유행 지대로 그 어디서보다 인간과 가축의 감염을 흔히 볼 수 있다. 아프리카에서는 야생 동물 사이에서도 유행이 일어난다. "이집트 인들이 기르는 가축만 죽었다."라는 대목에 대해서는 이스라엘 인들이 가축을 방목하지 않고 울타리 안이나 오두막에서 길렀기 때문이라는 설명도 있다. 하지만 파라오는 완강하게 태도를 바꾸지 않았다.

여섯 번째 재앙: 악성 종기의 재앙

이 상황에서 모세가 신에게 지시받은 대로 "화덕의 재를 가지고 …… 하늘을 향하여 날렸"더니 "사람과 짐승에게 붙어 악성 종기가 생겼다."(「출애굽기」 9장 8~10절)

이 병은 천연두로 알려져 있다. 강한 전염력을 가졌고 온몸에 농포가 생기며 병이 나아도 곰보 자국이 남기 때문에 전 세계적으로 공포의 대상이었던 병이다. 고열과 두통 등의 초기 증상을 시작으로 발진이 전신으로 퍼져 나가고 이것이 고름으로 변해 농포가 된다. 발진은 내장으로도 번져 나가는데 호흡 곤란 등을 아울러 일으켜 죽음에 이르게 한다.

그림 22-2. 신이 잇달아 꺼내든 재앙 중 일곱 번째, 우박의 재앙

인류를 가장 많이 죽인 전염병이라고도 전해진다. 종두가 보급되기 전까지 그 치사율은 50퍼센트를 넘었다. 고대 이집트에서는 기원전 12세기 람세스 5세의 미라의 얼굴에서 얽은 자국이 발견되는데 이것이 천연두의 흔적으로 알려져 있다.

일곱 번째 재앙: 우박의 재앙

그럼에도 포기하지 않는 파라오에게 또 다시 화가 임한다.

> 모세가 하늘을 향하여 지팡이를 들매 여호와께서 우렛소리와 우박을 보내시고 불을 내려 땅에 달리게 하시니라. (그림 22-2) 우박이 내림과 불덩이가 우박에 섞여 내림이 심히 맹렬하니 나라가 생긴 그때로부터 애굽 온 땅에는 그와 같은 일이 없었더라. (「출애굽기」 9장 23~24절)

이 재앙은 1월 말이나 2월 초에 일어났으리라고 생각된다. 우박 탓에 삼과 보리는 상했지만 밀은 아직 자라지 않아 상하지 않았다고 쓰여 있기 때문이다. 아프리카나 중동에서 국지적으로 격심한 우박이 내리는 것은 그렇게 드문 일은 아니다. 1997년 이스라엘과 요르단에서 커다란 우박이 내려 약 60명이 부상을 당한 사건도 있었다. 나 자신도 아프리카의 여러 곳에서 몇 번인가 포도알 크기의 우박을 경험한 바 있다. 그러나 신이 우뢰와 우박을 멈추자 파라오는 이번에도 이스라엘 인을 해방하지 않겠다고 말했다.

여덟 번째 재앙: 메뚜기의 재앙

신이 다음으로 보낸 것은 거대한 메뚜기 떼였다.

> 내일 내가 메뚜기를 네 경내에 들어가게 하리니. 메뚜기가 지면을 덮어서 사람이 땅을 볼 수 없을 것이라. 메뚜기가 네게 남은 그것, 곧 우박을 면하고 남은 것을 먹으며 너희를 위하여 들에서 자라나는 모든 나무를 먹을 것이며. (「출애굽기」 10장 4~5절)

하늘을 가릴 만큼 큰 무리를 지어 이동하는 메뚜기 떼를 비황(飛蝗)이라고 한다. 이 「출애굽기」의 비황은 사하라 메뚜기(Schistocerca gregaria)의 떼라 생각된다. 사하라 사막과 아라비아 반도, 인도 북부에 걸쳐 서식한다. 북아프리카에서는 매년 크게 발생하며 거대한 띠를 이루어 이동하는데, 그 떼가 이동하고 난 자리의 작물이나 초원은 완전히 형태가 사라질 정도로 게걸스럽다. 나도 아프리카의 말리나 니제르에서 하늘이 어둑해질 정도로 크게 발생한 모습을 마주친 적이 있는데, 사람의 말소리가 들리지 않을 정도의 날개 소리와 똥의 악취에 완전히 움츠러들었다.

이집트 전체로 퍼져 나간 메뚜기에 겁을 먹은 파라오는 모세를 불러 잘못을 뉘우치고 신에게 기원해 달라고 부탁한다. 모세가 신에게 빌자 풍향이 바뀌었고 메뚜기는 갈대 바다(Sea of Reeds)로 쫓겨났다. 그러나 메뚜기가 사라지자 파라오는 이번에도 이스라엘 인의 출발을 막았다.

아홉 번째 재앙: 흑암의 재앙

그 다음 신이 뻗은 손은 이집트를 어둠 속에 갇히게 만들었다. 모세가 하늘을 향해 손을 들어 올리자 "캄캄한 흑암이 3일 동안 애굽 온 땅에 있어서 그 동안은 사람들이 서로 볼 수 없으며 자기 처소에서 일어나는 자가 없었"다.(「출애굽기」 10장 22~23절)

개기 일식이라기에 3일은 너무 길다. 사하라 사막에 불어 내리는 모래 폭풍(沙嵐)이리라. 사하라 사막에서는 연간 2억~3억 톤으로 추정되는 엄청난 양의 모래 먼지가 피어오른다. 나도 나일 강 중류의 테베에서 만난 적이 있는데 풍속 30미터의 바람과 휘감겨 올라가는 모래로 눈도 뜰 수 없었을 뿐 아니라 주변이 온통 콩고물을 바른 것처럼 되었다.

그러나 이것은 이스라엘처럼 모래 먼지가 지나는 길목에 있는 나라에는 매우 고마운 선물이었다. 모래 속에는 영양 염류라 불리는 비옥한 양분이 함유되어 있는데 이것이 작물의 비료가 된다. 『구약 성서』 「민수기」(13장 27절)에서 "젖과 꿀이 흐르는 땅"이라고 표현했을 정도로 이스라엘 땅이 비옥했던 것은 다 모래 폭풍 덕택이었다.

마지막 재앙: 처음 난 것의 죽음

다섯 번의 생물 재해, 두 번의 전염병, 두 번의 기상 재해를 내려 보내도 파라오가 이스라엘 인들의 해방에 동의하지 않았기에 신은 최후의 일격을 날린다.

밤중에 내가 애굽 가운데로 들어가리니. 애굽 땅에 있는 모든 처음 난 것은 왕위에 앉아 있는 바로의 장자로부터 맷돌 뒤에 있는 몸종의 장자와 모든 가축의 처음 난 것까지 죽으리니. (「출애굽기」 11장 4~5절)

밤중에 여호와께서 애굽 땅에서 모든 처음 난 것 곧 왕위에 앉은 바로의 장자로부터 옥에 갇힌 사람의 장자까지와 가축의 처음 난 것을 다 치시매 …… 애굽에 큰 부르짖음이 있었으니 …… (「출애굽기」 12장 29~30절)

이스라엘 인들은 여호와가 그들의 집인 것을 알 수 있도록 사전 지시대로 문설주와 기둥에 양의 피를 칠해 놓았기 때문에 첫째 아이의 죽음을 면할 수 있었다.

이 재앙은 가장 설명하기 어렵다. 지금까지도 여러 억지스러운 설들이 나오고 있다. 가령 10개의 재앙을 과학적으로 설명하려 시도하고 있는 케임브리지 대학교의 콜린 험프리스(Colin Humphreys)는 다음처럼 궁색한 설을 내놓았다.[9]

우박이 쏟아진 뒤 이집트 인들이 겨우겨우 수확한 보리는 젖어 있었고 때문에 곰팡이가 피어 있었다. 첫째들이 죽은 건 곰팡이에서 나오는 맹독, 미코톡신 중독 때문이 아니었을까. 왜 첫째들만 죽었는가 하면 첫째는 가족 내에서 특권적이었기에 보리빵을 배불리 먹을 수 있었기 때문이다.

한편 이스라엘 인이 죽지 않았던 이유는 그들에게 해를 넘긴 곡물을 버리는 습관이 있어 곰팡이가 피어난 보리를 먹지 않았기 때문이라고 한다.

화산의 대분화가 재앙들의 원인?

이상에서 본 것처럼 최후의 재앙인 장자의 죽음 외에는 억지 설명을 하지 않아도 통상의 자연 현상이나 상존하는 전염병으로 설명이 가능하다. 결국 지금까지 존재해 온 이상 현상을 정리해 재앙으로 과장한 것뿐이라는 의견은 예전부터 존재했다.

한편 화산이나 지질을 연구하는 사람들은 이들 재앙의 대부분은 화산 분화가 초래한 현상으로 해석할 수 있다고 말한다.[10] 화산 분화라 하면 딱 맞는 후보는 지중해 세계를 뒤흔든 산토리니 섬(2장 참조)의 대분화일 것이다.

만약 이 분화가 재앙의 이유였다면, 붉은 피가 된 나일 강은 분화에 동반된 지진으로 강바닥의 철분이 솟아올라 산소와 만나 산화해 불그스름한 갈색으로 물든 것이라고 설명할 수 있다. 그 결과 산소 결핍으로 물고기가 절멸했고 개구리들이 땅 위로 도망쳐 나와 대량 번식을 일으켰다. 또한 부패한 물고기의 사체 위로 파리가 크게 발생했고 전염병의 유행으로 이어졌다.

또한 흑암의 재앙은 화산이 뿜은 연기가 하늘을 덮은 것이라 해석되며 악성 종기의 재앙은 유독 가스 분출로 인한 피부 질환으로, 우박은 화산재 덩어리인 화산 두석으로 설명 가능하다. 이집트 인에게만 닥쳤던 장자의 죽음은 공기보다 무거운 유독 가스가 터져 나와 자고 있던 사람들이나 가축이 질식사했기 때문이라고 생각할 수 있다. 당시 이집트에는 장남이 가옥의 가장 낮은 장소에서 취침하는 관습이 있었다고 한다.

그러나 미국 스미스소니언 연구소의 화산학자들이 이집트의 나일 강 삼각주에서 그 지층을 분석해 추정한 바, 산토리니 섬의 화산재가 도달한 것은 사실로 밝혀졌지만 715킬로미터나 떨어졌기 때문에 날아든 화산재는 미량이었으며 하늘을 뒤덮거나 화산 두석이 날아올 정도는 아니었다고 한다. 또한 화산의 분화 연기 대부분은 동쪽 방향으로 흘러 그리스 쪽으로 갔던 모양이다.

이집트를 탈출하다

잇단 재해로 겁을 먹은 파라오는 결국 이스라엘 인들의 출국을 용인했다. 그 숫자는 여성이나 아이들을 빼고 남성만으로 60만 명이고 가족을 합치면 200만 명을 넘었다 하니 상당히 과장되어 있다. 원문에는 600엘레브의 백성이라 나와 있는데 엘레브에는 1000이라는 의미 외에도 일족, 일부대라는 의미가 있기에 탈출 인원은 기껏해야 수천 명이 아니었을까 생각된다. 이집트 쪽에 집단 탈주의 기록이 없기 때문에 좀 더 작은 집단이었다고 보는 설도 있다.

그림 22-3. 바다에서 기적을 일으킨 모세

그러나 마음이 변한 파라오는 이스라엘 인들을 생포하기 위해 전차 600대를 포함한 보병·기병 정예 부대에게 출진을 명하고 자신도 전차에 올라 그들의 뒤를 쫓는다.

도망치던 모세 일행은 도중에 바다를 만나 막다른 곳에 몰리고 흙먼지를 휘날리며 추격해 오는 대부대를 보며 큰 혼란에 빠진다. 낭패한 군중은 "애굽에 매장지가 없어서 당신이 우리를 이끌어 내어 이 광야에서 죽게 하느냐 …… 우리가 애굽 사람을 섬길 것이라 하지 아니하더냐. 애굽 사람을 섬기는 것이 광야에서 죽는 것보다 낫겠노라."(「출애굽기」 14장 11~12절)라며 모세를 몰아붙인다. 그러나 신은 모세에게 "지팡이를 들고 손을 바다 위로 내밀어 그것이 갈라지게 하라. 이스라엘 자손이 바다 가운데서 마른 땅으로 행하리라."(「출애굽기」 14장 16절)라고 명한다.

그러자 바닷물이 벽을 세운 것처럼 좌우로 갈라졌고 그 사이로 마른 대지가 나타나 건너편의 기슭을 향해 걸어갈 수 있게 되었다. (그림 22-3) 할리우드 성서 영화의 클라이맥스 장면이기도 하다. 화산설에서는 이 역시 분화에 동반되는 대형 쓰나미 때문에 일시적으로 바닷물이 밀려난 것이라고 설명한다.

동시에 신은 강한 동풍을 불게 해 이집트 군을 막는다. 이스라엘 백성들이 건너편 기슭에 도착하자 바닷물은 다시 밀려왔고 그 안에 있던 이집트 군의 전차와 군대는 모조리 떠내려갔다. 그들은 단 한 사람의 생존자도 없이 전멸했다.

그 후 모세의 생애는 「출애굽기」에 이어지는 「레위기」, 「민수기」, 「신명기」에 기록되어 있다. 모세는 이스라엘 백성을 이끌고 우호적이었던 나라의 왕들과도 싸우며 어린아이를 포함한 수많은 사람들을 살육하면서 간신히 가나안의 땅에 다다른다. 그러나 가나안을 앞에 두고 이스라엘 백성들은 신과 모세에게 불평하고, 이것 때문에 또다시 신으로부터 40년의 방랑을 명령받는다.

23장

사라진 레바논 삼나무

길가메시, 『길가메시 서사시』[1]

약 5000년 전 메소포타미아의 수메르에 번영했던 도시 국가 우루크. 그곳의 유적에서 발굴된 방대한 점토판 문서를 해독하면 가장 오래된 서사시, 길가메시 왕의 이야기가 나타난다. 자신의 욕망을 위해 삼림을 파괴한 길가메시의 이야기는 인류의 원죄를 보여 준다.

『길가메시 서사시』 줄거리

우루크의 왕 길가메시(Gilgamesh)는 3분의 2는 신이고 3분의 1은 인간인 반신반인의 사나이다. 우루크에서 출토된 신의 일람표를 보면 기원전 2600년경의 인물이라 추정된다. 그는 "주벽(周壁)을 갖춘 우루크의 성벽을 세우는" 등의 공적이 있기는 했으나 "밤낮없이 포악한" 폭군이었다.

우루크 사람들은 태양신 아누에게 이를 호소했고 아누는 창조의 여신 아루루에게 명하여 길가메시를 응징할 야인 엔키두를 만들게 한다. 커다란 광장에서 길가메시와 엔키두는 "서로 맞잡고 젊은 황소처럼 겨루었다." 그러나 이 싸움은 비긴 채 끝났고 오히려 서로 우정이 싹터 둘도 없는 친구가 된다.

길가메시는 엔키두에게 삼목산(레바논 삼나무 숲)으로 원정을 떠나자고 제안하지만 엔키두는 강하게 반대한다. "엔릴 신이 삼나무 숲을 지키기 위해 훔바바를 숲지기로 임명했기" 때문이다. 숲의 파수꾼 훔바바는 "외치는 소리는 거대한 홍수이며 입은 불덩이인데다가 숨은 바로 죽음"인 괴물이다.

머뭇거리는 엔키두를 향해 길가메시는 "그대의 용력(勇力)은 모두 어디로 갔는가?"라며 설득하고 거대한 청동제 도끼를 주문해 출진한다. 다음은 길가메시와 엔키두가 삼나무 숲에 도착했을 때 너무나 압도적인 모습에 일순 넋이 나간 광경이다.

> 그들은 멈춰선 채 그 숲을 올려다보았다.
> 삼나무 앞에서 그 꼭대기를 우러러보았다.
> 숲 앞에서 그 입구를 바라보았다.
> 그곳에 훔바바가 걸어 다녔음직한 길이 있었다. ……
> 그들은 삼목산을 관찰하고 있었다.
> 신들의 거주지로 이르닌니(여신)의 옥좌가 있는 곳이기도 했다.
> 삼나무가 풍성한 신록을 뽐내며 산비탈에 즐비하게 늘어서 있었고
> 그들이 만들어 내는 쾌적한 그늘은 기쁨으로 충만해 보였다.

이윽고 훔바바와의 전투가 시작된다.

길가메시는 손으로 도끼를 잡고
삼나무를 쓰러트려 버렸다.
그 소리를 들은 훔바바는
미쳐 날뛰며 말했다.
"누가 왔단 말인가.
누가 내 산에 사는 나무를 망가뜨리고
삼나무를 쓰러트린 것이냐." ……
길가메시는 그의 목덜미를 겨냥하고 덤벼들었다.
엔키두도 따라 그곳을 공격했다. ……
숲의 파수꾼 훔바바는 땅 위로 쓰러져 버렸다.
2베루(고대 수메르 인들의 거리 단위. 1베루는 약 10킬로미터이다. ─ 옮긴이)에
걸친 삼나무의 웅성거림이 들려왔다.

두 사람은 삼나무를 잔뜩 베어 내 뗏목으로 엮은 뒤 유프라테스 강 위로 흘려보내서 갖고 돌아왔다.

불로불사를 꿈꿨던 길가메시

현재 이라크의 땅인 메소포타미아에서 번성했던 수메르는 세계에서 가장 오래된 도시 문명이자 최초의 문자로 역사에 이름을 남겼다. 지금까지 유적에서 발굴된 방대한 양의 점토판 문서를 해독했더니 풍성한 신화의 세계가 피어올랐다.

그 가운데서도 1848년 니네베 왕궁 터에서 발굴된 점토판에 새겨져 있었던 영웅담 『길가메시 서사시(*Gilgamesh Epoth*)』가 유명하다. 고

그림 23-1. '하늘의 황소'를 퇴치한 길가메시와 엔키두

대의 걸출한 문학 작품이자 인간과 숲의 오랜 관계의 원점으로서 많은 시사점을 품고 있다. 게다가 그 속에는 『구약 성서』의 노아의 방주나 「창세기」의 원형이라 봄직한 이야기도 포함되어 있다.[2]

그것은 서사시 후반에 나타난다. 원정에서 돌아온 길가메시는 사랑과 풍양(豊穰)의 여신 이슈타르로부터 구애를 받는다. 그러나 길가메시는 거절하고 이슈타르는 불같이 화를 내며 아버지인 최고신 아누에게 애원해 '하늘의 황소'를 보내 복수를 시도한다. 길가메시는 엔키두와 힘을 합쳐 소를 쓰러트린다. (그림 23-1)

엔릴 신은 자신의 하인인 훔바바와 하늘의 황소를 죽인 죄로 엔키두에게 죽음을 내린다. 그의 죽음으로 두려움에 벌벌 떨던 길가메시는 불사의 능력을 구하러 여행에 나선다. 아득히 먼 옛날 대홍수로 세계가 파멸했을 때 살아남아 영원한 생명을 얻은 우트나피쉬팀을 만나 불사의 비밀을 듣기 위해서다.

어렵사리 우트나피쉬팀과 만난 길가메시는 불사의 비밀을 묻는다.

그의 설명은 이러했다. 인간은 신들을 대신해 노동을 맡기 위해 창조되었지만 시간이 지나면서 그 수가 너무 늘어 버렸다. 대지의 신 엔릴은 과도하게 늘어난 인간을 멸망시키기 위해 대홍수를 일으킨다.[3] 그러나 물의 신 에아의 조언으로 미리 방주를 준비해 둔 우트나피쉬팀과 그 일족, 그가 모은 동물들은 살아남아 영원의 생명을 얻었다.

불로불사의 방법에 대한 대답을 얻지 못한 채 실의에 빠져 귀환하려는 길가메시에게 우트나피쉬팀의 아내는 바다의 심연에 젊어지는 식물이 있다는 사실을 가르쳐 준다.

길가메시는 그 풀을 손에 넣지만 돌아오는 길에 샘에서 목욕을 하는 사이 뱀에게 빼앗겨 버린다. (이 덕분에 뱀은 거듭 허물을 벗는 것으로 영원의 생명을 얻는다.) 길가메시는 실의에 빠져 우루크에 귀환하고 그곳에서 성벽의 건설 등을 완수한다.

수메르에서 탄생한 길가메시의 이야기는 점토판에 적히기 전인 기원전 3000년 이전부터 음유 시인들의 입에서 입으로 전해졌고 여러 언어로 번역되었다. 시간이 흘러 바빌로니아 시대(기원전 2000~기원전 1180년경) 아카드 어로 쓰인 것이 오늘날 전해지는 표준판이다. 모두 12개의 점토판에 수록되어 있다. 그러나 점토판에 난 상처 때문에 누락된 부분도 많다.[4]

레바논 삼나무에 바치는 찬가

천체나 새, 삼색기처럼 정형화된 디자인 일색인 국기(國旗) 속에서 마치 분재 같은 레바논의 삼나무 국기(그림 23-2)는 색다른 느낌을 발산한다. 오스만 튀르크의 지배가 끝난 20세기 초에 이 나라의 국기 문

그림 23-2. 레바논 국기

양으로 정해졌다. 2005년 레바논에서는 30년 동안 주둔한 시리아 군의 완전 철수를 요구하는 시민 운동이 일어났는데 그때 민중들은 가두 시위에서 이 국기를 내걸었고, 때문에 이 저항 운동이 삼나무 혁명이라 불리게 되었다. 그만큼 레바논 삼나무는 국민의 자랑이기도 하다.

레바논 삼나무에 대한 최고의 찬가는 『구약 성서』의 「에스겔서」[5] 31장에 등장한다.

볼지어다 앗수르 사람은 가지가 아름답고 그늘은 숲의 그늘 같으며 키가 크고 꼭대기가 구름에 닿은 레바논 백향목(삼나무)이었느니라. 물들이 그것을 기르며 깊은 물이 그것을 자라게 하며 강들이 그 심어진 곳을 둘러 흐르며 둑의 물들이 모든 나무에까지 미치매. 그 나무가 물이 많으므로 키가 들의 모든 나무보다 크며 굵은 가지가 번성하며 가는 가지가 길게 뻗어 나갔고. 공중의 모든 새가 그 큰 가지에 깃들이며 들의 모든 짐승이 그 가는 가지 밑에 새끼를 낳으며 모든 큰 나라가 그 그늘 아래에 거주하였느니라. 그 뿌리가 큰 물가에 있으므로 그 나무가 크고 가지가 길어 모양이 아름다우매. 하나님의 동산의 백향목이 능히 그를 가리지 못하며 잣나무가 그 굵은 가지만 못하며 단풍나무가 그 가는 가지만 못하며 하나님의 동산의 어떤 나무도 그 아름다운 모양과 같지 못하였도다. 내가 그 가지를 많게 하여 모양이 아름답게 하였더니 하나님의 동산 에덴에 있는 모든 나무가 다 시기하였느니라.

『구약 성서』「열왕기상」 5장에도 이런 구절이 있다. 아버지 다윗 대신 왕이 된 솔로몬의 처소에 우호국인 티루스의 히람 왕이 보낸 사자가 축하를 하러 왔는데 솔로몬이 그에게 이렇게 부탁한다. "나의 궁정을 위하여 레바논에서 백향목(삼나무)을 베어 내게 하소서." 그는 삼나무에 대한 보답으로 식량을 주었고, 히람 왕은 삼나무를 뗏목으로 엮어 바다에서 지정한 장소로 보냈다.

『구약 성서』에는 레바논 삼나무가 총 103회에 걸쳐 등장한다. 그만큼 고대 세계의 대표적인 수종이었다는 뜻이리라. 성서에서 백향목이라 불린 이유는 이 나무가 노송나무 잎처럼 침엽수 특유의 향을 내기 때문이다.

고가였다는 사실은 훔바바가 길가메시에게 목숨을 구걸할 때 "당신이 명령하시면 내가 당신을 위해 얼마든지 나무를 자르겠습니다. 당신의 궁궐을 위해 유익한 나무 말입니다!"라는 말을 꺼낸 대목에서 짐작할 수 있다. 기후적으로 삼림이 별로 발달하지 않았던 메소포타미아에서는 귀중한 교역품이기도 했다. 길가메시는 우루크에서 레바논 삼나무 숲까지 2000킬로미터가 넘는 여행을 해야만 했다. 그렇게까지 원정을 간 것은 우루크에서 건축 자재인 목재가 바닥난 상태였기 때문이라고 생각된다.

레바논 삼나무(그림 23-3)는 소나뭇과 히말라야삼나무속의 침엽수로 삼나무라기보다 소나무와 가까운 관계다. 외견은 히말라야삼나무와 매우 닮았다. 가지가 양옆으로 뻗어 나가고 뿌리가 야트막하게

그림 23-3. 레바논 삼나무 거목

좌우로 펼쳐지는 성질이 있으며 해발 1000미터 이상의 암벽에 숲을 이루는 경우가 많다.

줄기는 높이 40미터, 둘레 4미터나 되는 것도 있으며 곧게 솟으며 쉽게 썩지 않는다. 주변 국가들도 경쟁하듯 이 재목을 구했는데 메소포타미아나 인더스뿐만 아니라 삼림 자원이 풍부하지 않았던 이집트도 레바논 삼나무에 의존했다.

수메르의 도시 문명을 쌓아 올린 원동력은 높은 농업 생산성에 있었다. 메소포타미아 지역은 강우량이 적어 관개 시설이 필요했다. 시멘트가 없었던 시대에 물에 잘 견디는 레바논 삼나무는 관개용의 운하 용수로를 보호하는 데 빼놓을 수 없는 자재였다. 우루크의 인구는 최대일 때 5만 명에 달했던 것으로 추정되는데 그만큼 식량 생산을 위한 관개 시설의 증축이 필수적이었고 따라서 대량의 삼나무를 구한 것이라고 생각된다.[6]

신전 등의 거대 건축물에서는 들보를 만들고 내부를 꾸미는 데 중요한 재료였다. 솔로몬이 히람 왕에게 레바논 삼나무를 청한 것도 신전 건축에 빼놓을 수 없었기 때문이다. 완성된 신전은 그 안이 삼나무 내음으로 가득 차 있었을 것이다.

배의 재료로도 최적이었다. 페니키아(현 레바논 일대) 인들은 기원전 12세기경부터 레바논 삼나무로 배를 만들어 지중해 전역을 무대로 활발히 해상 교역을 펼쳤다. 신화 상의 노아의 방주는 물론이고 기자(Giza)의 쿠푸(Khufu) 왕의 무덤에 매장되어 있던 길이 43미터의 태양의 배에도 사용되었다. 그 수지(樹脂)는 배의 방수나 미라의 보존에도 반드시 필요한 것이었으며, 투탕카멘 왕의 인형관(人型棺) 역시 레바논 삼나무로 만들어졌다.

이 일대에는 연료가 적었으므로 토기를 굽거나 금속을 정련하는 데도 레바논 삼나무가 많이 소비되었으리라고 볼 수 있다. 메소포타미아에서는 기원전 4000년경부터 구리의 주조가 발달해 무기, 농구, 공구, 용기, 장신구 등이 만들어졌다.

메소포타미아 문명의 성쇠

약 20만 년 전 현대형의 인류가 아프리카에 출현한 이래로 95퍼센트의 시간 동안 인류는 수렵과 채집의 이동 생활을 했다. 농경과 목축을 생산의 기반에 둔 정주 생활에 들어선 것은 인류사의 혁명이었다. 기원전 3500년경 사람과 지식, 기술이나 인프라 모두가 고도로 집적된 도시 문명이 현재의 이라크 땅 메소포타미아에 나타났다.

메소포타미아는 '두 큰 강 사이에 끼어 있는 땅'이라는 뜻의 그리스어에서 유래하는 이름이다. 티그리스 강과 유프라테스 강은 때때로 대홍수를 일으켜 수많은 홍수 신화를 낳았다. 그러나 물이 불어

날 때 상류에서 운반되는 유기물 덕분에 농업에는 최적의 토지였고 사람들은 강을 정비하고 물길을 끌어당겨 관개 시설을 만들었다. 보리가 풍성하게 생산되었고 이것이 문명 탄생의 원동력이 되었다.

메소포타미아의 보리 생산성은 경이적이었다. 뿌린 종자의 양(파종량) 대비 거두는 양(수확량)은 20배에서 80배에 이르렀다고도 추정된다. 현대에도 유럽에서는 16배, 미국에서는 24배 정도일 뿐이다. 참고로 일본의 쌀 생산성은 높은 편이라 중세에 20배, 근세에도 40배에 달했고 현재는 110~144배나 된다.[7]

메소포타미아 문명은 크게 수메르, 아카드, 바빌로니아, 아시리아의 4개로 나뉜다. 수메르는 최고(最古)의 문명으로 우르나 우루크는 그곳에서 번성했던 도시의 이름이다. 메소포타미아 남부의 바빌로니아에 최초의 인류가 진출한 것은 기원전 5000년경의 일이다. 수메르에서는 기원전 4000년대 후반경부터 기원전 3000년경에 걸쳐 도시 국가들의 경쟁이 일어났고 이윽고 통일 국가가 성립되어 왕조 시대로 접어든다.

함무라비 법전이 성립되기 300년도 전에 복수법이 아닌 법체계를 만들었고 60진법을 발명했다. 술의 양조를 관장하는 여신의 모습이 있는 인장(印章)의 그림도 나온다. 수메르는 맥주를 발명했으며, 그 문명을 지탱한 것은 와인, 대추야자주 등 술을 좋아하는 사람들이었다.

서기를 양성하는 학교나 교과서도 있었으며 학교를 무대로 한 문학 작품까지 있다. 기원전 2000년경에 쓰인 『학교 시대』[8]는 선생님께 늘 혼나기만 하는 가엾은 '나'의 일인칭으로 전개된다.

점토판에 오자를 썼다며, 글자 쓰는 게 형편없다며, 수업 중에 수다를 떨었다며, 선생은 그때마다 회초리로 나를 때렸다. 그래서 나는 아버지를 졸라 선생을 집으로 초대해 술과 음식으로 향응했고 옷을 선물했다. 선생은 마치 손바닥을 뒤집듯 이제는 나를 칭찬하게 되었다.

예나 지금이나 인간은 똑같나 보다.

오리엔트를 연구한 고바야시 도시코(小林登志子)는 "수메르 사회는 현대 문명의 원점이며 문명사회의 모든 제도가 거의 정비되어 있었다."라고 설명한다.

그러나 기원전 2200년경부터 이민족 침입이 잇달아 수메르는 역사의 어둠 속으로 저물어 간다. 계기가 된 것은 그 당시부터 시작된 서아시아의 한랭화와 건조화였다. (22장 참조) 건조지의 관개 농업에는 치명적인 염분의 집적이 일어났다. 이 일대의 토양은 탄산칼슘의 함유량이 높았는데 관개용수에도 염분이 함유되어 있었다.

건조화 때문에 토양 중 수분의 증발이 활발해졌는데 거기에 함유되었던 염류는 지표에 남은 채 수분만 증발했다. 그 결과 지면에 눈이 쌓인 것처럼 소금이 하얗게 괴었고 작물이 자라지 않게 되었다.

우루크 근교 어느 도시 국가의 1헥타르(0.01제곱킬로미터)당 보리 수확량을 보면, 기원전 2400년경에는 2537리터였지만 고(古) 바빌로니아 시대인 기원전 1700년경에는 897리터가 되어 3분의 1로 떨어졌다. 종국에는 20퍼센트 이하로 곤두박질쳤고 농업 생산으로는 수메르 문명을 더 이상 지탱할 수 없게 되었다. 일대는 사막에 묻혔고 수메르 문명은 쇠퇴해 갔다.[9]

진흙이 떠받친 문명

문명을 떠받친 소재로 고대 문명을 분류하면 이집트·그리스 등 지중해 주변은 돌의 문명, 동아시아는 나무의 문명, 메소포타미아나 인더스는 진흙의 문명[10]이다. 이곳에는 석재도 목재도 거의 없었기 때문에, 나무틀에 진흙을 넣어 햇볕에 건조시키거나 구워서 벽돌을 만들었다.

메소포타미아에서는 특히 봉니(封泥)가 발달했다. 중요한 물품을 넣은 용기나 창고의 입구를 봉인하는 점토 덩어리를 말한다. 굳기 전 아직 부드러울 때 그림이나 모양을 새겨 넣은 인장을 찍어서 봉인한 인물을 밝혀 두었다.

후기에는 조각을 설치한 석제 원통형의 봉니가 많이 만들어졌다. 봉니 위에서 1회전시키면 그 그림이 떠오르는 장치였다. 왕과 영웅, 전쟁과 연회, 일상생활 따위가 정밀하게 조각된 작은 인장은 마치 USB 메모리처럼 당시의 데이터를 가득 담고 있다. 길가메시나 엔키두의 용모도 이 원통 인장으로 알 수 있었다.

기록 역시 점토판에 남았다. 널빤지 모양으로 펼친 부드러운 점토판에 갈대 줄기로 만든 펜으로 눌러 쓴 것이다. 그 모양이 쐐기와 같아서 쐐기 모양 문자, 즉 설형 문자라 불리게 되었다. 고대 이집트의 히에로글리프(신성 문자)보다도 빠른 기원전 3200년경에 이미 사용되기 시작했다. 원래는 한자와 같은 표의 문자였으나 머지않아 가나(假名)와 같은 표음 문자도 발명되었고 일본어의 한자·가나 혼합문과 같은 형식으로 사용되었다.

지금까지 수많은 점토판 문서가 발견되었고 유럽과 아메리카의 박물관을 중심으로 50만 장에 달하는 점토판이 보관되어 있다고 추정된다. 그 대부분은 관청의 문서, 상업적 매매의 기록, 곡물의 재고량을 적은 문서였다. 문서를 주관하는 관청에서 정리해 관리하던 것들이 많다. 나무 조각이나 종이, 양피지에 쓰인 문서는 썩거나 전쟁으로 불타 대다수가 유실되었다. 그러나 구운 점토판은 토기처럼 되어 있어 보존성이 높았다.

고대 오리엔트 사회에서는 교역이 왕성했다. 상업적 매매가 확대되고 복잡해진 가운데 다양한 기록과 문서를 위해 문자가 탄생한 것이리라. 문자는 주변 민족에게도 보급되어 아카드 어(바빌로니아 인, 아시리아 인)나 히타이트 어를 비롯해 다른 여러 언어가 자국어를 필기하는 데에 설형 문자를 차용했다.

그 후 아시리아 제국 치하에서 아람 어의 사용이 광범위하게 확대되었고 설형 문자는 차차 아람 문자로 대체되어 갔다. 팔레스타인의 유대 인들은 아람 어를 사용했으며 예수와 그 제자들도 아람 어로 대화했다고 여겨진다. 현재 가장 마지막으로 설형 문자가 쓰인 예로 알려진 것은 기원후 75년 천문학의 기록이다.

설형 문자는 지금도 그 자손들의 자랑이다. 2004년 아테네 올림픽의 입장 행진에서 이라크 선수단 여성 단장의 의상에는 설형 문자가 디자인되어 있었다.

점토판 문서를 해독하다

고대 페르시아의 수도였던 페르세폴리스의 유적에는 '누구도 읽지 못하는 비문'이 다수 새겨져 있었고 많은 여행자의 기록으로부터 17세기 초 유럽에 이 사실이 알려져 있었다는 것을 알 수 있다. 그 해독에 도전했던 사람은 많았다.

나가사키 데지마의 네덜란드 상관에서 근무했던 독일인 의사 엥겔베르트 캠퍼(Engelbert Kaempfer, 1651~1716년)도 그중 하나였다. 각국어로 번역된 『일본지(The History of Japan)』로 잘 알려져 있으며 유럽의 일본관에 결정적인 영향을 끼친 사람이다. 그는 일본을 방문하기 전 페르세폴리스에 가서 이 문자를 필사했던 모양이다.

문자 해독에 중요한 역할을 한 것은 독일의 여행가 카르스텐 니부어(Carsten Niebuhr, 1733~1815년)였다. 그가 정밀한 장문의 사본을 여행기에서 소개한 뒤로 해독에 대한 관심이 높아졌다. 또 이와는 별도로 영국 육군 사관 헨리 롤린슨(Henry Rawlinson, 1810~1895년)이 1835년 비시툰(이란 서부 케르만샤의 동쪽 약 40킬로미터에 있는 작은 마을―옮긴이)의 언덕에 새겨진 비문을 발견했다.

이 비문을 베껴 와 조사해 보니 페르시아 제국 3개의 공용어, 즉 고대 페르시아 어, 아람 어, 바빌로니아 어(아시리아 어)의 3개 언어로 쓰여 있었다. 히에로글리프의 해독이 1799년 나폴레옹의 이집트 원정 때 발견된 로제타석이 세 종류의 문자로 기록되어 있었던 사실에서 진전되었던 것처럼, 이 비문으로 점토판의 해독이 크게 진전되었다.[11]

영국으로 돌아온 뒤 대영 박물관에 자리를 얻은 롤린슨은 1857년 문서관에서 발견한 점토판을 번역해 출판했다. 그의 밑에는 조지 스미스(George Smith, 1840~1876년)라는 고고학에 뜻을 품은 젊은이가 일하고 있었다. 1872년 점토판(그림 23-4)을 조사하던 스미스는 다음

그림 23-4. 『길가메시 서사시』의 점토판

과 같은 한 구절을 찾아냈다. "배가 니시르 산 위에 다다른 뒤, 마른 땅을 찾기 위해 비둘기를 날렸다." 『구약 성서』의 노아의 방주와 완전히 닮은 이야기였다.

성서에 나온 이야기보다 오래된 대홍수의 기술을 발견했다는 스미스의 발표는 센세이션을 불러일으켰다. 영국의 신문사는 나머지 조각들을 발견하는 데 1000파운드의 상금을 걸었다. 스미스는 발굴을 개시했고 5일째에 발견한 파편에서 홍수 전설에서 누락된 부분을 찾아냈다.

이 발견은 영국을 열광의 소용돌이로 몰아넣었다. 홍수 전설은 길가메시 이야기 중에 등장하는 에피소드였다. 성서나 호메로스의 작품보다 적어도 1000년 전에 쓰인 것이다.[12]

점토판이 아니었다면 이러한 전설이나 신화도 알 수 없었을 것이다. 기원전 3000년대 후반부터 거의 2000년에 걸쳐 기록된 신화, 역사, 법전, 재판 기록, 종교 의례, 이야기, 시가, 공적이거나 사적인 서간 등을 우리는 지금 점토판에 새겨진 문서로 알 수 있는 것이다.

점토판의 해독으로 『구약 성서』의 일부는 기원전 6세기 바빌론 인들이 이스라엘의 유대 인을 노예로 바빌로니아에 납치한 바빌론 유폐 시대와 관련이 깊다는 사실도 밝혀졌다. 유대 인이 자기들의 정체성을 확립하기 위해 메소포타미아 신화마저 거두어들였다는 사실도 명확해졌다.

레바논 삼나무와 베네치아

레바논 삼나무의 숨통이 최종적으로 끊긴 것은 베네치아에 도시를 건설하면서부터다. 베네치아는 게르만 족의 일파인 랑고바르드 족이 569년에 이탈리아에 침입했을 당시, 침략을 면한 사람들이 하구의 저습 지대인 라구나(라군)로 도망쳐 정착하면서 역사가 시작되었다. 마을의 상류에서는 조선 등의 이유로 오래전부터 삼림의 벌채가 진행되었기 때문에 토사 유입이 심해져 하구에 습지대가 발달했다.

연약한 지반에 마을을 만들기 위해 대량의 나무 말뚝을 해저에 박아 넣었다. 마을이 성장함에 따라 그 위에 석재를 몇 겹이나 쌓았고 급기야 시멘트로 굳혀 인공 지반을 만들었다. 그 말뚝을 만들기 위해 합계 1억 5000만 그루나 되는 수목이 발칸 반도나 지중해 동부에서 운반되었다고 전한다. 레바논 삼나무는 수지분이 많고 해상에서도 좀처럼 부식되지 않아 인기가 좋았다. 그런 까닭에 남은 양이 점점 줄어들고 있음에도 마구 벌채되어 갔다. 베네치아의 명물인 곤돌라도 예전에는 레바논 삼나무로 만들었다고 한다.

가령 대운하를 가로지르는 리알토 다리 교각의 기초에 1만 2000개나 되는 말뚝을 박아 넣었다고 하는 기록이 있다. 이 어마어마한 수의 말뚝 때문에 "베네치아를 잡아 들고 거꾸로 뒤집으면 숲이 된다."라는 이야기마저 나왔다.[13]

나무 말뚝만으로는 돌로 된 시가지나 도로를 다 떠받치지 못했고 시간이 흐르며 지반에서 불균등한 침강이 진행되었다. 집중 호우나 이상 조위 탓에 베네치아 거리가 침수된다는 뉴스는 이제 익숙하다. 낡고 오래된 건물은 다소 차이는 있지만 모두 기울어졌다. 산마르코 대성당의 종루 등은 완전히 붕괴되었고 현재의 종루는 1912년에 재건된 것이다. 최근 시 당국은 썩은 말뚝을 재활용된 플라스틱 말뚝으로 바꾸는 안을 검토 중이라고 한다.

과거에는 이 침하가 어느 정도의 속도로 일어났을까? 1857년 이후로 측정이 시작되었지만 그 이전에는 어땠는지 알 수 없다.

그것을 그림에서 읽어 내려는 연구가 진행되고 있다. 운하나 바다에 접해 있는 건물의 벽면에는 만조 때와 간조 때 수위의 중간에 해조가 들러붙는데, 회화에 나타난 해조의 위치를 보고 제작 당시의 수위를 파악하는 것이다.

베네치아의 화가 안토니오 카날(Antonio Canal, 1697~1768년), 통칭 카날레토는 특수한 기계를 사용한 정밀한 화법으로 마치 사진처럼 거리를 그린 것으로 유명하다. 그가 1727~1758년에 그린, 물가가 확실히 나와 있는 11점의 풍경화와 2002년의 수위를 비교했더니 건물은 57~69센티미터나 침강해 있었다. 마찬가지 방법으로 다른 화가의 그림과도 비교한 결과, 20세기 들어 침강의 속도가 빨라졌다는 사실을 알 수 있었다.[14]

문명과 자연의 전쟁

1933년 유프라테스 강 중류에 위치한 고대 수메르의 도시 국가 마리(현 시리아령)에서 2만 5000장에 달하는 점토판이 발견되었다. 이것이 「마리 문서(Mari Letters)」다. 그 속에는 주민들이 목재 부족으로 불을 지피는 데 곤란을 겪은 사정과 왕궁의 수리마저 어려웠던 형편이 기록되어 있다. 왕이 소유한 삼림은 파수꾼을 두어 엄중하게 지켜야만 했다고 한다. 파수꾼이라는 대목에서 훔바바를 떠올리게 된다.

고대 문명이 꽃피었던 이 땅에도 삼림의 급격한 축소 위로 심각한 가뭄이 덮쳐 왔다. 도시에서는 식수 확보에 어려움을 겪었고 농촌에서는 관개용수가 부족했다. 도시의 부양 능력과 농업 생산량이 떨어져 국력이 쇠퇴했고 다른 민족의 침입 탓에 문명은 점점 쇠락해 갔다.

환경사학의 대가 도널드 휴스(Donald Hughes)는 『세계의 환경사(An Environmental History of the World)』[15]라는 저서 속에서 『길가메시 서사시』를 문명과 자연 간의 전쟁 이야기라고 설명한다. 길가메시가 우루크에 쌓은 성벽은 외적으로부터 도시를 지킨다는 의미일 뿐만 아니라 '안'의 문명과 '바깥'의 자연 사이의 경계이며 질서 있는 문명과 무질서한 자연의 격벽(隔壁)이기도 하다.

바깥 세계에서 온 엔키두는 빵이나 포도주를 손에 넣으며 문명화되었고 안의 인간으로서 길가메시와 함께 훔바바를 퇴치하러 나선다. 결국에는 바깥 세계의 괴물인 훔바바를 죽이고 레바논 삼나무를 손에 넣는다. 문명이 승리를 거둔 셈이다.

그러나 승리는 커다란 희생을 동반했다. 과거에 레바논, 시리아, 터키의 지중해 동부 산지에 폭넓게 분포했던 레바논 삼나무는 현재 총 18곳의 보호 구역에 약 4000그루만이 남아 있을 뿐이다. 가장 커다란 숲은 레바논 중부의 카디샤 계곡이다. 이곳은 '카디샤 계곡과 신의 삼나무 숲'으로 1998년 세계 문화 유산에 등록되기도 했다.

야스다 요시노리(安田喜憲)는 이렇게 말한다. "레바논 삼나무의 불행은 그 숲 주변에서 문명이 발달했다는 점, 게다가 그 문명이 발달한 곳은 원래부터 숲이 적은 곳이었다는 점, 그래서 온갖 문명이 레바논 삼나무를 집어삼키려 했다는 점이다."[16]

메소포타미아는 그 후로도 1991년의 걸프 전쟁이나 2003년의 이라크 전쟁에 이르기까지 전란이 멈추지 않는 곳이다. 허물어진 유적들과 그것을 에워싼 사막. 지금 그곳에서 세계 4대 문명으로 손꼽히는 메소포타미아 문명을 상상하기는 어렵다.

후기

 과거에 읽었던 책을 다시 읽는 것은 소원해진 친구와 재회하는 듯한 감정을 불러일으킨다. 그리움, 그리고 헤어져 있던 동안의 생각지도 못한 변화.

 이 책과 씨름하지 않았더라면 알지 못했을 훌륭한 책과도 만날 수 있었다. 옛 번역과 새 번역을 비교해 읽으며 번역 기술의 진보와 함께 일본어가 크게 달라졌다는 사실에 놀라기도 했다.

 나 같은 문학 문외한은 작품을 읽을 기회는 있어도 그 저자나 작품에 관한 연구서까지 읽는 일은 거의 없다. 집필을 위해 문헌을 뒤지면서 저자나 작품에 매료되어 인생을 걸고 연구하는 분들이 얼마나 많은지도 알게 되었다.

"이 세상에 소설이 있는 이유는 뭘까?" 라틴 아메리카 문학의 중진이자 노벨 문학상을 수상한 페루의 마리오 바르가스 요사는 이런 질문에 다음과 같이 대답했다. "사회가 포괄적인 의미에서 자기의 모습을 잃고 분열하면 망상과 편집이 증식하게 되고 전쟁이나 집단 학살로 폭주하게 되는데 소설은 그 폭주를 막아 주는 역할을 한다." 여기에 하나를 덧붙이자면 "인류가 욕망을 채우기 위해 폭주하는" 것도 막아 준다면 좋겠다.

윈스턴 처칠은 말했다. "더 멀리 되돌아볼수록 더 멀리 앞을 내다볼 수 있다." 내게는 저 먼 앞에 보이는 지구의 운명과 1912년 북대서양에서 빙산과 충돌해 침몰한 호화 여객선 타이타닉호가 겹쳐 보인다. 절대 침몰하지 않는 배라 불리던 호화 여객선이 충돌 후 겨우 2시간 30분 만에 물속으로 가라앉아 약 1500명이 희생되었다.

이 원인을 둘러싸고 방대한 조사가 이루어졌고 배 조작 실수설부터 음모설까지 다수의 설이 등장했다. 그러나 1985년에 해저에서 발견된 선체를 조사한 결과 새로운 원인이 부상했다. 선체의 강판을 접합하고 있던 리벳(대갈못)의 강도가 부족해 빙산과 충돌하면서 이 리벳이 떨어져 나갔고 선체가 쪼개지며 일거에 침수했다는 의혹이다.

그해는 이상하게 따뜻한 겨울이었고 예년에 비해 북극에서 남하하는 빙산이 많았다. 배의 통신사는 근처를 항행하는 다른 배로부터 3번이나 빙산의 존재를 전해 들었지만 조타실에는 보고하지 않았다. 침몰하지 않는 배라는 맹신이 있었기에 구명보트는 승객과 승무원의 절반분밖에 갖고 있지 않았다.

'지구호'의 전방에는, 식량이나 수자원 부족, 기후 변동이나 전염병의 유행이라는 빙산이 떠다니고 있다. 모두 지구호가 침몰할 리는 없다고 굳게 믿고 있다. 그러나 타이타닉호의 사고가 지름 25밀리미터의 작은 리벳 결함으로 시작되었던 것처럼, 우리 역시 상상도 못한 사건으로부터 연쇄 반응하듯 파탄으로 돌진할지도 모른다. 제아무리 인류가 만물의 영장이라 해도 자연을 완전히 꼼짝 못하게 할 수는 없는 노릇이다.

타이타닉호의 난파 역시 많은 문학 작품에 등장한다. 미야자와 겐지의 동화 『은하철도의 밤』(햇살과 나무꾼 옮김, 비룡소, 2012년 — 옮긴이)에도 타이타닉호를 모티프로 삼았다고 생각되는 부분이 있다. 공상을 즐기는 불우한 소년 조반니가 우주를 돌아다니는 은하철도에 올라타 여행을 떠나는 환상적인 작품이다.

어느 청년과 어린 남매가 이 은하철도에 올라탄다. 그들은 타고 있던 배가 빙산에 충돌해 침몰했는데 구명보트에 오르지 못했다. 정신이 들어 보니 은하철도에 있는 것이었다. 그들은 죽은 사람들이었다.

청년은 어린 남매에게 타이르듯 이렇게 말한다. "우리들 대신에 배를 탄 사람들은 틀림없이 모두 구조되어 마음을 졸이며 기다리고 있을 아버지와 어머니, 그리고 사랑하는 가족들에게 돌아갈 거야."

구명보트로 목숨을 부지한 사람 대다수는 일등선 승객이었다. 그들이 탄 구명보트 속에는 목숨을 구하기 위해 접근해 오는 사람을 노로 때려 뿌리치는 사람도 있었다고 한다. 미래에 지구가 부양 가능한 인구를 넘겨 구명보트처럼 만원이 된다면, 매달리는 사람들을 어떻게 할 것인가.

최근 몇 해 사이 발생한 아프리카의 가뭄이나 남아시아의 홍수, 카리브 해의 지진 등의 피해자들을 보면 이미 답은 나와 있다. 개발 도상 지역이라 불리는 가난한 나라의 사람들은 아마 이 구명보트에 올라탈 수 없을 것이다. '우리는 일등선 손님이기 때문에 구명보트에 탈 수 있다.' 일본인들은 이렇게 믿고 있는 것일까.

이 책은 《닛케이 에콜로지(日經エコロジー)》에, 2008년 7월호부터 2010년 4월호까지 연재한 것을 바탕으로 하여 전면적으로 고쳐 쓴 것이다. 연재 중 생각지도 못한 반향을 얻었다. 특히 어느 고등학교 선생님이 "문학에 전혀 관심이 없었던 학생이 환경 문제에서 출발해 문학으로 들어가는 입구를 만들어 주었다."라고 편지를 보내 주어서 집필에 격려가 되었다. 마음에 드는 소설이나 음악, 그림과 만나느냐 만나지 못하느냐는 인생의 질에 큰 영향을 미친다. 젊은 독자들에게 그러한 입구가 된다면 더 바랄 것이 없겠다.

집필에 임하며 많은 분들에게 신세를 졌다. (이하 무작위)

세이조 대학교 명예 교수 모리 미쓰야 씨, 교토 대학교 교수 가나사카 기요노리 씨, 나고야 대학교 명예 교수 스와 가네노리 씨, 전 《아사히신문》 편집위원 고(故) 오카 나미키 씨, 홋카이도 비라토리 동사무소의 구보타 루리코(窪田留利子) 씨, '미도리(水土里) 넷 홋카이도'의 사사키 하루미(佐々木晴美) 씨, 미야자와 겐지 기념관 관장 미야자와 유조(宮澤雄造) 씨, 환경 사상사 연구자 우나가미 도모아키(海上知明) 씨, 번역가 와키야마 마키(脇山眞木), 씨, 시마네 현 오쿠이즈모 정의 와타베 에쓰요시(渡部悅義) 씨, 브라질 정부 운수성의 닐자 야마사키 씨, 노르웨이 국립 대기 연구소의 위스테인 호브 씨. 그리고 귀중한 사진을 제공해 주신 국제 일본 문화 연구 센터 교수 야스다 요시노리 씨, 독립 행정 법인 삼림 총합 연구소의 연구원 히라노 유이치로(平野悠一郎) 씨에게 마음으로부터 감사를 전하고 싶다.

마지막으로 《닛케이 에콜로지》 연재 중에 신세를 진 당시 편집장 진보 시게노리(神保重紀) 씨, 이 책을 담당해 주었던 이와나미쇼텐의 히라타 겐이치(平田賢一) 씨께 진심으로 감사드린다.

현지 조사에 함께 해 주었던 아내 도키코(登紀子), 문헌 수집에 힘써 준 미국에 있는 장녀 기미코(紀美子)를 비롯한 가족, 그리고 이번 세기의 남아 있는 세상을 보게 될 5명의 손자들에게 이 책을 바친다.

2011년 2월

이시 히로유키

참고 문헌

13장 | 포경선의 끝없는 항해 | 허먼 멜빌, 『모비 딕』

1) ハーマン メルヴィル, 1956(阿部知二譯)『白鯨』岩波文庫(원서 Melville, Herman 1851 *Moby Dick*, 한국어판 허먼 멜빌, 김석희 옮김, 『모비 딕』, 작가정신, 2011년 — 옮긴이)

2) ナサニエル フィルブリック, 2003(相原眞理子譯)『復讐する海 捕鯨船エセックス號の悲劇』集英社(원서 Philbrick, Nathaniel 2002 *Revenge of The Whale: The True Story of the Whaleship Essex* Putnam Juvenile, 한국어판 나다니엘 필브릭, 한영탁 옮김, 『고래의 복수: 포경선 에식스 호의 비극』, 중심, 2005년 — 옮긴이)

3) ハワード シュルツ, ドリー ジョーンズ ヤング 1998(小幡照雄, 大川修二譯)『スターバックス成功物語』日經BP社(원서 Schultz, Howard and Yang,

Dori Jones 1997 *Pour Your Heart Into It* Hyperion Books, 한국어판 하워드 슐츠, 도리 존스 양, 홍순명 옮김, 『스타벅스 커피 한잔에 담긴 성공 신화』, 김영사, 1999년 ― 옮긴이)

4) Roberts, Callum 2007 *The Unnatural History of the Sea* A Shearwater Books
5) 津本陽, 1986 『椿と花水木: 萬次郎の生涯』 新潮文庫
6) マーク トウェイン, 1983(大久保博譯)『ちょっと面白いハワイ通信』旺文社文庫(원서 Twain, Mark *Mark Twain's Letters from Hawaii* ― 옮긴이)
7) 森田勝昭, 1994 『鯨と捕鯨の文化史』 名古屋大學出版會
8) 瀬戸口明久, 2009 『害蟲の誕生: 蟲からみた日本史』 ちくま新書
9) 大村秀雄, 1969 『鯨を追って』 岩波新書
10) 星川淳, 2007 『日本はなぜ世界で一番クジラを殺すのか』 幻冬舎新書
11) 山下渉登, 2004 『捕鯨II: ものと人間の文化史』 法政大學出版局
12) 桑田透一, 1940 『鯨族開國論』 書物展望社
13) 桑田透一, 1941 『開國とペルリ』 日本放送出版協會
14) 大江志乃夫, 2000 『ペリー艦隊大航海記』 朝日文庫
15) クライブ ポンティング 1994(石弘之, 京都大學環境史硏究會譯), 『綠の世界史』 朝日選書(원서 Ponting, Clive 1991 *A Green History of the World* Penguin Books, 한국어판 클라이브 폰팅, 이진아 옮김, 『녹색 세계사』, 그물코, 2010년 ― 옮긴이)
16) ポール ゴーギャン, 1999(岩切正一郎譯)『ノアノア』 ちくま學藝文庫(원서 Gauguin, Paul 1901 *Noa Noa*, 한국어판 폴 고갱, 유준상 옮김, 『노아 노아』, 열화당, 1979년 ― 옮긴이)

14장 | 파리의 하수도 | 빅토르 위고, 『레 미제라블』

1) ヴィクトル ユーゴー, 1987(豊島與志雄譯)『レミゼラブル』岩波文庫(원서 Hugo, Victor 1862 *Les Misérables*, 한국어판 빅토르 위고, 정기수 옮김, 『레 미제라블』 1~5권(민음사 세계문학전집 301~305), 민음사, 2012

년 ― 옮긴이) (펭귄클래식코리아판 『레 미제라블』 1~5권 (이형식 옮김, 2010년) 참조)

2) パトリック ジュースキント, 2003(池内紀譯) 『香水』 文春文庫(원서 Süskind, Patrick 1994 *Das Parfum* Diogenes, 한국어판 파트리크 쥐스킨트, 강명순 옮김, 『향수』, 열린책들, 2009년 ― 옮긴이)

3) 太宰治, 1950 『斜陽』 新潮文庫(한국어판 다자이 오사무, 유숙자 옮김, 『사양』, 소화, 2002년 ― 옮긴이)

4) イヴァン コンボー, 2002(小林茂譯) 『パリの歴史』 白水社(원서 Combeau, Yvan 2010 *Histoire de Paris* Presses Universitaires de France ― 옮긴이)

5) ガストン ルルー, 2000(長島良三譯) 『オペラ座の怪人』 角川文庫(원서 Leroux, Gaston 1909 *Le Fantôme de l'Opéra*, 한국어판 가스통 르루, 홍성영 옮김, 『오페라의 유령』, 펭귄클래식코리아, 2008년 ― 옮긴이)

6) 岡並木, 1985 『舗装と下水道の文化』 論創社

7) Reid, Donald 1991 *Paris Sewers and Sewerman* Harvard Univ. Press

8) Middleton Geoffrey 1969 *At the Time of the Plague and the Fire* Longman

9) ダニエル プール, 1997(片岡信譯) 『19世紀のロンドンはどんな匂いがしたのだろう』 青土社(원서 Pool, Daniel 1993 *What Jane Austen Ate and Charles Dickens Knew* Simon & Schuster ― 옮긴이)

10) スティーヴン ジョンソン, 2007(矢野眞千子譯) 『感染地圖』 河出書房新社 (원서 Johnson, Steven 2007 *The Ghost Map* Riverhead Trade, 한국어판 스티븐 존슨, 김명남 옮김, 『바이러스 도시』, 김영사, 2008년 ― 옮긴이)

11) Halliday, Stephen 1999 *The Great Stink of London: Sir Joseph Bazalgette and the Cleansing of the Victorian Metropolis* Sutton Publishing

12) 金井一薫, 1993 『ナイチンゲール看護論入門: "看護であるものとないもの"を見わける眼』 現代社白鳳選書(원서 Nighitingale, Florence 1860 *Note on Nursing* ― 옮긴이)

13) 栗田彰, 1997 『江戸の下水道』 青蛙房

14) 瀧澤馬琴, 1973 『馬琴日記』 中央公論社

15) 石川英輔, 2000 『大江戸リサイクル事情』 講談社
16) 塚本學, 1990 『江戸のあかり: ナタネ油の旅と都市の夜 (歴史を旅する繪本)』 岩波書店

15장 | 여름이 오지 않은 해 | 제인 오스틴, 『에마』

1) ジェーン オースティン, 2000(工藤政司譯) 『エマ』 岩波文庫(원서 Austen, Jane 1815 *Emma*, 한국어판 제인 오스틴, 윤지관, 김영희 옮김, 『에마』, 민음사, 2012년 — 옮긴이) (열린책들판 『엠마』(이미애 옮김, 2011년) 참조)
2) 新井潤美, 2008 『自負と偏見のイギリス文化: J. オースティンの世界』 岩波新書
3) 櫻井邦朋, 2003 『夏が來なかった時代: 歷史を動かした氣候變動』 吉川弘文館
4) Sutherland, John 1999 *Who betrays Elizabeth Bennet?: further puzzles in classic fiction* Oxford World's Classics
5) Campbell, Shannon *Apples and apple-blossom time: wherein Jane Austen's reputation for meticulous observation is vindicated* The Jane Austen Journal, Jan. 2007
6) ブライアン フェイガン, 2001(東郷えりか, 桃井綠美譯) 『歷史を變えた氣候大變動』 河出書房新社(원서 Fagan, Brian 2001 *The Little Ice Age: How Climate Made History, 1300-1850* Basic Books — 옮긴이)
7) 石弘之, 2010 『火山噴火・動物虐殺・人口爆發』 洋泉社
8) 石弘之, 1994 「歷史を變えた火山噴火」 梅原猛, 伊藤俊太郞監修 『火山噴火と環境・文明』 思文閣出版
9) Lanciki, A. et al. *Cold Decade(AD 1810-1819) Caused by Tambola(1815) and Another(1809) Stratospheric Volcanic Eruption* Geophysical Research Letters, October 16, 2009
10) トルストイ, 2006(藤沼貴譯) 『戰争と平和』 岩波文庫(원서 Tolstoy 1869 *War and Peace*, 한국어판 톨스토이, 박형규 옮김, 『전쟁과 평화』, 범우사,

1997년 ― 옮긴이)

11) エリック ドゥルシュミート, 2002(高橋則明譯)『ウェザー ファクター: 氣象は歷史をどう變えたか』東京書籍(원서 Durschmied, Erik 2001 *The Weather Factor: How Nature Has Changed History* Arcade Publishing ― 옮긴이)

12) 石原あえか, 2010『科學する詩人ゲーテ』慶應義塾大學出版會

13) 靑木やよひ, 2001『ベートーヴェン〈不滅の戀人〉の謎を解く』講談社現代新書

14) H. ストンメル, E. ストンメル, 1985(山越幸江譯)『火山と冷夏の物語』地人書館(원서 Stommel, H. and Stommel E. 1983 *Volcano Weather: The Story of 1816, the Year Without a Summer* Simon & Schuster ― 옮긴이)

15) Lamb, Hubert H. 1982 *Climate, History and the Modern World* Routledge

16) サイモン ウィンチェスター, 2004(柴田裕之譯)『クラカトアの大噴火: 世界の歷史を動かした火山』早川書房(원서 Winchester, Simon 2003 *Krakatoa: The Day the World Exploded: August 27, 1883* HarperCollins, 한국어판 사이먼 윈체스터, 임재서 옮김, 『크라카토아』, 사이언스북스, 2005년 ― 옮긴이)

17) Zerefos, Christos et. al. *Art, Painting and Global Change* Journal of Atmospheric Chemistry and Physics, August 2, 2007

18) Drapkin, Jennifer and Zielinski, Sarah *Forensic Astronomer Solves Fine Arts Puzzles* Smithsonian magazine, April 2009

19) Cosgrave, Bronwyn 2001 *The Complete History of Costume & Fashion: From Ancient Egypt to the Present Day* Checkmark Books

16장 ㅣ 나무를 지켜라 ㅣ 구마자와 반잔,『대학혹문』

1) 後藤陽一, 友枝龍太郎 校注, 1971「大學或問」『熊澤蕃山』(日本思想大系 30) 岩波書店

2) 吉田俊純, 2005『熊澤蕃山: その生涯と思想』吉川弘文館
3) 宮崎道生, 1995『熊澤蕃山: 人物・事績・思想』新人物往來社
4) 茂木光春, 2007『大いなる蕃山』文藝社
5) 室田武, 1991『水土の經濟學: エコロジカルライフの思想』福武文庫
6) 室田武, 1985『雜木林の經濟學』樹心社
7) 後藤陽一, 友枝龍太郎 校注, 1971「集義和書」『熊澤蕃山』(日本思想大系 30) 岩波書店
8) 熊澤蕃山, 1935「宇佐問答」『近世社會經濟學大系 第14卷』誠文堂新光社
9) コンラッド タットマン, 1998(熊崎實譯)『日本人はどのように森をつくってきたのか』築地書館(원서 Totman, Conrad *Green Archipelago: Forestry In Pre-Industrial Japan* Ohio Univ. Press — 옮긴이)
10) 小原二郎, 1972『木の文化』鹿島出版會
11) 鬼頭宏, 2000『人口から讀む日本の歷史』講談社學術文庫
12) 野添憲治, 1991『秋田杉を運んだ人たち: 聞き書き資料』御茶の水書房
13) 安田喜憲, 1996『森の日本文化: 繩文から未來へ』新思索社
14) 本多靜六, 2006『本多靜六自傳: 體驗八十伍年』實業之日本社
15) 小椋純一, 1992『繪圖から讀み解く人と景觀の歷史』雄山閣出版
16) 上林好之, 1999『日本の川を甦らせた技師 デレイケ』草思社

17장 ǀ 인구 폭발의 증인 모아이 석상 · 토르 헤위에르달, 『아쿠아쿠: 고도 이스터 섬의 비밀』

1) トール ヘイエルダール, 1975(山田晃譯)『アクアク: 孤島イースター島の秘密』現代敎養文庫(원서 Heyerdahl, Thor 1958 *Aku-Aku: The Secret of Easter Island* — 옮긴이)
2) トール ヘイエルダール, 1996(水口志計夫譯)『コンティキ號探檢記』ちくま文庫(원서 Heyerdahl Thor 1948 *The Kon-Tiki Expedition: By Raft Across the South Seas*, 한국어판 토르 헤위에르달, 황의방 옮김, 『콘티키』, 한길사, 1995년 — 옮긴이)

3) Bahn, G. Paul and Flenley, John 1992 *Easter Island, Earth Island* Thames and Hudson

4) Bahn, G. Paul and Flenley, John 2003 *The Enigmas of Easter Island* Oxford Univ. Press(한국어판 G. 폴 반, 존 플렌리, 유정화 옮김 『이스터 섬의 수수께끼』, 아침이슬, 2005년 — 옮긴이)

5) 片山一道, 2002 『海のモンゴロイド: ポリネシア人の祖先をもとめて』吉川弘文館

6) Hunt, T. L. and Lipo, C. P. *Late Colonization of Easter Island* Science March 17, 2006

7) Van Tilburg, Jo Anne 1994 *Easter Island: Archaeology, Ecology and Culture* Smithsonian Institution Press

8) ポール ゴーギャン, 1999(岩切正一郎譯)『ノアノア』ちくま學藝文庫(원서 Gauguin, Paul 1901 *Noa Noa*, 한국어판 폴 고갱, 유준상 옮김, 『노아 노아』, 열화당, 1979년 — 옮긴이)

9) Fisher, Steven Roger 2006 *Island at the End of the World: The Turbulent History of Easter Island* Reaktion Books

10) ジャレド ダイアモンド, 2005(楡井浩一譯), 『文明崩壊: 滅亡と存續の命運を分けるもの』草思社(Diamond, Jared 2004 *Collapse: How Societies Choose to Fail or Succeed* Viking, 한국어판 제러드 다이아몬드, 강주헌 옮김, 『문명의 붕괴』, 김영사, 2005년 — 옮긴이)

11) クライブ ポンティング 1994(石弘之, 京都大學環境史硏究會譯), 『綠の世界史』朝日選書(원서 Ponting, Clive 1991 *A Green History of the World* Penguin Books, 한국어판 클라이브 폰팅, 이진아 옮김, 『녹색 세계사』, 그물코, 2010년 — 옮긴이)

12) 印東道子, 1995「南太平洋との出會い」大塚柳太郎編『モンゴロイド地球 2』東京大學出版會

18장 | 콜럼버스가 발견한 것 | 크리스토발 콜론, 『콜럼버스 항해록』

1) クリストーバル コロン, 1977(林屋永吉譯)『コロンブス航海誌』岩波文庫 (원저 Columbus, Christopher *Journal of Christopher Columbus*, 한국어판 크리스토퍼 콜럼버스, 이종훈 옮김,『콜럼버스 항해록』, 서해문집, 2004년 — 옮긴이)

2) ズヴィ ドルネー, 1992(小林勇次譯)『コロンブス: 大航海の時代(上, 下)』 NHK出版(원서 Dor-Ner, Zvi 1992 *Columbus and the Age of Discovery* Harpercollins — 옮긴이)

3) トーマス R. バージャー, 1992(藤永茂譯)『コロンブスが來てから』朝日選書 (원서 Berger, Thomas R. *A Long and Terrible Shadow: White Values, and Native Rights in the Americas Since 1492* Univ. of Washington Press — 옮긴이)

4) ミシェル ルケーヌ, 1992(富樫瓔子, 久保實譯)『コロンブス: 聖者か破壞者か』創元社(원서 Lequenne, Michel 2005 *Christophe Colomb, amiral de la mer Océane* Gallimard — 옮긴이)

5) ジャレド ダイアモンド, 2005(楡井浩一譯)『文明崩壞: 滅亡と存續の命運を分けるもの』草思社(Diamond, Jared 2004 *Collapse: How Societies Choose to Fail or Succeed* Viking, 한국어판 제러드 다이아몬드, 강주헌 옮김,『문명의 붕괴』, 김영사, 2005년 — 옮긴이)

6) ジョーダン グッドマン, 1996(和田光弘, 久田由佳子, 森脇由美子譯)『タバコの世界史』平凡社(원서 Goodman, Jordan 1994 *Tobacco in History* Routledge, 한국어판 조던 굿맨, 이학수 옮김,『역사 속의 담배』, 다해, 2010년 — 옮긴이)

7) ラス カサス, 1976(染田秀藤譯)『インディアスの破壞についての簡潔な報告』岩波文庫(원서 las Casas, Bartolomé de 1552, *Brevísima relación de la destrucción de las Indias* — 옮긴이)

8) 石弘之, 2010『火山噴火・動物虐殺・人口爆發』洋泉社

9) ジョン パーリン, 1994(安田喜憲, 鶴見精二譯)『森と文明』晶文社(원서

Perlin, John 1991 *A Forest Journey: The Story of Wood and Civilization* Harvard Univ. Press, 한국어판 존 펄린, 송명규 옮김,『숲의 서사시』, 따님, 2001년 ― 옮긴이)

10) クライブ ポンティング 1994(石弘之, 京都大學環境史硏究會譯),『綠の世界史』朝日選書(원서 Ponting, Clive 1991 *A green History of the World* Penguin Books, 한국어판 클라이브 폰팅, 이진아 옮김,『녹색 세계사』, 그물코, 2010년 ― 옮긴이)

11) 石弘之, 2002「ヨーロッパの膨張と環境の破壞」吉田文和, 宮本憲一編『岩波講座 環境經濟·政策學 第二卷』岩波書店

12) Anderson, Roberts S., Grove, Richard and Hiebert, Karis eds. 2006 *Island, Forests and Gardens in the Caribbean* MacMillan

13) 石弘之, 2010『地球環境の事件簿』岩波科學ライブラリー

19장 | 로빈 후드의 싸움 | 하워드 파일,『로빈 후드의 모험』

1) ハワード パイル, 2002(村山知義, 村山亞土譯)『ロビン フッドのゆかいな冒險』岩波少年文庫(원서 Pyle, Howard 1883 *The Merry Adventures of Robin Hood*, 한국어판 하워드 파일, 정회성 옮김,『로빈 후드의 모험』, 비룡소, 2010년 ― 옮긴이)

2) 上野美子, 1998『ロビン フッド物語』岩波新書

3) Holt, James Clarke 1989 *Robin Hood* Thames & Hudson

4) ジャック ウェストビー, 1989(熊崎實譯)『森と人間の歷史』築地書館(원서 Westoby, Jack *Introduction to World Forestry: People and Their Trees* Blackwell Pub. ― 옮긴이)

5) 志村眞幸 2006「ヴィクトリア朝期イギリスにおけるオオカミ絶滅の問題」《ヴィクトリア朝文化硏究》第四號, 日本ヴィクトリア朝文化硏究學會

6) 平松紘, 1999『イギリス綠の庶民物語』明石書店

7) 川崎壽彦, 1987『森のイングランド: ロビン フッドからチャタレー夫人まで』平凡社

8) Aberth, John 2000 *From the Brink of the Apocalypse: Confronting Famine, War, Plague, and Death in the Later Middle Ages* Routledge

9) ジョン パーリン, 1994(安田喜憲, 鶴見精二譯)『森と文明』晶文社(원서 Perlin, John 1991 *A Forest Journey: The Story of Wood and Civilization* Harvard Univ. Press, 한국어판 존 펄린, 송명규 옮김, 『숲의 서사시』, 따님, 2001년 ─ 옮긴이)

10) Langton, John and Jones, Graham 2008 *Forest and Chases of England and Wales c.1500-c.1850* St John's College Research Centre 1

11) 遠山茂樹, 2002『森と庭園の英國史』文春新書

12) 村嶌由直「變貌する森林政策: イギリス」《グリーン パワー》2001-07, 森林文化協會

20장 | 아테네의 철학자, 자연 파괴에 탄식하다 | 플라톤, 『크리티아스: 아틀란티스 이야기』

1) プラトン, 1975(田之頭安彦譯)『クリティアス: アトランティスの物語』(プラトン全集 12) 岩波書店(원서 Platon *Kritias*, 한국어판 플라톤, 이정호 옮김 『크리티아스』, 이제이북스, 2007년 ─ 옮긴이)

2) Pellegrino, Charles R. 2001 *Unearthing Atlantis: An Archaeological Odyssey to the Fabled Lost Civilization* Avon

3) Sivertsen, Babara J. 2009 *The Parting of the Sea: How Volcanoes, Earthquakes, and Plagues Shaped the Story of Exodus* Princeton Univ. Press

4) ジョン パーリン, 1994(安田喜憲, 鶴見精二譯)『森と文明』晶文社(원서 Perlin, John 1991 *A Forest Journey: The Story of Wood and Civilization* Harvard Univ. Press, 한국어판 존 펄린, 송명규 옮김, 『숲의 서사시』, 따님, 2001년 ─ 옮긴이)

5) 倉橋秀夫, 1999『卑彌呼の謎: 年輪の證言』講談社

6) ホメロス, 1992(松平千秋譯)『イリアス』岩波文庫(원서 Homeros *Iliad*, 한국어판 호메로스, 천병희 옮김, 『일리아스』, 숲, 2007년 ─ 옮긴이)

7) K. ヴィルヘルム ヴェーバー, 1996(野田倬譯)『アッティカの大氣汚染: 古代ギリシア・ローマの環境破壊』鳥影社(원서 Weeber, Karl Wilhelm 1994 *Smog über Attika: Umweltverhalten im Altertum* Artemis & Winkler — 옮긴이)

8) 新田次郎, 1978『ある町の高い煙突』文春文庫

9) Harrison, Robert Pogue 1993 *Forests: The Shadow of Civilization* Univ. of Chicago Press

10) ピーター ベルウッド, 2008(長田俊樹, 佐藤洋一郎監譯)『農耕起源の人類史』京都大學學術出版會(원서 Bellwood, Peter 2004 *First Farmers: The Origins of Agricultural Societies* Wiley-Blackwell — 옮긴이)

11) ヘーシオドス, 1986(松平千秋譯)『仕事と日』岩波文庫(원서 Hesiodos *Works and Days*, 한국어판 헤시오도스, 김원익 옮김, 「노동과 나날」(『신통기』중), 민음사, 2003년 — 옮긴이)

12) V. G. カーター, T. デール, 1995(山路健譯)『土と文明』家の光協會(원서 Carter, Vernon Gill and Dale, Tom 1975 *Topsoil and Civilization* Univ. of Oklahoma Press — 옮긴이)

21장 | 제철이 망쳐 버린 숲 | 시바 료타로,『가도를 간다 7: 고카와 이가의 길, 사철의 길 외』

1) 司馬遼太郎, 1979『街道をゆく 7: 甲賀と伊賀のみち, 砂鐵のみちほか』朝日文藝文庫

2) 司馬遼太郎, 1998『街道をゆく 21: 神戸・横浜散歩, 藝備の道』朝日文庫

3) 司馬遼太郎, 1997『十六の話』中公文庫

4) 司馬遼太郎, 1999『この國のかたち 五』文春文庫

5) 司馬遼太郎, 1998『歴史と風土』文春文庫

6) 堀田善衛, 宮崎駿, 司馬遼太郎, 1999『時代の風音』朝日文藝文庫

7) 窪田蔵郎, 2003『鐵から讀む日本の歴史』講談社學術文庫

8) 西岡常一, 2003『木に學べ: 法隆寺・藥師寺の美』小學館文庫

9) 飯田賢一, 1976『鐵の語る日本の歷史(上)』そしえて文庫
10) 貞方昇, 1996『中國地方における鐵穴流しによる地形環境變貌』溪水社
11) 窪田蔵郎, 1986『鐵の民俗史』雄山閣出版
12) 宮崎駿, 1993『もののけ姫』スタジオジブリ
13) クライブ ポンティング 1994(石弘之, 京都大學環境史研究會譯), 『綠の世界史』朝日選書(원서 Ponting, Clive 1991 *A Green History of the World* Penguin Books, 한국어판 클라이브 폰팅, 이진아 옮김, 『녹색 세계사』, 그물코, 2010년 — 옮긴이)
14) 農業土木歷史研究會 編著, 1988『大地への刻印-この島國は如何にして我々の生存基盤となったか』公共事業通信社
15) 金子常規, 1982『兵器と戰術の日本史』原書房

22장 | 그들은 왜 이집트를 탈출했을까 | 모세, 「출애굽기」

1) 1987『聖書: 新共同譯』日本聖書協會(원서 Bible, 한국어판『개역개정 성경』— 옮긴이)
2) マックスウェーバー, 1985(內田芳明譯)『古代ユダヤ教』みすず書房(원서 Weber, Max 1921 *Das antike Judentum* — 옮긴이)
3) メソド サバ, ロジェ サバ, 2002(藤野邦夫譯)『出エジプト記の秘密』原書房(원서 Sabbah, Messod and Sabbah, Roger 2003 *Les Secrets de l'Exode : L'Origine égyptienne des Hébreux* Le Livre de Poche — 옮긴이)
4) Oren E. D. ed. 1997 *The Hyksos: New Historical and Archaeological Perspectives* Univ. of Pennsylvania Museum Publication
5) ジークムント フロイト, 2003(渡邊哲夫譯)『モーセと一神教』ちくま學藝文庫(원서 Freud, Sigmund 1939 *Der Mann Moses und die monotheistische Religion*, 한국어판 지그문트 프로이트, 이윤기 옮김, 「모세 및 모세의 백성과 유일신교」(『종교의 기원』중), 열린책들, 2004년 — 옮긴이)
6) ブライアン フェイガン, 2008(東郷えりか譯)『古代文明と氣候大變動: 人類の運命を變えた二萬年史』河出書房新社(원서 Fagan, Brian 2004 *The*

Long Summer: How Climate Changed Civilization Basic Books, 한국어판 브라이언 페이건, 남경태 옮김 『기후, 문명의 지도를 바꾸다』, 예지, 2007년 — 옮긴이)

7) Philips, Graham 2003 *Atlantis and the Ten Plague of Egypt: The Secret History Hidden in the Vally of the Kings* Bear&Company

8) 成瀬敏郎, 2007 『世界の黃砂・風成塵』 築地書館

9) Humphreys, Colin 2004 *The Miracles of Exodus: A Scientist's Discovery of the Extraordinary National Causes of the Biblical Stories* Harper

10) Sivertsen, Barbara J. 2009 *The Parting of the Sea: How Volcanoes, Earthquakes, and Plague Shaped the Story of Exodus* Princeton Univ. Press

23장 | 사라진 레바논 삼나무 | 길가메시, 『길가메시 서사시』

1) 矢島文夫譯, 1965 『ギルガメシュ叙事詩』 ちくま學藝文庫(원서 *Gilgamesh Epoth*, 한국어판 루드밀라 제만, 정영목 옮김, 『위대한 왕 길가메시』, 『이슈타르의 복수』, 『길가메시의 마지막 모험』, 비룡소, 2005년, 김산해 옮김, 『최초의 신화 길가메쉬 서사시』, 휴머니스트, 2005년 — 옮긴이)

2) 小林登志子, 2005 『シュメル: 人類最古の文明』 中公新書

3) Dalley, Stephanie 2009 *Myths from Mesopotamia: Creation, the Flood, Gilgamesh, and Other* Oxford Univ. Press

4) R. S. クルーガー, 1993(氏原寬譯) 『ギルガメシュの探求』 人文書院(원서 Kulger, R. S. 1991 *The Archetypal Significance of Gilgamesh: A Modern Ancient Hero* Daimon Verlag — 옮긴이)

5) 1987 『聖書: 新共同譯』 日本聖書協會(원서 *Bible*, 한국어판 『개역개정 성경』 — 옮긴이)

6) 安田喜憲, 2001 『環境考古學のすすめ』 丸善ライブラリー

7) 山根一郎, 1987 『日本の自然と農業』 農山漁村文化協會

8) 岡田明子, 小林登志子, 2008 『シュメル神話の世界: 粘土板に刻まれた最古のロマン』 中公新書

9) Thomas, David S. G. and Middleton, Nicholas J. 1994 *Desertification: Exploding the Myth* Wiley
10) 松本健一, 2003『砂の文明・石の文明・泥の文明』PHP新書
11) 杉勇, 1996『楔形文字入門』講談社學術文庫
12) 高橋正男, 1992『舊約聖書の世界』時事通信社
13) Howard, Deborah and Moretti, Laura 2004 *The Architectural History of Venice: Revised and enlarged edition* Yale Univ. Press
14) Camuffo, Dario and Sturaro, Giovanni *Sixty-cm submersion of Venice discovered, thanks to Canaletto's paintings* Climatic Change 58, 2003
15) Hughes, J. Donald 2002 *An Environmental History of the World: Humankind's Changing Role in the Community of Life* Routledge
16) 安田喜憲, 1997『森を守る文明・支配する文明』PHP新書

이시 히로유키 인터뷰

우리 주변의 환경 문제에서 시작하자

책은 쓰는 사람이 미래로 띄우는 편지, 되돌려 받을 수 없는 편지라는 생각이 듭니다. 물론 책이 한 번 출간되면 수정이 불가능하다는 이야기는 아니에요. 쇄를 거듭할 때 그 전에 잡지 못했던 오류를 수정할 수 있고, 새로이 발견한 사실들은 개정판에서 반영할 수 있지요. 못다 한 이야기를 다음 책에서 할 수도 있고요.

그러나 일단 한 권의 책을 끝낸 저자는 다시 그 책으로 완전히 돌아갈 수는 없을 거예요. 저자는 책의 출간을 통해서 어쨌든 한 세계의 문을 닫고 나오는 존재거든요. 그래서 저자는 그 세계에서 가장 나중에 온 자입니다. 그러나 책이 출간되어 독자에게 닿는 순간, 그 세계에서 가장 일찍 온 사람, 즉 제일 옛날 사람이 되어 버리고 말지요. 저자의 위치가 정반대로 바뀌는 그 순간에 책의 모험이 시작되는 거고요.

그럼 번역자는 어떤 존재일까요? 이미 가장 옛날 사람이 되어 버린 저자를, 가장 나중 온 사람의 위치로 한 번 더 되돌려 줄 수 있는 힘을 가진 존재 아닐까요? 언어의 차이와 모든 언어를 다 읽어 낼 수 없는 인간의 한계 덕분에, 저는 미래로 날아가는 책을 다시 처음의 위치로 끌어당겨 다른 현실에서 모험을 할 수 있도록 조준하는, 재미있는 시차를 경험할 수 있었습니다.

어쨌든 이 책을 읽게 될 독자들은 지금의 저보다 '미래의 사람'이기 때문에, 제가 아는 인터넷 용어에 저보다 익숙하리라는 예감을 갖게 합니다. 혹시 '깔때기'라는 표현이나 '기승전OO'이라는 표현을 들어 본 일이 있지 않나요? 제가 어릴 때만 해도 '깔때기'라는 말은 한 용기에서 다른 용기로 물질을 옮길 때 주로 쓰이는, 주둥이 부분은 폭이 넓고 아랫부분은 폭이 좁은 기구를 가리키는 게 전부였어요. 그런데 이제는 사람의 특징을 말할 때도 쓰이는 것 같아요.

원래는 무슨 이야기를 해도 자기 자랑으로 돌아가는 사람을 이르는 말이었는데 요즘은 좀 더 폭넓게, '무슨 이야기를 해도 한 가지 주제로 돌아가는' 사람에게 핀잔을 줄 때 쓰이는 것 같습니다. '기승전OO'도 비슷합니다. 본래 한시(漢詩)의 작법이자 이야기의 구조를 말할 때도 폭넓게 쓰이는 '기승전결'의 결 부분에 특정 단어를 집어넣어, 말하는 사람이 언제나 한 가지 주제로 이야기를 끌고 간다는 사실을 재미있게 지적하고 있습니다.

'깔때기'나 '기승전○○'이 상대방을 꼬집는 의도의 표현이기는 하나, 따져 보면 긍정적인 면도 있다고 생각합니다. 그만큼 특정 주제에 애정이 깊다는 얘기니까요. 이런 해석을 확장시켜 일생을 바쳐 한 분야를 연구해 온, 그래서 어떤 이야기든 결국 그 분야로 연결할 수 있는 사람을 '깔때기'나 '기승전○○'으로 아우를 수 있다면, 이 책의 저자 이시 히로유키 역시 '환경 깔때기'나 '기승전 환경'이라고 표현할 수 있지 않을까요. 특히 이 『세계 문학 속 지구 환경 이야기』라는 책은 과거의 찬란한 문학 작품 속에서 원저자도 몰랐을 환경 문제의 실마리를 잡아 문학보다 더 극적인 이야기를 이끌어 낸다는 점에서, 오랫동안 자신만의 '눈'을 갈고 닦은 글쓴이의 매력이 한껏 도드라집니다.

『레 미제라블』을 읽으면서 저자는 사랑과 혁명, 장 발장과 코제트가 아니라 '하수도'에 더 주목합니다. "주인공은 장 발장이 아니라 (파리의) 하수도라고 해도 좋을 정도"라며 파리, 런던, 에도(옛 도쿄)의 가장 더러운 길들을 되짚어 가지요. 『에마』에서는 5월에 피어야 할 사과꽃이 6월 하순인 하지 무렵에 피었다는 단 한 대목에서 출발해 1812~1815년 일어난 대규모 화산 분화의 역사를 추적합니다. 미야자와 겐지의 『구스코 부도리의 전기』에서 냉해에 시달려 온 도호쿠의 가혹한 역사를 읽어 내고, 『은하철도의 밤』을 타이타닉호와 연관 지어 자원 고갈에 대한 경고로 해석하고 있습니다. 「책머리에」에서도 언급하고 있지만 문학 연구자들 입장에서 볼 때는 매우 신선한 시각이었을 겁니다. 그리고 그 덕분에 제 눈에도 그동안 보지 못했던 것들이 보이게 되었습니다.

중학교 때 학교에서 비디오로 보았던 「모노노케 히메」를 10여 년 만에 다시 본 어느 날 그것을 경험했습니다. 물론 어릴 때도 이 작품이 자연을 우습게 보는 인간의 오만함을 비판한다고 느꼈지만, 반드시 인간 대 자연의 전쟁으로만 몰아붙일 수 없는 복잡한 사정이 함께 느껴졌다고 할까요. 다다라바의 여성들은 자신의 가족과 더 살기 좋은 마을을 위해 힘차게 풀무를 밟았던 것이고, 시시가미의 목을 노리는 에보시는 나병 환자들에게 차별 없이 손을 뻗는 거룩한 여성이기도 했습니다. 영화 속 이야기는 아시타카의 중재로 파국을 막을 수 있었지만, 자연에 의존해 살아가면서도 선을 넘는 순간 '공멸'의 길밖에 없는 인류의 딜레마는 마음에 무겁게 남았습니다.

이런 복잡한 사정을 들려주는 저자의 독법은 그 자체를 즐기는 차원에 머무르지 않고, 앞으로 나 역시 '나만의 깔때기'를 갖고 싶다는 생각까지 품게 합니다. 미래의 여러분은 또 어떤 발견을 하게 될까요?

저자 이시 히로유키는 1940년 도쿄에서 출생했습니다. 굳이 책이라는 세계에 대한 비유를 쓰지 않아도 충분히 '옛날 사람'이지요. 그가 기자 생활을 시작한 1960년대는 일본 저널리즘의 황금기였어요. 사실 신문이나 TV, 잡지의 활황은 그만큼 세상이 풍요롭고 이런저런 일이 많이 일어났다는 증거이니까 다른 분야도 마찬가지였겠지요. 이른바 고도성장기라고 불리는 시대였습니다.

그러나 밝은 불 밑에는 반드시 짙은 그림자가 드리워져 있듯이, 고도성장의 이면에는 많은 문제들이 자리하고 있었어요. 가장 심각한 것 중 하나가 환경 문제였지요. 공장에서 강으로 흘려보낸 중금속 폐기물이 미나마타병 등 괴멸적인 피해를 입히기에 이르렀고 이것이 사회 문제로 대두되기 시작했습니다.

고도성장의 빛과 그늘을 경험한 저자가 이후 40년 이상을 환경 저널리스트로 활동해 온 데에는 이러한 시대의 요청이 있었을 겁니다. 환경의 역습을 일찍이 겪은 일본은 다른 어느 나라보다 환경 문제에 깊은 관심을 기울이기 시작했고, 그런 상황에서 시민들 차원의 운동도 만개했습니다. 지금도 한국의 여러 환경 단체들이 찾아가서 견학을 할 정도로 꾸준히 '재생'의 역사를 축적하고 있습니다.

그러나 여러분도 잘 아시다시피, 인간은 아픔을 금세 잊는 것 같습니다. 이 책에 실린 23가지 자연 파괴의 이야기가 반복된 이유이기도 합니다. 「책머리에」에서 저자는 "지금부터 십수 년 이내에 그 규모는 둘째 치고 어떠한 종류든 파국이 현실화되리라고 본다."라면서 "일본에서 정치의 혼란이나 경제의 부진이 지금처럼 이어진다면, 도카이 대지진이나 후지 산 분화가 일어날 때 어떻게 대응할지 걱정된다."라고 적었습니다. 오싹합니다. 그가 걱정한 것은 자연의 압력에 인류의 폭주가 얽혀 드는 파국이었는데, 지진이라는 자연재해로 현대 사회의 바벨탑(원전)이 흔들린 2011년 3월 11일의 후쿠시마 원전 사고는 그 예측에 거의 그대로 부합하기 때문입니다.

일본에서 이 책이 출간된 것은 3. 11 동일본 대지진 조금 지나서였지만, 그가 집필을 마친 것은 2월이었습니다. 이시 히로유키는 자신이 참조한 문학가들이 '공기의 예사롭지 않음'을 한 발 앞서 감지하는 '탄광의 카나리아' 같은 존재라 말했는데, 책을 쓰며 문학가들과 함께 하는 동안 그 역시 예민한 후각을 갖게 된 것일까요?

또한 여러분이 간과해서는 안 되는 것은, 후쿠시마 사태가 과연 일본에서 일어난 일이었는가 하는 문제입니다. 아니 적어도 일본'만의'

일이었는가를 물어봐 주었으면 합니다. 우리는 '후쿠시마', '일본'이라는 지역과 나라 이름에만 반응하지만, 사고가 일어난 후쿠시마(시청 기준)에서 부산까지는 1059킬로미터, 서울까지는 불과 1188킬로미터 떨어져 있을 뿐입니다. 같은 일본인 규슈의 후쿠오카까지의 거리가 1012킬로미터라 하니, 그렇게 차이가 크지 않습니다. 눈에 보이지 않는 방사능 물질이 국경을 알고 있을까요?

굳이 거리의 문제를 들지 않더라도 마찬가지입니다. 원전이 없으면 살아갈 수 없다는 이른 체념으로 모자라 외국으로의 수출을 자랑스러워하며, 그런 인식 속에서 원전을 둘러싼 정책을 요만큼도 의심하지 않는 한 우리도 '후쿠시마 권역'에서 자유롭지 않다는 것을 이 책의 바깥에서 다시 한 번 고찰해 주었으면 합니다.

(주)사이언스북스 편집부는 이번이 책을 옮기는 첫 경험인 제게 구석구석 마음을 써 주셨습니다. 그 중 하나가 저자 이시 히로유키와의 인터뷰를 제안한 것이었습니다. 40여 년 이상 신문사, 국제 무대, 출판계, 교단 등을 가리지 않고 활약한 대선배 기자를 만날 수 있다는 사실에 설렜지만, 아쉽게도 출간 일정과 그의 유럽 여행이 겹쳐 만남은 성사되지 못했습니다. 대신 이메일로 저의 긴 질문에 친절히 답해 주었습니다. 다음에 도쿄에 오면 꼭 만나고 싶다는 말과 함께요.

『세계 문학 속의 지구 환경 이야기』라는 재미있는 책과 단둘이 몰래 만나 왔던 그동안의 오랜 시간도 여기서 문을 닫아야겠습니다. 미래의 여러분에게 저자와 나눈 대화를 보냅니다.

안은별

1. 먼저 이 책을 쓰게 된 계기를 묻고 싶습니다. 문학 작품에 환경 문제를 접목시킨 형식이 독특합니다.

예전부터 문학 작품 읽는 것을 좋아해서 닥치는 대로 책을 사들여 왔습니다. 그것들을 읽으면서 작가들이 딱히 의식하지는 않았어도 '환경 문제'를 언급하고 있다는 사실을 깨달았습니다. 특히 방아쇠를 당겨 준 작가는 입센이었습니다. 종래의 가치관에 도전하고 사회 문제에 적극적으로 임하려 했던 극작가였지요. 그가 관심 가졌던 주제 가운데 공해 문제가 있고, 영국으로부터 날아오는 산성비에 대해 언급한 작품이 바로 『브란트』입니다.

그러면서 문학가를 비롯한 예술가들은 세상의 움직임을 남보다 앞서 감지하고, 또 그것을 경고하고 있다는 사실을 깨닫게 된 것이지요. 그 후로는 명작을 대할 때 환경 연구자의 눈으로 읽게 되었습니다.

제 나이는 현재 73세입니다. 인생을 오래 살아가다 보면, 전혀 다른 현상에서 공통점이 보이기 시작합니다. 가령 이 책도 그렇습니다만, 그 밖에도 최근 저작인 『역사를 바꾼 화산 분화』, 『철조망의 역사』 역시 그러한 점에 착안했습니다.

2. 책을 쓰기 위해 문학 작품을 선별하는 과정에서 과거에 읽었던 책들을 다시 찾아보는 한편 새로 조사해야 했을 텐데요. 집필 때문에 새롭게 찾아 읽게 된 작품은 무엇이었는지 궁금합니다.

일본에서 찾아 읽을 수 있는 외국 작품은 번역된 작품의 숫자로나 함께 딸려 오는 정보량의 크기로나 유럽과 미국의 것에 편중되기 십상입니다. 그 외의 다른 지역의 작품은 없을까 하고 의도적으로 찾

저자 이시 히로유키

아 본 것이 7장에 나오는 하셰우 지 케이루스의 『가뭄』입니다. 스페인 어권에서는 매우 저명한 작가입니다만 일본에는 거의 알려져 있지 않지요. 브라질을 덮친 가뭄에 대한 처절한 묘사에 이끌려 이 작품을 선택하게 됐습니다.

3. '환경 문제'라는 틀로 세계 문학에 접근해 이야기를 확장시키기 위해 상상력이 필요했을 것입니다. 가장 어려움을 겪었던, 혹은 고민했던 부분은 어떤 것인가요?

  소설은 아무리 만들어진 이야기라 해도 반드시 그것을 받쳐 주고 있는 역사적 '사실'이 있습니다. 그것을 찾아내는 데 특히 고민을 많이 했던 것 같군요.

  4. 《닛케이 에콜로지》에 연재를 할 때 어느 고등학교 선생님이 "문학에 전혀 관심이 없었던 학생이, 환경 문제로부터 문학으로 들어가는 입구를 만들어 줬다."라며 감사하는 편지를 보내왔다고 「후기」에 적으셨어요. 이

어서 지적하신 대로 젊은 시절에 마음에 드는 소설이나 음악, 그림을 만나 취향을 발전시켜 나가는 일은 매우 중요합니다. 선생님은 젊은 시절 어떤 문학 작품에 빠지셨나요? 그리고 환경 문제에 문을 두드리게 된 계기가 있었다면 무엇인가요?

옮긴이 안은별

젊은 시절에는 다큐멘터리에 가까운 작품을 많이 읽었습니다. 가령 윌리엄 헨리 허드슨(William Henry Hudson)의 『머나먼 나라 아득한 옛날(*Far Away and Long Ago*)』, 카렌 블릭센(Karen Blixen)의 『아웃 오브 아프리카(*Out of Africa*)』 등입니다. 어릴 때부터 식물이나 들새를 굉장히 좋아한 것이 환경 문제에 들어선 동기였다고 생각합니다.

5. 지금까지의 저술 작업에 영향을 준 학자나 작가가 있습니까?

『침묵의 봄(*Silent Spring*)』의 레이철 카슨(Rachel Carson)의 영향이 컸다고 봅니다.

6. 1965년에 아사히신문사에 입사하셨어요. 처음부터 환경 분야를 취재하신 건가요? 저술 활동을 시작하신 1970년대가 일본에서는 국가적 이슈로나 시민 사회의 새로운 주제로나 환경 문제가 크게 대두되기 시작한 시점으로 알려져 있습니다. 개인적으로 어떤 경험이 영향을 주었는지 알고 싶습니다.

말씀하신 대로입니다. 제가 신문사에 입사한 무렵에는 환경 문제가 지면에 거의 등장하지 않았습니다만, 얼마 안 있어 미나마타병이나 이타이이타이병이라는 공해병이 등장하여 일반의 관심이 높아지기 시작했어요. 그러한 의미로서는 일본의 환경 문제 취재에 거의 최초부터 참여했다고 할 수 있겠네요. 대학 시절 생태학을 공부한 것이 그 후 환경 문제를 생각하는 데 있어서 커다란 무기가 되었다고 생각합니다.

7. 책을 읽다 보면 이른바 대재앙은 우리가 통제하기 어려운 지구의 활동만으로 일어나는 일은 아님을 절감하게 됩니다. 거기에는 반드시 인류의 판단 실수나 무절제한 활동이 개입합니다. 이 책을 비롯한 선생님의 저작들은 바로 이 두 가지의 상호 작용을 기록하고 있습니다. 세계사를 인간의 역사만이 아닌 '환경사'로 기술하는 작업은 우리에게 어떤 영향을 주고 있다고 생각하십니까?

아시다시피 일본은 2년 전 커다란 재해를 경험하였습니다. 현재의 과학 기술로는 지진이나 쓰나미를 앞서 예측하는 것은 불가능합니다. 인간은 그저 과거의 교훈으로부터 배워서 도망치거나 벗어날 수밖에 없습니다. 그런 의미에서 많은 이들이 과거로부터 배우는 것의 중요성을 깨닫기 시작한 것으로 보입니다.

8. 다음의 질문에 앞서, 선생님께서는 '환경 문제'라는 용어를 어떻게 정의하고 계신지 여쭙고 싶습니다.

다양한 정의가 있으나 대개가 애매하고 정의라고는 할 수 없는 것들입니다. 저는 "인간의 생명이나 건강에 커다란 영향을 미치는 주변 상황의 변화"라고 정의하고 싶습니다.

9. 환경 문제는 역사의 뒤에 온 자들이 그 짐을 지는 경우가 많습니다. 그래서 환경 보호는 미래를 위한 배려로 이야기되고는 합니다. 문제가 다음 세대에게 전이된다는 인식은 올바른 것일까요? 이기심을 넘어서는 시대적 연대는 어떻게 가능할까요?

옳다고 생각합니다. '세대 간 윤리'라 불러도 좋을 것입니다. 또 하나 반드시 생각해야 할 것은 환경에 대한 대처가 어려운 가난한 나라를 배려하는 '지역 간 윤리'일 테고요.

10. '환경 저널리스트'라는 일에서 다른 활동과 구분되는, 가장 중요한 특징과 유념해야 할 직업윤리가 있었다면 무엇인지 듣고 싶습니다.

'환경 저널리즘'은 과학, 정치, 경제, 사상, 철학이라는 온갖 분야에 횡적으로 '걸쳐서' 대처해야만 하는 일이라고 생각합니다.

11. 저는 1986년에 태어났습니다. 저희 세대는 어릴 적부터 환경 파괴의 경고를 다룬 영화나 만화를 자주 접할 수 있었고, 교과서에서도 이 주제를

중요하게 다루었기에 '자원을 아끼고 환경을 보호하자.'라는 문제의식 자체에는 친숙합니다. 그러나 그런 교육의 효과가 성인이 된 후에도 실제의 삶에서 실천적으로 작동하고 있는지 의문이 많습니다. 일본도 비슷하지 않을까 생각합니다. 교육의 비중과 실제의 관심 및 실천 사이에 괴리가 있다면, 어떠한 방식으로 개선해 나가야 한다고 생각하십니까?

동감입니다. 젊은 시절 환경 문제에 관심을 가졌던 사람들이 회사에 들어가 지위가 올라감에 따라 반환경적인 행동을 하고 있는 경우를 자주 목격합니다. 교육과 실천을 맺어 주기 위해서는 시민 활동이나 NGO의 힘이 중요하다고 생각합니다.

12. 지금까지 다루어 오신 국경을 넘어가는 대기 오염, 대륙 간 이동이 초래한 문명의 파괴 등 지구 환경과 인간의 삶에 걸쳐 있는 다양한 문제들은 일국의 노력을 넘어 전 세계적인 협력을 요구합니다. 이러한 일들은 세계의 엘리트들이 제도적으로 풀어 나가야 하는 부분입니다. 그러나 우리가 집 앞마당에서 해결해 나갈 수 있는 일들도 있지요. 나부터 바꾸는 것이 먼저일까요, 더 크고 근본적인 차원을 바라보는 것이 먼저일까요?

역시 개인의 노력이 가장 큽니다. 특히 민주주의 국가에서는 유권자가 투표로 환경 문제에 잘 임해 줄 수 있는 정치가를 뽑는 것이 중요합니다. 물론 시간이 걸리겠지만요.

13. UNEP 상급 고문(1985~1987년) 등 국제 무대에서 활동한 경험은 선생님을 어떻게 변화시켰습니까? 오염 자체가 국경을 가리지 않는 한편, 그 해결도 국제 정치의 복잡한 과정과 맞물려 있습니다. 그런 만큼 각국의

협력이 점점 더 중요해지고 있는데요. 선생님이 현장에서 느낀 바가 있다면 들려주십시오.

　　UN 등 국제기구에서 일해 보니 지구의 장래를 걱정하는 것은 누구나 마찬가지라는 생각이 강하게 들었습니다. 그러나 나라에 따라서는 일단 개발하는 것이 중요하여 환경에 적극적으로 힘을 쏟을 수만은 없는 곳도 많이 있습니다. 시간이 많이 걸리겠지만 그런 나라에 원조를 하면서 조금씩 바꿔 나가지 않으면 안 되리라고 봅니다.

　　덧붙여 바깥으로는 중국이 반발하고 있는 것처럼 보여도 현재 매우 심각한 환경 문제를 떠안고 있기 때문에 방향키를 크게 돌려 잡기 시작했다고 봅니다. 환경 개선을 위한 투자는 단기적으로는 손해처럼 보여도, 결국에는 득이 될 것이라는 점을 인식하게 된 것이겠지요.

　　14. 일본에서 이 책이 출간된 무렵 인류는 '후쿠시마 사태'에 직면했습니다. 저는 3. 11 동일본 대지진 당시 일본으로 파견되어 미야기 현에서 이와테 현에 이르는 지진 피해 현장을 취재하는 과정에서 큰 충격을 받았는데요. 현장에서 피부로 느낀 위험보다 한국에서 들려오는 방사능 물질 관련 뉴스가 더 급박했던 기억도 납니다. 위험 판단을 외부의 언어에 의존해야만 하는 상황이었다고 할까요. 선생님은 당시 어떤 생각을 하셨는지 궁금합니다.

　　저는 오랫동안 원자력 발전소 관련 보도를 해 왔습니다. 스리마일 원자력 발전소나 체르노빌 원자력 발전소의 사고 현장에도 갔었지요. 후쿠시마 원전의 뉴스를 들었을 때 "결국 와야 할 것이 왔는가."라는 생각을 강하게 했습니다. 그리고 이 사고는 인류사의 전환점이 되리라는 생각도 들었습니다.

15. 선생님 삶에 있어 '3. 11'은 어떤 사건이었습니까. 그리고 후쿠시마 사태 이후 개인적인 생각이나 삶에서 변화한 것이 있다면 무엇입니까. 또 그 일로 일본인의 삶이 변했다면 어떤 것이었는지도 듣고 싶습니다.

안타깝게도 아직 제 감정이 정리되지 않아서 …… 코멘트하기 어렵군요.

16. 이후 2년여의 시간, 대규모 반원전 집회가 개최되기도 했지만 결국 원전은 다시 가동되고 있습니다. 원전은 '필요악'이고 우리는 그것을 지속할 수밖에 없을까요? 숫자를 줄이는 것이 해답일까요?

이번 원전 사고를 중요한 교훈으로 삼아 이후의 안전을 위해 무엇을 배워서 자기 것으로 만드는가는 일본인에게 부과된 매우 중요한 문제입니다. 현재 상황은 완전히 정부 주도로 원전의 재개에 돌진하고 있다는 느낌이 듭니다. 그러나 전력 수요의 3분의 1 정도를 원전에 의존하고 있기에 그것을 갑자기 모두 없애는 것은 어렵습니다. 경제에 미치는 영향이 너무 크지요. 국제적으로 협력하여 안전한 원전을 만드는 데 힘을 쏟거나 폐기물을 안정적으로 처리하는 방책을 만들어내는 노력이 필요하다고 생각합니다. 반대를 외치기만 해서는 아무것도 해결할 수 없습니다.

17. 이 책에 나온 여러 사례처럼 환경사 속에서 인류는 폭주를 계속하고 실수를 반복해 왔습니다. 그런데도 낙관이 가능할까요? 앞으로도 인류는

같은 실수를 반복할 거라고 보십니까?

    이 책의 목적은 인류의 폭주가 무엇을 불러왔는지를 세계 명작 속에서 추출해 보는 것이었습니다. 앞으로도 우리는 폭주와 그 외상으로 괴로워할 수밖에 없을 것입니다. 그러나 지금부터 몇 억 년 이후에라도 인류는 지구에서 계속 살아갈 수밖에 없습니다. 절망은 쉽겠지만, 우리는 자손을 위해서라도 해결책을 모색해 나가야만 하겠지요.

18. 그렇다면 파국을 막기 위해 우리 한 명 한 명이 할 수 있는 일은 무엇일까요. 이제 이 책을 접하게 될 한국 독자, 특히 청소년들에게 당부하고 싶은 것이 있다면 말씀해 주세요.

    너무나도 거대한 문제이기에 간단히 대답하기는 어렵지만, 우선 자기 주변의 환경 문제에 관심을 기울여 달라고 호소하고 싶습니다.

19. 40년 이상 환경 문제 전문가로 다양한 분야에서 활동하면서도 아쉬움이 남는 부분, 다음 세대가 연구하거나 밝혀 주었으면 하고 생각하는 '물음'이 있다면 가르쳐 주십시오.

    인구 증가와 인류가 소비하는 자원의 증대는 계속될 것입니다. 어떻게 하면 인류가 멈춰 설 수 있을지, 그것을 묻고 밝혀 준다면 좋겠습니다.

도판 저작권

원작자의 초상 사진 등 일부 생략한 것도 있다.

교도통신사

시바 료타로 사진(195쪽) Photo: Kyodo News

13-1 http://www.southcoasttoday.com/apps/pbcs.dll/section?category=special56(13쪽) / 13-2 R. Ellis, *Monster of the Sea*, Robert Hale Ltd(13쪽) / 13-3 http://www.coolantarctica.com/gallery/whales_whaling/0002.htm(15쪽) / 14-1 Catalogue: Musée des Égouts de Paris(42쪽) / 14-3 오카 나미키(岡並木), 『포장과 하수도의 문화(鋪裝と下水道の文化)』, 론소샤(論創社), 1985년(44쪽) / 14-4 Getty Images, Hulton Archive(http://www.gettyimages.co.jp/detail/3092219/Hulton-Archive)(48쪽) / 15-2 http://www.cdc.gov/ncidod/eid/vol6no1/reiter2G.htm(63쪽) / 15-3 Wolfgang Behringer, *A Cultural History of Climate*, Polity(64쪽) / 15-4 http://www.washingtonpost.com/wp-adv/discovery/index_krakatoa.html(74쪽)/ 16-1 오카야마 현 치산임도협회(岡山縣治山林道協會)편 『오카야마의 치산사(岡山の治山史)』(84쪽) / 17-1 Paul G. Bahn and John Flenley, *Easter Island, Earth Island*, Thames and Hudson(111쪽) / 18-1 http://year8exploration.wikispaces.com/Oliver(133쪽) / 18-2 http://thumpandwhip.com/category/killers/(135쪽) / 18-3 American Museum of Natural History(141쪽) / 19-3 존 펄린(야스다 요시노리(安田喜憲), 쓰루미 세이지(鶴見精二)역)『숲과 문명(森と文明)』 쇼분샤(晶文社), 1994년(162쪽) / 21-2 시가 현 삼림관리서(滋賀懸森林管理署)(205쪽) / 22-2 Museum of Fine Arts, Boston(http://www.mfa.org/)(233쪽) / 22-3 National Gallery of Victoria(http://www.ngv.vic.gov.au)(239쪽) / 23-1 http://www.britshmuseum.org/visiting.aspx?lang=ja-(246쪽) / 23-3 야스다 요시노리(安田喜憲)(250쪽) / 23-4 http://www.britishmuseum.org/visiting.aspx?lang=ja-(258쪽)

다음은 저자가 촬영한 것이다.
14-2(42쪽), 17-2(112쪽), 17-3(125쪽), 17-4(126쪽), 19-1(156쪽), 19-2(156쪽), 20-2(178쪽), 20-3(178쪽), 20-4(180쪽), 22-1(220쪽)

안은별 사진(291쪽) 최형락

찾아보기

가

『'간호인 것과 간호가 아닌 것'을 구별하는 눈』 48
가가 번 97
가고시마 시 75
가고시마 현 60, 94
가나안 221, 241
『가도를 간다』 197
『가도를 간다 21: 고베·요코하마 산보, 겐비의 길』 198, 202
『가도를 간다 7: 고카와 이가의 길, 사철의 길 외』 195, 198
가라쓰 시 21
가마쿠라 바쿠후 88, 213
가마쿠라 시대 93, 100, 201
가세 산 83
가쓰 가이슈 16, 85
가쓰시카 군 50
가와치 목면 51
가이세이쵸 15
가이세이 학교 16, 51
가이아나 143
가이토 유적 199
『가정론』 189, 192
가타나가리 95
간나나가시 198, 202, 206, 208
『간나나가시에 따른 주고쿠 지방의 지형 환경 변모』 205
간린마루호 16
간무 천황 90
간세이 50, 84
갈대 바다 235
갈라파고스 제도 29
개구리 218, 227, 230, 238
『개국과 페리』 26

개기 일식 236
『개역개정 성경』 217
건조화 224
걸프 전쟁 262
게르만 족 259
『게이슈가케스미야데쓰잔 두루마리 그림』 203
게이초 96
결핵 28, 125
경랍 20
경주 199
계상충 230
고가 번 83
고갱, 폴 29, 121
고대 그리스 173, 188, 190
고대 로마 12, 183
고대 아시아 198
『고대 유대교』 219
고대 이집트 255
고대 중국 82
고래 7~8, 10, 12~14, 16~18, 21~24
「고래와 포경에 관하여」 21
고마라, 로페스 데 142
고바야시 도시코 251
고베 시 83
고분 시대 200
『고사기』 199, 206
『고사기전』 208
고쓰키 강 75
고야 산 95
고치 현 15~16
고토 열도 21
고토시로누시노미고토 200
고흐 153
곤도 도시사부로 153

곤슈지 91
골드러시 18
『곰돌이 푸』 167
공황 167
과나하니 130
『관자』 198
관체 인 147
괴테, 요한 볼프강 폰 70~71
교토 72, 81~83, 88, 90, 94, 102
교토 대학교 266
구니토모(시가) 214
구로이와 루이코 34
구마노 95
구마모토 성 96
구마자와 모리히사 81
구마자와 반잔 79~89, 100
구보타 구라오 208
구시나다히메 208
구아노 125
『구약 성서』 33, 136, 217, 219~220, 226~227, 236, 246, 248~249, 258~259
구와타 도이치 24, 26
구제 야마토노카미 히로유키(구제 히로유키) 88
국립 과수종 보전 시설(BHT) 60
국립 민족학 박물관 128
국제 연합(UN) 144
국제 연합 개발 계획(UNDP) 150
국제 연합 식량 농업 기구(FAO) 192
국제 연합 환경 계획(UNEP) 150
국제 일본 문화 연구 센터 100, 267
국토 회복 운동(레콩키스타) 133
군마 현 65
궁대공 201
규슈 72, 81, 92, 94, 100, 142
그라나다 133
그란카나리아 섬 147
그리스 10, 76, 173~176, 181~182, 184~186, 188~192, 223~224, 239, 255
그린란드 67, 138, 223

근본주의 227
근본주의자 125
기근 65~66, 74, 82, 93, 124, 164~165, 224~225
기독교 125, 142, 219, 223, 227
기리시마 92
기상 격변 71
「기상학 시론」 70
기소 92
기소 지방 97
기즈 91
기즈가와 시 83
기타 구 82
기후 변동 55
긴가쿠지 92
긴수염고래 20
길가메시 243, 247, 249, 255, 261
『길가메시 서사시』 243, 245, 258, 261

나

나가사키 25, 142, 257
나가사키 현 21
나가시노 전투 214
나가야 50
나가이 가후 52
나가이 규이치로 52
나가키사와(현 오오다테 시) 95
나가토 국 91
나고야 대학교 266
나고야 성 96, 98
나라 88, 90~91
나라 현 83, 90, 179
『나라 훔친 이야기』 197
『나무에서 배우자: 호류지·야쿠시지의 아름다움』 201
나쓰메 소세키 58
나이테 연대학 179
나이팅게일, 플로렌스 48
나일 강 220, 222, 224~225, 228, 236, 238
나카에 도주 81

나카하마 만지로(존 만지로) 15
나폴레옹(보나파르트, 나폴레옹) 31, 67~68, 257
나폴레옹 3세 33, 38
나폴레옹 1세(나폴레옹) 39
나폴레옹 전쟁 68, 169
남극 18~19, 22~24, 67
남대서양 31
남만 무역 142
남아메리카 25, 107~110, 113, 115~116, 135, 143, 146, 148
남아시아 26, 266
남아프리카 22
남태평양 9, 12, 113, 126, 140
남프랑스 144
낸터컷 9, 14
냉해 65
네게브 지방 225
네고로(와카야마) 214
네덜란드 13~14, 16, 22, 26, 71, 111, 166, 257
네덜란드 인 104
《네이처》 59
네페르티티 222
넬슨 169
노네 산 95
노르만 인 154
노르웨이 14, 18~19, 22~23, 109~110
노르웨이 국립 대기 연구소 366
노벨 문학상 264
노시로 96
『노아 노아』 121
노이베르거, 한스 63
노지리 가즈토시 81
노트르담 대성당 39
노팅엄 151, 155
『녹색 세계사』 127
『누가 엘리자베스 베넷을 배신했나?』 59
뉴기니 섬 113
뉴베드퍼드 7, 14~16
뉴욕 9, 37, 66

뉴욕 만 73
뉴잉글랜드 73, 169
뉴질랜드 113, 116
뉴칼레도니아 섬 127
뉴펀들랜드 13
뉴펀들랜드 섬 138
뉴햄프셔 73
뉴헤이번 73
니냐호 129
니네베 왕궁 245
니부어, 카르스텐 257
니시 구 83
니시르 산 258
니시오카 쓰네카즈 201
니제르 128, 235
니카라과 128
니혼바시 101
《닛케이 에콜로지》 266~267

다

다네가 섬 142, 214
다네가시마 도키타카 214
다다라(디딜풀무) 85, 200, 202, 204, 206
다다라 제철 200~206, 209, 211
다마노 시 84
다윈, 찰스 로버트 29
다이라노 시게히라 91
다이쇼 40
다이쇼 시대 93
다이아몬드, 제러드 125
다이지 정 23
다자이 오사무 35
다지마 199
다카노 조에이 21
다카라지마 25
다카시마 시 81
다케노 199
다케다 가쓰요리 214
다키자와 바킨 50
단이족 108, 120~121

담시 154
대경목 90, 100
대서양 25, 110, 132, 137, 140, 146
대악취 사건 48
대영 박물관 257
『대지에의 각인』 213
『대학』 79
『대학혹문』 79, 83~84, 86~87, 89
대항해 시대 129, 168
데인 인 158
데일, 톰 193
데지마 257
『데카메론』 165
덴메이 66
델라웨어 주 153
델로스 동맹 184
도다이지 91, 95, 179
도리 섬 15
도리아 인 182
도마코마이 170
도미니카 130, 134~135, 138, 150
도사 95
도사 국 15
도사기요미즈 시 15~16
도야마 시게키 170
도야마 현 104
도야마루 태풍 104
도요토미 히데요시 89, 94~96, 98, 201
도일, 코난 52
「도카이고주산쓰기」 101
도카이도 102
도쿄 52, 75, 90, 232
도쿄 대학교 16
도쿄 도 50
도쿄 제국 대학교 101
도쿠가와 바쿠후 40, 84, 96~97, 197, 202
도쿠가와 쓰나요시 92
도쿠가와 아키다케 40
도쿠가와 요시노부 40
도쿠가와 이에야스 97~98, 100

도호쿠 지방 65~86
독립 전쟁 66
독일 19, 69, 172, 179, 226, 257
돈웰 56
돗토리 199, 205
돗토리 현 85~86, 211
동남아시아 8, 140, 170
동아시아 196, 255
동진(東晋) 79
동태평양 110
「둠즈데이 북」 160
드레이크, 프랜시스 147
드뷔시, 클로드 아실 76
등에 231~232
디뉴 32
디딜풀무 85, 197, 200
디셉션 섬 19

라

라고다호 25
라노라라쿠 117~124
라로통가 섬 29
라마르크 28
라스카사스, 바르톨로메 데 131, 143
라우리온 은광 183, 190
라이 산요 84
라이사벨 135
라이크, 요하니스 데 104
라키 화산 65, 67
라틴 아메리카 115, 149~150, 264
라피타 인 113
란사로테 섬 147
람세스 2세 220~221
람세스 5세 234
람풍 만 75
랑고바르드 족 259
래브라도 13
랭커셔 74
러시아 21~22. 67
런던 46, 48, 58

런던 대학교 59
《런던 타임스》 46~47
「레 미제라블」 38
『레 미제라블』 31, 33~34, 39~40, 43~44
레딩 대학교 60
레딩 수도원 57
레만 호 69
레바논 192, 247~248, 251, 262
레바논 삼나무 244, 247~251, 259~260, 262
「레위기」 240
레콩키스타(국토 회복 운동) 133
렘브란트 76
로드리게스 제도 75
로런스호 25
로마 127, 157, 186
로마 시대 147, 158
로마 인 157
로마 제국 157~158
로마 클럽 127
로빈 전설 153
로빈 후드 154~155
『로빈 후드의 모험』 151, 153
『로빈 후드의 후드 무용담』 154
『로빈 후드 이야기』 153~154
로제타석 257
로헤벤, 야코프 111, 122
롤린슨, 헨리 257
롱고롱고 110, 118
『료마가 간다』 197
루벤스 76
루이 14세 35~36
루이 15세 36, 77
루이 16세 36, 78
루이 18세 68
르네상스 213
르누아르 76
르루, 가스통 40
르완다 128
리버풀 27
리알토 다리 260

리처드 1세(사자왕 리처드) 152, 154
릴레함메르 110

마

마그나 카르타(대헌장) 163~164
마데이라 제도 146~147
마라톤 전투 182
마르세유 182
마르코 폴로 132
마르키즈 제도 9, 109, 114, 116
마리 261
「마리 문서」 261
마쓰다이라 사다노부 84
마야 족 128
마오리 족(폴리네시아 인) 121
마온 산 60
마케도니아 186, 191
마쿠라자키 태풍 104
『만엽집』 21
말라리아 83, 140
말라바르 170
말라카 해협 16
말리 128, 235
망가이아 섬 115
매독 140
매시 대학교 113
『맨스필드 파크』 57
맨해튼 섬 37
먹파리 230
메렌프타 221
메소포타미아 224, 243, 245, 249~252, 255, 262
메소포타미아 신화 259
메이지 21, 92, 93, 100, 102, 104
메이지 시대 79, 103, 197, 201
메이지 유신 16, 40
메인 주 73
멕시코 128, 141, 148
멜빌, 허먼 7, 9~10, 17, 26, 28~29
『멜빌 저작집』 10

「모노노케 히메」 209
모라토리엄 24
모래 폭풍 236
『모비 딕』 7, 9~10, 12, 14, 29
모세 217~221, 223, 226~227, 231, 235, 239~240
『모세와 일신교』 222
모스크바 68
모아이 111, 114~115, 117~118, 122~126
모아이상 110
모차르트 37
모테기 미쓰하루 83
모토오리 노리나가 208
목탄(신탄) 92, 103, 166~167, 202, 204, 211
몸, 서머싯 10, 58
몽골로이드 138
몽트뢰유쉬르메르 32
무로마치 바쿠후 213
무로마치 시대 93
무로타 다케시 85
무사시 51
무사시 국 50
『문명의 붕괴: 과거의 위대했던 문명은 왜 몰락했는가?』 125
『문학론』 58
뭉크, 에드바르 77
미국 8~10, 12, 16~17, 21, 24~26, 37, 53, 63, 66, 67, 73, 113, 144, 153, 163, 169, 172, 179, 227, 232, 238, 267
미국·스페인 전쟁 137
미국인 12, 28, 227
미노 95
미노아 문명 177~178, 180
미들턴, 제프리 46
미디안 227
미스터리 아일랜드 126
미야자와 겐지 265~266
미야자키 하야오 198, 209
미얀마 170
미에 현 91
미요시 시 202
미일 수호 통상 조약 16
미일 화친 조약 27
미케네 180~181
미코톡신 237
미토 번 40
「민수기」 236, 240

바
바누아투 121
바로(파라오) 218
바르셀로나 131
바베이도스 150
바빌로니아 252, 259
바빌로니아 시대 247, 255
바빌로니아 인 256
바빌론 인 259
바스코 다가마 133, 146
바스크 인 12~13
바스크 지방 13
바야돌리드 137
바이런, 조지 고든 69
바이에른 69
바이오매스 93
바이킹 132, 138, 158
바쿠후 16, 27, 40, 80, 83, 85, 88, 93, 102
바쿠후 시대 201
『바킨 일기』 50
바하마 제도 130
발라드(ballad, 담시) 154
발라드(ballade) 154
발칸 반도 182, 224, 259
방글라데시 128
방사성 탄소 분석 114
백제 90
버마(현 미얀마) 170
버몬트 주 73
버크셔 57
버턴, 윌리엄 52
베냉 133

베네수엘라 134
베네치아 168, 259~260
베루 245
베르사유 궁전 36
베링 해 25
베링 해협 17
베버, 막스 219
베토벤 70~71
베트남 전쟁 185
벤트리, 마이클 177
벨기에 166
벨리즈 169
「보가즈쾨이 문서」 224
보나파르트, 나폴레옹(나폴레옹) 31, 67~68, 257
보닌 아일랜즈(오가사와라 제도) 24
보카치오, 조반니 165
복분자종 140
볼리비아 128, 148
부룬디 128
부르봉 왕조 36, 68
북극고래 13~14, 17
북극해 14, 17
북대서양 13~14
북동 무역풍 137
북아메리카 13~14, 72, 132, 169
북아프리카 136, 146~147, 235
북유럽 183
북태평양 17, 27
북해 157
분카 만 8
분카·분세이 시대 72
브라질 17, 23, 266
브렌타노, 안토니아 71
블래키스턴 선 170
비나푸 제단 108
비스케이 만 12, 75
비시툰 257
비젠 82
비젠 국 81

『비참세계』 34
비황 235
빅토리아 시대 60
빅토리호 169
빈 37
빙관 코어 223
빙하기 157

사

「사가」 138
사가미 국 27
사가 현 21
사다가타 노보루 205
사린 가스 232
사모아 제도 114
사쓰마 번 15, 25
『사양』 35
사우샘프턴 57
사우스다코타 주립 대학교 67
사우스셰틀랜드 제도 19
사우스조지아 제도 19
사이가 214
사이고 다카모리 85
사자왕 리처드 152
사카모토 료마 16
사카이(오사카) 214
사쿠라이 구니토모 59
사쿠마 쇼잔 84
사탕수수 148~149
사토야마 93
사하라 메뚜기 235
사하라 사막 235
산 가브리엘호 146
산나이마루야마 유적 224
산마르코 대성당 260
산성비 183
산업 혁명 210
산요 지방 85
산인 지방 86, 198
산줏고쿠부네 72

산킨코타이 80, 83
산타마리아 섬 130
산타 마리아호 129
산토도밍고 135~137
산토리니 섬(테라 섬) 176, 178, 238~239
살라미스 해전 182, 191
『살짝 흥미로운 하와이 통신』 17
삼나무 혁명 248
삼림 보전 80, 88
『삼림백서 2007년 판』 192
삼림 재판소 161
삼림 칙허장 163~164
삼림 파괴 104, 123, 190, 204
색슨 족 158
생클루 궁전 36
샤가스병 140
샹젤리제 39
서덜랜드, 존 59
서머싯 공작 167~168
서식스 167
서식스 지방 166~167
서아시아 223~225
서아프리카 133, 140
서유럽 127, 210
서퍽 64
석기 시대 113
석유 18, 20, 190
석탄 166, 210
설탕 146, 148
설형 문자 222, 255~256
성서 10, 258
『성장의 한계』 127
『세계의 10대 소설』 10, 58
『세계의 환경사』 261
세비야 137
세이조 대학교 266
세인트로렌스 강 73
세인트빈센트 섬 60
세인트헬레나 섬 31, 148
세키가하라 전투 96, 98, 214

세타 강 96
세토 내해 84, 100, 102, 110, 204
센 강 40, 42
센다이 성 96
센쓰우 산 209
셈계 민족 224
셔우드 숲 151~152, 155
셜록 홈즈 시리즈 52~53
셰익스피어 152
소련 22~23
소말리아 128
소빙기 63~64, 124, 165
소산 97
소시에테 제도 116
소아시아 191~192
소크라테스 175, 186, 189
솔로몬 249~250
솔론 175, 189
쇄국령 202
쇄국 정책 25
쇼도 섬 110
쇼소인 91
쇼와 23
쇼와 시대 201
쇼쿠호 시대 96
수리남 143
수마트라 섬 72, 75
수메르 243, 245, 247, 250, 252, 254, 261
수메르 문명 255
수염고래 20
수프리에르 산 60
순다 해협 75
순환 사회 45, 51~53
숨바와 섬 71
『숲과 정원의 영국사』 170
『숲의 서사시』 179
슐리만, 하인리히 181
스노, 존 47
스루가 95
스멘크카레 222

스미다 강 51~52
스미스, 조지 257~258
스미스소니언 연구소 71, 238
스사노오노미고토 206, 208
스오 국 91
스와노세 섬 60
스웨덴 179
스위스 69, 74
스코틀랜드 157~158
스타벅스 12
스트라본 183
스파르타 182, 184~185
스페인 12, 36, 115, 129, 131, 133~135,
　　137~138, 141~142, 144~149, 168~169, 210
스페인 인 142~143, 147~148
스피츠베르겐 제도 13, 14
슨푸 성 95
시가 214
시가 현 81, 205
시게야마 정 82
『시대의 풍음』 198, 213
시드니 만 17
시라가야마 95
시리아 180, 192, 224, 262
시마네 199, 205
시마네 현 85~86, 201, 205~206, 209, 211, 266
시마바라의 난 81
시마즈 나리아키라 15
시마즈 요시히사 94
시모다 조약 27~28
시모우사 51
시모우사 국 83
시모쿄 구 81
시바 료타로(후쿠다 데이이치) 86, 195, 197,
　　199, 202, 204, 206, 209, 211, 213~214, 216
시부사와 에이이치 40
CBS 227
시칠리아 188
시칠리아 섬 191

시코쿠 25
시텐노지 90
식림 80, 93, 97, 103, 168
식인 121~122, 127
신라 196, 199
「신명기」 240
신석기 시대 157
신성 문자 255
신지 호 205
신탄(목탄) 92~93, 166
『16개 이야기』 198, 210
『19세기 런던에서는 어떤 냄새가 났을까?』 46
십자군 전쟁 152
쌀겨모기 231
쐐기 모양 문자 255
쓰가루 해협 170
쓰나미 75, 178, 240
쓰루가 96

아

아나카이탕가타 1120
아나톨리아 반도 182
아누 243
아라비아 반도 235
아라와크 어족 143
아라이 하쿠세키 208
아레나호 111
아루루 243
아리스토텔레스 192
아리아 민족 176
아마노카구 산 200
「아마르나 문서」 222, 224
아메노히보코 전설 199
아메리카 116, 138, 255
아메리카 인디언 운동(AIM) 144
아멘호테프 2세 221~222
아멘호테프 3세 222
아멘호테프 4세(아케나톤) 222
『아, 무정』 34
아부심벨 신전 220~221

아사마 산 65
《아사히신문》 266
아스카데라 90
아스카 시대 89~90, 201
아스텍 문명 141
아시노 호 102
아시리아 252
아시리아 인 256
아시리아 제국 256
아시아 115, 133, 140, 142, 181, 213, 223
아시오 구리 광산 183
아오모리 시 224
아오키 야요히 70
아와지 섬 199
아이슬란드 65~67, 132, 138
아이티(프랑스령 생도밍구) 128, 130, 149~150
아일랜드 69
아조레스 146
아즈치모모야마 시대(쇼쿠호 시대) 201
아즈치 성 94
아카데미상 109
아카드 252
아카바 만 227
아카시 번 83
아카이아 인 182
아케나톤 222, 223
『아쿠아쿠: 고도 이스터 섬의 비밀』 107~108
아크로폴리스 173
아키타 95
아키타 사네스에 95
아테나이 인 190
아테나이(아테네) 173, 175~176, 182~186, 191~192
아테네 76, 173, 189, 256
아톤(아텐) 222
아틀란티스 175~176, 186
아티카 174~175, 185
아티카 지방 190~191
아프리카 8, 25, 128, 133, 145~148, 226, 230, 232, 234~235, 251, 266
아프리카 인 12
아후 117
아후 비나푸(비나푸 제단) 108
안느 도트리슈 36
안데스 223
안티과 134
알마 다리 42
암스테르담 69
암피폴리스 184
「암흑」 69
앗수르 248
애굽(이집트) 218, 225, 227, 230~231, 234, 236~237, 240
애디슨병 58
애시다운 숲 167
애커시넷호 9, 28
앳킨슨, 로버트 52
야금 시대 209
야마구치 현 85, 91
야마나카 209
야마시로 국 83
야마시타 쇼토 23
야마타노오로치 206, 208
야마토 212
야마토 국 83
「야상곡」 76
야스다 요시노리 100, 262
야스 시 205
야스키 209
야스키 강철 201
야스키 시 209
야요이 시대 199, 206
야쿠시마 94, 92
양명학 81~82
『양초의 과학』 47
어럼림법 161
어포리스테이션(토지 점유화) 161
『언덕 위의 구름』 197
얼음 코어 67

에게 해 176~177, 181~182, 184, 191~192
에덴 248
에도 21, 46, 49~52, 66, 82~83, 101~103, 208
에도가와 구 50
에도 만 27
에도 바쿠후 25, 89, 213
에도 성 96, 98
에도 시대 28, 72, 80~82, 100, 102~103, 198, 203~204, 208
『에도의 하수도』 49
에드미럴티 제도 113
에드워드 1세 158, 162
에로망고 섬 121
『에마』 56, 58~60, 64
에번스, 아서 177
에섹스호 9
「에스겔서」 248
에아 247
에어로졸 65, 75
에이타이 섬 51
에콜로지(에콜로기) 79, 85
에티오피아 128
에펠탑 42
FAO(국제 연합 식량 농업 기구) 192
엔릴 246~247
엘바 섬 68
엘살바도르 128
엘아레날 유적 116
엘아마르나 222
엥코미엔다 제도 142
『여름이 오지 않았던 시대: 역사를 움직인 기후 변동』 59
여호와 217~218, 227, 232, 234, 237
『역번사전』 83
『역사와 풍토』 198~199
연합군 최고 사령부(GHQ) 22
『열왕기상』 249
영국 왕립 협회 75
영국 9, 13~14, 16~18, 21~23, 25~27, 48~49, 57, 64, 74, 113, 122, 132, 142, 155, 157~158, 160~162, 164~166, 169~172, 177, 179, 183, 210, 257~258
영국령 온두라스(현 벨리즈) 169
영국인 52. 126, 147
영양 염류 236
영일만 199
예루살렘 222
예수 256
예일 대학교 73
오가사와라 제도 24
오구라 준이치 102
오규 소라이 84
오다 노부나가 94 96, 201, 214
오다와라 102
오로촌 족 208
오로치 208
오로치 하천군 209
오리노코 강 135
오리엔트 255~256
『오만과 편견』 57~58
오바마, 버락 10
오사카 51, 66, 72, 94, 96, 197, 214
오사카 성 94~96
오사카 여름 전투 96
오스만, 조르주외젠 28, 39
오스만 튀르크 248
오스트레일리아 17, 29
오스트리아 222
오스틴, 제인 55, 57~58, 63~64, 67, 71
오슬로 77, 109~110
오슬로 대학교 109
오오다테 시 95
오우미 국 81
오일 쇼크 73
오카 나미키 43~44
오카야마 번 81~82, 88
오카야마 현 82, 84~86
오쿠이즈모 204
『오페라의 유령』 40
옥스퍼드 48

온난기 64, 139, 157, 164
온두라스 137
올림픽 방식 22~24
『올빼미의 성』 197
올슨, 도널드 77
옴 진리교 232
와카야마 214
와카야마 현 23
와케 군 82
와트 타일러의 난 165
와편모조류 228
요네시로 강 95
요도 강 72, 95
《요로즈초호》 34
요르단 234
요사, 마리오 바르가스 264
요사 부손 51
요시노 83
요시다 쇼인 85
요코이 쇼난 84
「우가릿 문서」 33
우라가 26
우루크 243, 247, 249~250, 252, 255, 261
우르 252
우에노 요시코 154
『우좌문답』 86
우지 강 96
우타가와 히로시게 101
워커, 존 142
워털루 전투 31
원리주의 227
월폴 섬 127
웨일스 157
위고, 빅토르 마리 31, 33~34, 39, 45, 52
『위대한 반찬』 83
윈저 성 166
윈체스터 58
월트셔 160
유대교 219, 223
유대 인 219, 222~223, 226, 256, 259

유라시아 140
유럽 12, 24, 28, 45, 52~53, 63, 66, 68, 72, 74, 132, 140~141, 145, 148, 157, 164~165, 168~169, 179, 196, 211, 213, 226, 252, 255, 257
유럽 인 29, 111, 113, 120, 122, 126, 129, 144
유미가하마 사주 205
유산 97
USB 메모리 255
UN(국제 연합) 144
UNDP(국제 연합 개발 계획) 150
UNEP(국제 연합 환경 계획) 150
6월 봉기 32
『유채꽃의 바다』 197
유프라테스 강 223, 245, 251, 261
60진법 252
율령제 212
은(殷) 196
『은 손 오토』 153
『은하철도의 밤』 265
『이 국가의 형체 5』 198, 206, 212, 215
이가(현 미에 현) 91
이라와디 강 170
이라크 245, 251
이라크 전쟁 262
이란 257
이바라키 현 51, 83, 183
이사벨 여왕 131, 133, 135~137
이산화탄소 67
이상 기후 63, 71~72, 78, 165
이상 저온 60, 62, 65~66
이상주의 81
『이성과 감성』 57
이세 만 태풍 104
이슈타르 246
이스라엘 218, 221, 230, 234, 236, 240~241, 259
이스라엘 인(유대 인) 217, 219~226, 232, 235~237, 239~240
이스터 섬 107, 110~114, 116, 124~125,

127~128
이슬람 125, 132, 133, 145
이시코리도메 200
이시 히로유키 267
이오니아 인 182
이와사키 야타로 16
이와키 산 65
2월 혁명 37
이즈모 197, 200
이즈모 신화 206
이질 37
이집트 175, 177, 180, 186, 188, 217~225,
 228, 230, 234~236, 238~239, 250, 255
이집트 인 223, 232, 237~238
이케다 미쓰마사 81~82
이탈리아 70, 72, 131~132, 144, 165, 180,
 182, 192, 259
인간 개발 지수 150
인구 29, 37, 46, 49~50, 52, 93, 121, 123~128,
 143~146, 150, 164, 226, 250
인더스 250, 255
인더스 문자 118
인도 129, 132~133, 144, 146, 170, 186, 202,
 235
인도네시아 60, 71, 75
인도양 8, 25, 75, 110, 132~133
『인디언 파괴에 관한 간결한 보고』 143
인디언 144
인디오 142~143
『인디오스 사』 143~144
인상주의 76
인토 미치코 128
인플루엔자 185
『일과 날』 189
『일리아드』 181
일본 8, 19, 21~28, 34, 40, 43, 49, 51~52, 65,
 75, 89, 93, 96, 103~105, 126, 130, 132, 153,
 172, 179, 196, 199~200, 202, 206, 209,
 212~213, 216, 224, 228, 232, 252
『일본서기』 199~200, 206

일본 신화 200
일본인 28
『일본인은 어떻게 숲을 만들어 왔는가』 90
『일본지』 257
잉글랜드 56, 60, 151, 155, 157~158, 160,
 165~166
잉카 문명 109
잉카 제국 108, 116, 141

자

자메이카 137
자바 섬 72, 75
자연재해 100, 104, 150, 176, 208
자연 파괴 176, 188, 205~206
장이족 108, 120~121
재팬 그라운드 24~25
저온 현상 124
저온화 179
적색야계 116
적조 228, 230
전국 시대 91, 96, 197~198, 201, 213
『전염병과 대화재의 시대』 46
전원법 172
「전함 테메레르의 마지막 항해」 76
「절규」 77
점토판 255~257, 259
점토판 문서 245, 255
정복왕 윌리엄 160~161
제1차 세계 대전 171
제2차 세계 대전 21~22, 90, 104, 171
제국산천정 88
제노바 131~132, 168
제레포스, 크리스토스 76
『제인 오스틴의 생애와 서간』 59
《제인 오스틴 저널》 58~59
조간지 강 104
조몬 시대 100
조몬 인 224
조선 209~210
조지 4세 58

존 만지로(나카하마 만지로) 15
존 왕 152, 154, 162~163
『존 왕의 삶과 죽음』 152
존 하울랜드호 15
종두 234
주(周) 196
주고쿠 85~86, 198, 202, 205, 211
주고쿠 산맥 204, 215
주라쿠다이 94
주자학 82
주트 족 158
『주홍 글자』 27
중국 27, 45, 79, 90, 93, 132, 136, 145, 196, 198, 201, 209~210, 212, 214, 224
중국인 45
중동 136, 188, 226, 232, 234
중앙아메리카 148
지구 구체설 132
『지리서』 183
지바 현 51
지볼트, 필리프 프란츠 폰 21
지중해 12, 132, 144, 180. 192, 223, 238, 251, 255, 259, 262
지중해성 기후 186
지진 72, 150, 173, 238, 266
지팡구(일본) 130
진무 천황 200
진화론 227
『집의외서』 83
『집의화서』 83, 86

청동기 시대 157, 177
체코 70~71
「출애굽기」 217~219, 222, 225~226, 228, 235, 240
치산치수 79~82, 86
「치체스터 운하」 76
칠레 111, 113, 116, 126
7목의 제 97
침파리 231~232

카

카나리아 146
카나리아 제도 147
카날, 안토니오(카날레토) 260
카디샤 계곡과 신의 삼나무 숲 262
카르나크 신전 221, 227
카를로비바리(카를스바트) 71
카를스바트 71
카리브 136
카리브 해 60, 128~130, 137~138, 142~143, 148, 266
카보베르데 146
카보베르데 제도 147
카터, 버넌 길 193
캄차카 반도 223
캐나다 73, 138, 169
캐슬린 태풍 104
캘리포니아 대학교 114
캘리포니아 주 18
캠벨 섀넌 59
캠퍼, 엥겔베르트 257
컨스터블, 존 64
케냐 128
케르만샤 257
케이프 곶 25
케임브리지 160
케임브리지 대학교 237
켈트 족 157
코네티컷 주 73
코스타리카 137

차

「창세기」 217, 225, 227, 246
처칠, 윈스턴 264
척량 산맥 103
천연두 28, 125, 140~141, 143, 185, 233~234
천주교 81
철 198
『철의 사나이들』 153
청교도 혁명 163

코크스(해탄) 210
코트 펜듀 플랫 60
코펜하겐 69
코흐, 로베르트 47
「콘티키」 109
『콘티키』 109
콘티키호 107
콜다이, 지홍 67
콜럼버스, 크리스토퍼 115~116, 129~132, 134~138, 140~144, 145, 147~148
『콜럼버스 항해록』 129~130
콜레라 31, 34, 37~38, 44, 47
콜론, 크리스토발(콜럼버스, 크리스토퍼) 129, 131
콜롬보, 크리스토포로(콜럼버스, 크리스토퍼) 131
쿠바 130, 137
쿠푸 왕 251
쿡 제도 29, 115
쿡, 제임스 113, 122
퀘이커 12
크노소스 궁전 177~178
크라카토아 74
크라카토아 위원회 75
크라카토아 화산(크라카타우 화산) 75, 77
크레타 섬 176~177, 180
크리티아스 175
『크리티아스: 아틀란티스 이야기』 173, 175~176, 188~189
크림 전쟁 48
크세노폰 189, 192
크세르크세스 191

타

타이노 족 142~143
타이완 92
타이타닉호 264~265
『타이피』 9
타히티 28~29
타히티 섬 113

탄저균 232
탄저 벨트 232
탄저병 232
탐보라 산 60, 72
탐보라 화산 71
태평양 8, 16~17, 28, 110, 116
터너, 조지프 말러드 윌리엄 75~76
터키 49, 224, 262
『테마이오스』 176
테미스토클레스 191
테베 236
테살리아 191
테플리츠(현 테플리체) 71
텍사스 주립 대학교 77
템스 강 47~48, 163
토스카넬리, 파올로 달 포초 132
토지 점유화 161
토트먼, 콘래드 90, 98
톨스토이, 레프 니콜라예비치 68
통가 1144
투아모투 제도 107
투탕카멘 왕 222, 251
투트모세 3세 221~222
툰드라 157
툴롱 31
튀니지 192
튀일리 공원 37
튜턴 57
트라이던트호 25
트라팔가르 해전 169
트로이(트로이아) 181
트리니다드 섬 134
트웨인, 마크 17
티그리스 강 223, 251
티루스 248
티린스 180
티푸스 140

파

파나마 137

파라오 218, 220, 222, 225~226, 228, 231, 233~236, 239~240
파르테논 신전 182
파리 34, 37, 39~40, 42~44, 46
파리매 230
파리아 만 135
파리 회의 28
파스쿠아 섬(이스터 섬) 111
파이프 157
파일, 하워드 151, 153
「판화」 76
팔레스타인 192, 224, 256
팔로스 129, 131
펄린, 존 179
페니키아 177, 251
페러데이, 마이클 47~48
페루 107, 125, 141, 148
페르세폴리스 256~257
페르시아 182, 185~186, 191, 256~257
페리, 매슈 캘브레이스 16, 26, 27
페리클레스 185
페스트 37, 145, 165
페이시스트라토스 189
펙, 그레고리 12
펜실베이니아 주 18
펠로폰네소스 동맹 184
펠로폰네소스 반도 180
펠로폰네소스 전쟁 184~185
펠리페 2세 168
펠리페 3세 36
포르토프랭스 150
포르투갈 13, 133, 142, 145~148, 168
『포장과 하수도의 문화』 43
폰팅, 클라이브 127
폴란드 169
폴리네시아 30, 107, 109, 112~113, 115~116, 118, 121~122, 128
폴리네시아 인 109, 114, 116, 121, 127
표음 문자 255
표의 문자 255

『푸 모퉁이의 집』 167
풀, 다니엘 46
「프라타 공원으로 가자, 사냥터로 가자」 37
프랑스 12, 26, 29, 31, 38, 40, 45, 49, 66, 68, 74~77, 122, 138, 149, 162, 166, 169, 172, 211, 226
프랑스령 생도밍구(아이티) 19
프랑스 혁명 66
프랭클린, 벤저민 66
프로이트, 지그문트 222
플라톤 173~176, 185, 190
플랑드르 132, 166
플랑크톤 228
플랜테이션 146, 148~149
플렌리, 존 113~114
피레네 산맥 12
핀타호 129~130
필라델피아 153
필리핀 60, 128
필립 모리스 142
필모어, 밀러드 27
핏케언 섬 110. 126

하

하나바타케 교쇼 81
하리마 국 83
하부르 평원 223
하수도 31~34, 38~40, 42~45, 47, 52~53
하시모토 사나이 85
하와이 9, 17, 24, 29
하와이 제도 16
하지 55~57, 63
하코네노세키 102
하코다테 27
『학교 시대』 252
한(漢) 족 196
한국 210
한랭기 64
한랭화 60, 62, 66~67, 138, 223~224
한반도 196, 199, 208, 210, 215~216

한족 문명 210
함무라비 법전 252
합스부르크가 37
핫셉수트 여왕 221
햄프셔 57~58
햄프셔 주 57
햄프턴코트 48
『향수: 어느 살인자의 이야기』 34
향유고래 7, 9, 14, 16~18, 20
험프리스, 콜린 237
헝가리 72
헤시오도스 189
헤위에르달, 토르 107~109, 112, 114~115, 118, 120, 127
헤이안쿄 90
헤케트 230
헤켈, 에른스트 하인리히 79, 85
헤클라 산(현 라키 화산) 67
헨리 2세 151~152
헨리 3세 163
헨리 8세 166
현해탄 196
호놀룰루 17
호류지 90, 179, 201
호메로스 181, 258
호손, 너대니얼 27
호코지 94~95
혼다 세이로쿠 101
혼슈 25, 85, 100, 170
홋카이도 8, 25, 170, 266
홋카이도 대학교 171
홋타 요시에 198
홍수 신화 251
홍수 전설 258
홍역 140
홍해 228
화산 60, 62, 65, 72, 78, 238
화산 만 8
화이트필드 15~16
환경 파괴 128

환경사 165, 197, 206
『환상의 시계』 153
황열병 140
황허 196, 210
회선사상충증 230
「회화에 나타난 기후」 63
효고 현 85, 179, 199
후시미 72, 88, 96
후시미 성 95
『후추와 소금』 153
후쿠다 데이이치 197
후쿠오카 마사노부 87
휴스, 도널드 261
휴스턴 존 12
흑등고래 19
흑해 182, 188
희망봉 8
흰긴수염고래 19, 22~24
히노 강 205
히다 95
히람 왕 249~250
히로시마 성 97
히로시마 현 85, 202, 211
히메다다라이스즈노히메노코 200
히메지 성 96
히브리 226
히브리 사람(이스라엘 사람) 218
히스파니올라 섬(현 아이티, 도미니카) 130, 134, 136, 143, 148~149
히에로글리프(신성 문자) 255, 257
히에이 산 93, 95
히이 강 205
히타이트 181
히타치 201
히타치 광산 183
히틀러, 아돌프 226
힉소스 족 224

옮긴이 안은별

2009년 경희 대학교 언론정보학과를 졸업하고 같은 해 《프레시안》에 입사해 국제팀을 거쳤다. 현재는 북 섹션 「프레시안 books」 담당 기자로, 책과 사람을 매개하는 한편 출판 관련 이슈를 취재하고 있다. 일본의 근현대사와 철도 교통, 도시 일상 문화에 관심이 많으며 언젠가 오키나와의 역사와 문화에 대한 책을 쓰는 것이 꿈이다.

세계 문학 속 지구 환경 이야기 ❷

1판 1쇄 펴냄 2013년 8월 23일
1판 3쇄 펴냄 2019년 7월 19일

지은이 이시 히로유키
옮긴이 안은별
펴낸이 박상준
펴낸곳 (주)사이언스북스

출판등록 1997. 3. 24.(제16-1444호)
(06027) 서울특별시 강남구 도산대로1길 62
대표전화 515-2000, 팩시밀리 515-2007
편집부 517-4263, 팩시밀리 514-2329
www.sciencebooks.co.kr

한국어판 ⓒ (주)사이언스북스, 2013. Printed in Seoul, Korea.

ISBN 978-89-8371-619-4 04400
ISBN 978-89-8371-617-0 (전2권)